高等职业教育教材

JICHU HUAXUE
基础化学

泮琇　刘恩玲　主编

化学工业出版社
·北京·

内容简介

《基础化学》结合高职教育的特色及编者多年的教学经验，在无机化学、分析化学、有机化学和生物化学课程整合创新的基础上形成。本教材主要内容包括：分散系统，定量分析和滴定分析概述，酸碱平衡与酸碱滴定法，氧化还原反应与氧化还原滴定法，沉淀溶解平衡与沉淀滴定法，配位平衡和配位滴定法，吸光光度法，链烃与环烃，卤代烃，醇、酚、醚，醛、酮，羧酸，含氮有机物，含硫含磷有机物，糖类，脂类，氨基酸与蛋白质，酶。为提升学生实验操作技能、进一步巩固学习，本教材在知识点后设置基础化学实验，使实验操作与理论知识密切呼应。为方便教师教学和学生复习，本教材配套有相关知识点的数字资源及思考题、习题。

本教材简明精练、深入浅出、内容丰富，具有实用性、针对性和先进性。可供高等职业院校食品、农林、环境、医药、化工等相关专业作为教材使用，也可供化学领域的从业人员参考。

图书在版编目（CIP）数据

基础化学 / 泮琇，刘恩玲主编. —北京：化学工业出版社，2022.11（2024.9 重印）
高等职业教育教材
ISBN 978-7-122-42147-0

Ⅰ.①基… Ⅱ.①泮… ②刘… Ⅲ.①化学-高等职业教育-教材 Ⅳ.①O6

中国版本图书馆 CIP 数据核字（2022）第 166109 号

责任编辑：冉海滢 刘 军　　　　　　　　　装帧设计：王晓宇
责任校对：宋 玮

出版发行：化学工业出版社（北京市东城区青年湖南街 13 号 邮政编码 100011）
印 　装：北京天宇星印刷厂
787mm×1092mm 1/16 印张 17¼ 字数 382 千字 2024 年 9 月北京第 1 版第 2 次印刷

购书咨询：010-64518888　　　　　　　　　售后服务：010-64518899
网 　址：http://www.cip.com.cn
凡购买本书，如有缺损质量问题，本社销售中心负责调换。

定 　价：49.80 元　　　　　　　　　　　　　　版权所有　违者必究

《基础化学》编写人员

主　　编：泮　琇　温州科技职业学院

　　　　　刘恩玲　温州科技职业学院

副 主 编：朱　宇　温州科技职业学院

　　　　　周　环　温州科技职业学院

　　　　　章志成　台州学院

　　　　　李远博　温州科技职业学院

参编人员：胡昙昙　温州科技职业学院

　　　　　刘洁妮　温州科技职业学院

　　　　　周牡艳　浙江华才检测技术有限公司

　　　　　葛金萍　浙江华才检测技术有限公司

前言

PREFACE

《基础化学》结合高职教育的特色和编者多年的教学经验，在无机化学、分析化学、有机化学和生物化学课程整合创新的基础上形成。教材以新颖、实用为原则，体系完整，并凸显基本理论“够用”、实践能力“强化”的教学目标。

本教材主要内容包括：分散系统，定量分析和滴定分析概述，酸碱平衡与酸碱滴定法，氧化还原反应与氧化还原滴定法，沉淀溶解平衡与沉淀滴定法，配位平衡和配位滴定法，吸光光度法，链烃与环烃，卤代烃，醇、酚、醚，醛、酮，羧酸，含氮有机物，含硫含磷有机物，糖类，脂类，氨基酸与蛋白质，酶。

本教材将四大平衡与四大滴定结合起来，让学生融会贯通，有助于加深理解。另外，实验操作与相应理论密切呼应，知识点后及时跟进对应的实验，学生可以在学习理论后通过实验进行有效的巩固与实践。

为增加教材的直观性与可操作性，将知识难点及操作要点作为数字资源，以二维码的方式植入教材，学生可随时扫描进行学习。

本教材的绪论、第四和第六章由泮琇编写，第一和第七章由周环编写，第二和第五章由朱宇编写，第三章和附录由章志成编写，第八、第十、第十一和第二十章由刘恩玲编写，第九、第十七和第十九章由胡昙昙编写，第十二和第十三章由刘洁妮编写，第十四、第十五、第十六和第十八章由李远博编写，周牡艳、葛金萍参与实验部分的编写，全书由泮琇和刘恩玲统稿。

本教材可供高等职业院校食品、农林、环境、医药、化工等专业使用，也可供从事基础化学教学和科研工作的人员参考。由于编者水平有限，教材中如有不妥与疏漏之处，敬请同行和读者批评指正。

《基础化学》编写组

2022 年 8 月

目录
CONTENTS

绪论

　　基础化学是食品、农林、环境、医药、化工等专业的一门基础课程，是众多专业课程的基础。该课程囊括无机化学、分析化学、有机化学、生物化学的基础知识与基本理论，培养各相关专业所需的化学基本操作技能与思维方法，为专业核心课程与岗位方向课程的学习奠定基础。

一、学习基础化学的目的和意义

　　化学是研究物质性质和变化的一门科学，也是一门理论与实践并重的科学。从微观上看，化学在分子、原子层次上研究物质的组成、结构、性质与变化规律；从宏观上看，化学则是改造物质和创造物质的科学。世界由物质组成，化学则是人类用以认识和改造物质世界的主要方法和手段之一。它是一门历史悠久而又富有活力的学科，也是社会文明和经济繁荣的基石。

　　化学在科学领域和日常生活中都非常重要，环境、能源、健康、营养等相关的诸多问题都需要用化学的知识来理解和解决。如食品的理化检验和分析、环境监测和药物检测等均离不开化学。只有牢固地掌握了化学基础知识，才能对食品加工和储运中存在的安全风险有全面的认识，并采取科学的方法加以预防；只有掌握扎实的化学基础知识，才能在面对复杂的检测体系和环境时，做出科学的检测方案，在分析测试过程中对各种干扰因素进行屏蔽。

　　基础化学课程不只是传授基础的和前沿的知识，更要传授获取知识的思想和方法。通过课程的学习培养学生的创新意识和科学品质，使学生具有潜在的发展能力，即继续学习的能力、表达和应用知识的能力、发展和创造知识的能力。

二、基础化学课程内容

　　本书主要包括三方面的内容：无机与分析化学、有机化学和生物化学。

　　无机与分析化学部分，在分散系统一章重点介绍了溶液浓度的几种重要表达方式和溶液的配制方法。在定量分析基础中，对误差和有效数字处理等问题以及滴定分析的基础知识进行了概述。接着介绍了溶液的酸碱性、酸碱平衡和酸碱滴定法，以及利用酸碱滴定法测定食品中的酸度。阐述了氧化还原反应和氧化还原滴定法，列举了在农业生产和食品加工中利用氧化还原反应来检测某些成分含量的应用实例。关于沉淀反应和沉淀滴定法，重点阐述了目前应用最广泛的银量法以及沉淀滴定的条件和滴定范围的选择。在配位滴定法中，在配位化合物和配位平衡的理论基础上，重点介绍了以EDTA（乙二胺四乙酸）作为滴定剂的配位滴定分析法，此类方法具有计量关系明确、生成物稳定和显色变化明显等优点，在食品、药品、环境等领域的检测都有着重要的应用。关于仪器分析方法，介绍了定性或定量分析中常用的吸光光度法，该部分从光吸收的基本原理出发，介绍了吸光光度法中显色反应和显色剂、测量条件选择等内容，对分光光度计的部件进行了说明，并重点介绍了标准曲线法在实际中的应用。

有机化学和生物化学部分，首先介绍了有机物的基础知识，对有机物的结构、物理性质、化学性质进行了概述，重点阐述有机物结构的表示方法，为后续学习奠定基础。然后以链烃、环烷烃和芳香烃为主线，介绍了烃类的命名、物理性质和化学性质，重点阐述有机物的习惯命名法与系统命名法、不饱和烃的加成反应与氧化反应、三四元环烷烃的加成反应、芳香烃的亲电取代反应与侧链氧化反应。接着介绍了卤代烃的结构、命名、物理性质与化学性质，醇、酚、醚的结构、命名、物理性质与化学性质，并对酒精、苯酚、乙醚等在食品、消毒剂、麻醉剂上的应用进行说明。介绍了醛、酮等羰基化合物的结构、命名、物理性质与化学性质，重点阐述羰基化合物的银镜反应与新制氢氧化铜的反应。介绍了羧酸及其衍生物，重点阐述羧酸的弱酸性及其衍生物的生成。介绍了含氮有机化合物，重点阐述胺的弱碱性。介绍了含硫、含磷有机化合物，这类有机物与农药残留、环境污染关系密切。然后介绍了糖类，对单糖、二糖和多糖的结构与性质进行介绍，重点阐述葡萄糖、果糖、蔗糖、麦芽糖、淀粉等代表性糖类。以油脂为主介绍了脂类化合物，重点阐述酸值、碘值等内容。介绍了氨基酸与蛋白质，重点阐述蛋白质的结构、两性反应、蛋白质的变性及沉淀。介绍了酶的本质与特性，重点阐述酶活力的测定及其影响因素。

为了帮助学生掌握化学实验的操作技能，教材针对课程内容，在各部分设置了相应的化学实验，内容包括实验原理、实验仪器及试剂、操作步骤、数据记录及处理、思考题等，并在一些重难点部分配有相关视频以供学习参考。

三、学习基础化学的要求和方法

无论是从内容的深度和广度上，基础化学比中学阶段的化学课程都有所强化，学生应该尽快建立一套能够适应大学阶段的学习方法。大学学习和中学学习最大的区别在于，大学学习对学生独立思考、分析问题、解决问题能力的要求更高，所以学生应努力提高学习的主动性和自觉性。

首先，要提高对基础化学课程的重视程度，在课程学习上投入时间和精力。扎实的化学基础，是从事相关专业工作的岗位所必需的。只有牢固地掌握了这些基础知识，并且加以灵活应用，才能在行业领域有所创新和突破。

其次，要掌握学习基础化学的科学方法。每个人的认知水平和接受知识的方式都不一样，因而在学习方法上可能有较大的差异，但是化学作为一门基础学科，在学习中有几个共同点是需要特别加以注意的：一是要养成课前预习的好习惯，预习的时候要找出教材中的疑难点和重点内容，并根据自己的知识水平加以理解和消化，这样课堂上才能有的放矢去思考和讨论；二是课堂上要有选择地做笔记，记录重难点内容，便于复习和重新思考，同时也要把不理解的地方做上记录，便于课后进一步消化；三是要认真完成课后作业，进一步巩固所学知识。

最后，需要特别强调的是，化学是一门实验科学。化学离不开实验，化学实验是化学理论产生的基础，化学实验是检验化学理论是否正确的唯一标准。教材针对课程内容设置了实验，旨在通过实验使学生掌握基本的操作技能、实验技术，培养分析问题和解决问题的能力，并养成严谨的科学态度和职业素养。

第一章

分散系统

 知识目标

1. 掌握分散系统的概念。
2. 掌握溶液浓度的表示方法和溶液的配制。
3. 了解稀溶液的依数性。
4. 了解溶胶及乳状液的性质。

 技能目标

1. 能够正确判断分散系统的类别。
2. 能够准确计算溶液的浓度。
3. 能够熟练配制溶液并对其进行稀释。

生命体的许多生理生化反应都是在溶液或者胶体中进行的。理解和掌握溶液组成的表达方法，溶液、胶体和乳状液的相关性质，溶液的配制与稀释等基本知识和理论，是后续课程学习的基础。

第一节　分散系统及其分类

一、分散系统的概念

人们将用于观察、实验等手段进行科学研究和生产实践的研究对象称为体系。体系中物理性质和化学性质完全相同的部分称为相，相与相之间具有明显的界面。含有一个相的体系称为单相体系或者均相体系，如生理盐水、空气等；含有两个或两个以上相的体系叫多相体系，如肉冻、牛奶等。

一种物质或几种物质分散在另一种物质中形成的体系称为分散体系，简称分散系。化学上为了研究的方便，把被分散的物质称为分散质，分散质可以是固体，也可以是液体或气体；把能容纳分散质的物质称为分散剂。表 1-1 列出了日常生活中常见的几种分散系。

表 1-1　常见的几种分散系

分散质	分散剂	实例
气	气	空气、气调气体（氧气＋二氧化碳）
液	气	雾
固	气	灰尘
气	液	泡沫、啤酒、碳酸饮料
液	液	牛奶、酒精
固	液	生理盐水、维生素 C 饮料、奶茶
气	固	泡沫塑料、发酵面包
液	固	珍珠
固	固	合金、有色玻璃

二、分散系统的分类

根据分散质颗粒的大小，还可以把分散系分为溶液、浊液和胶体三大类，如表 1-2 所示。

表 1-2　分散系的分类和性质

分散系分类	分散质直径	性质
溶液 （分子、离子分散系）	$<10^{-9}$m	透明、均匀、稳定；能通过滤纸和半透膜
浊液（粒状分散系）	$>10^{-7}$m	不透明、不均匀、不稳定；用肉眼或普通显微镜即可看出分散质颗粒；分为乳浊液和悬浊液两种类型；不能通过滤纸和半透膜
胶体（胶体分散系）	$10^{-9}\sim10^{-7}$m	不均匀、相对稳定；超显微镜可看出分散质颗粒；能通过滤纸但不能通过半透膜

第二节　溶液

一、溶液的概念

溶液作为物质存在的一种形式，广泛存在于自然界中，它与生物体的生存、发展有着密切的关系，生物体内的各种生理、生化反应都是在溶液体系中进行的。例如，人们的生活用水就是含有一定矿物质的水溶液；动物对营养成分的吸收，植物从土壤中吸取氮、磷、钾等都是通过溶液来输送的。因此，学习和掌握溶液的基础知识具有很重要的意义。

二、溶液的浓度

一种或几种物质以分子或离子状态均匀分布在另一种液态物质中得到的分散系统称为溶液。把量少的称为溶质，量多的称为溶剂。水是最常见的溶剂，水溶液也简称溶液，通常不指明溶剂的溶液就是指水溶液。对溶液来说，溶质是分散质，溶剂是分散剂，溶液就是分散系统。

在使用溶液时，常常需要知道溶液的浓度。一定量溶液（或溶剂）中所含溶质的量叫作溶液的浓度。由于溶质、溶剂和溶液的量，可以用千克（kg）、克（g）、摩尔（mol）或升（L）等单位表示，因此表示溶液的组成也有多种方法。究竟采用哪一种表示方法，要由实际需要而定。下面介绍几种常用的溶液组成的表示方法。

1. 溶质 B 的质量分数

在国际标准中，用 A 代表溶剂，用 B 代表溶质。溶质 B 的质量与溶液的质量之比称为溶质 B 的质量分数，一般用 w_B 来表示。

$$w_B = \frac{m_B}{m} \times 100\%$$

式中，m_B 为溶质 B 的质量，m 为溶液的质量，SI 单位为 kg；w_B 为质量分数。例如，将 10g 氢氧化钠溶于 90g 水中，所得氢氧化钠水溶液的质量分数为 10%（即 $w_{NaOH}=10\%$）。

对于食物中的有害物质，如重金属、添加剂、微生物等的含量，以及溶质量十分微小的情况下，其质量分数或浓度则常用 mg/kg 或 μg/kg 表示。例如，1kg 除草剂 2,4-滴的水溶液中含 2,4-滴 20mg，则该溶液的浓度为 20mg/kg。

2. 溶质 B 的物质的量浓度

溶质 B 的物质的量浓度等于溶质 B 的物质的量除以溶液的总体积，用符号 c_B 表示，即：

$$c_B = \frac{n_B}{V}$$

式中，n_B 为溶质 B 的物质的量，SI 单位为 mol；V 为溶液的总体积，SI 单位为 m^3；c_B 为溶质 B 的物质的量浓度，单位为 mol/m^3。由于溶液的体积单位常用 L 表示，因此物质的量浓度 c_B 的常用单位为 mol/L。

物质的量浓度是分析化学中最常用的浓度之一，它在分析计算中占有特别重要的位置。

3. 溶质 B 的质量摩尔浓度

质量摩尔浓度等于溶质 B 的物质的量除以溶剂的质量，用符号 b_B 表示，即：

$$b_B = \frac{n_B}{m_A}$$

式中，n_B 为溶质 B 的物质的量，SI 单位为 mol；m_A 为溶剂的质量，SI 单位为 kg；b_B 为溶质 B 的质量摩尔浓度，SI 单位为 mol/kg。需要注意的是，质量摩尔浓度是溶质的物质的量除以溶剂的质量，而不是整个溶液的质量。

质量摩尔浓度的优点是不受温度的影响，在室温下配制的溶液，温度升高后，只要溶剂不损失，则质量摩尔浓度不发生变化。因此，它常用于稀溶液依数性的研究和一些精密的测定中。

4. 溶质 B 的质量体积浓度

溶质 B 的质量体积浓度等于溶质 B 的质量除以溶液的体积，用 ρ_B 表示，即：

$$\rho_B = \frac{m_B}{V}$$

式中，m_B 为溶质 B 的质量，SI 单位为 kg；V 为溶液的体积，SI 单位为 m^3；ρ_B 为溶质 B 的质量体积浓度，SI 单位为 kg/m^3，常用单位为 g/L。

对于农药喷洒液这类极稀溶液，其密度近似等于水的密度（1g/mL），1L 喷洒液的质量可近似为 1kg，往往用 mg/L 表示其浓度。

5. 体积分数

体积分数等于溶质 B 的体积除以溶液的总体积，用 φ_B 表示：

$$\varphi_B = \frac{V_B}{V}$$

式中，V_B 为纯物质 B 在相同温度和压力下的摩尔体积，L/mol；V 为溶液在相同温度和压力下的摩尔体积，L/mol。例如，用 70 体积的酒精和 30 体积的水配制成酒精溶液，若忽略分子间间隙，假定溶液体积为 100mL，则该溶液中酒精的体积分数约为 70%。

此外，体积分数还有另一种表达方式：

$$\varphi_B = V_B : V_A$$

式中，V_B 为混合前溶质的体积，L；V_A 为混合前溶剂的体积，L。例如，体积分数为 1∶4 的硫酸溶液，就是指 1 体积硫酸（一般指 98%、密度是 $1.84g/cm^3$ 的浓硫酸）与 4 体积水配成的溶液。体积比浓度只在对浓度要求不太精确时使用。

6. 有关溶液浓度的计算

【例 1-1】配制质量分数为 16% 的 NaCl 溶液。现要配制 150kg 这种溶液，需要 NaCl 和 H_2O 的质量各是多少？

解：

$$m(NaCl) = 150kg \times 16\% = 24(kg)$$
$$m(H_2O) = 150kg - 24kg = 126(kg)$$

【例 1-2】植物组织培养时，常使用磷酸二氢钾（KH_2PO_4）营养液，其规格是每瓶 2.0L 溶液含磷酸二氢钾 1.361g，求该营养液中磷酸二氢钾的物质的量浓度。

解：因为 $M(KH_2PO_4) = 136.09g/mol$

$$n(KH_2PO_4) = \frac{m(KH_2PO_4)}{M(KH_2PO_4)} = \frac{1.361}{136.09} = 10.00(mmol)$$

所以磷酸二氢钾的物质的量浓度为：

$$c(KH_2PO_4) = \frac{n(KH_2PO_4)}{V} = \frac{10.00}{2.0} = 5.00(mmol/L)$$

【例 1-3】浓盐酸的质量分数为 37%，密度为 1.19g/mL，求浓盐酸的物质的量浓度。

解：假设量取体积为 1L 的浓盐酸，则所取溶液中 HCl 的物质的量为：

$$n(HCl) = \frac{1.19 \times 1000 \times 37\%}{36.5} = 12.06(mol)$$

$$c(HCl) = \frac{n(HCl)}{V} = \frac{12.06}{1} = 12.06(mol/L)$$

三、溶液的配制与稀释

1. 溶液的配制

溶液配制有两种方法：一种是直接法，即准确称量基准物质，溶解后定容至一定体积；另一种是标定法，即先配制成近似需要的浓度，再用基准物质或标准溶液进行标定。在化学实验室，一般采用直接法配制溶液，其步骤为：

① 根据配制溶液的浓度和数量，计算出所需试剂的用量；

② 称取或量取试剂；

③ 将试剂转移至烧杯中，加入少量溶剂，搅拌溶解，配成粗溶液；

④ 将粗溶液转移至容量瓶中，加溶剂至刻度线，摇匀；

⑤ 将溶液转移至试剂瓶中，贴上标签，注明溶液的名称、浓度、配制日期、配制人等信息。

2. 溶液的稀释

由溶质的浓溶液配制特定浓度的溶液，实质上就是溶液稀释的过程。例如，在食品理化分析中，如何由质量分数为 98% 的市售浓硫酸配制浓度为 20% 的硫酸？具体做法是，量取一定体积质量分数为 98% 浓硫酸，加入一定量的去离子水后就可以得到 20% 硫酸。在稀释过程中，溶质的量保持不变，存在以下关系：

$$c(稀) \times V(稀) = c(浓) \times V(浓)$$
$$m(稀) \times w(稀) = m(浓) \times w(浓)$$

【例 1-4】 配制 250mL 浓度为 1.0mol/L 的 HCl 溶液，需要 12.0mol/L 浓盐酸溶液的体积是多少？

解： 根据稀释定律可知，在稀释前后 HCl 的物质的量保持不变，即

$$c(稀) \times V(稀) = c(浓) \times V(浓)$$

根据题意将 $c(稀) = 1.0mol/L$、$V(稀) = 250mL$、$c(浓) = 12.0mol/L$ 代入上式：

$$1.0mol/L \times 250mL = 12.0mol/L \times V(浓)$$

解得 $V(浓) = 21mL$

答：需要 12.0mol/L 的浓盐酸 21mL。

 实验 1-1：硫酸铜溶液的配制与稀释

【实验目的】

1. 巩固电子天平称量操作，掌握固定称量法。

2. 熟悉配粗溶液和稀释溶液的仪器，掌握移液管、容量瓶的正确使用方法。

【仪器及试剂】

仪器和器皿：分析天平、移液管、烧杯、容量瓶、玻璃棒、洗耳球。

试剂：硫酸铜试剂、去离子水。

【实验原理】

在化学实验以及日常生产中，常常需要配制特定浓度的溶液来满足不同的要求。根据实验

对溶液浓度的准确性要求有所不同，可采用不同的仪器进行配制。当准确性要求较高时，必须采用分析天平、移液管、容量瓶等精密度较高的仪器进行准确配制。配制溶液前应计算出所需试剂的用量，包括固体试剂的质量或液体试剂的体积，然后进行配制。由物质的量浓度

$$c = \frac{m_{溶质}}{M_{溶质} \cdot V_{溶液}} \text{(mol/L)}$$

所需溶质质量 $m_{溶质} = c \cdot M_{溶质} \cdot V_{溶液}$

1. 物质的量浓度溶液的配制

1L 溶液中所含溶质 B 的物质的量（mol）称为溶质 B 的物质的量浓度。根据 $m_{溶质} = c \cdot M_{溶质} \cdot V_{溶液}$ 计算溶质的量，用电子分析天平称取，再将溶质溶解后加入去离子水定容到需要的体积。

2. 溶液的稀释

根据溶液稀释前后溶质的量不变：$c_1V_1 = c_2V_2$，利用稀释定律计算出所需浓溶液的体积。然后用移液管移取，再加入去离子水定容到需要的体积。

【操作步骤】

1. 100mL 0.25mol/L 硫酸铜溶液的配制

称取 6.2423g $CuSO_4 \cdot 5H_2O$（$M = 249.69$）于洗净的烧杯中；加入少量去离子水（约 30mL）搅拌、溶解；然后将 $CuSO_4$ 粗溶液转移至 100mL 容量瓶里；用去离子水将原烧杯润洗 2~3 次，将润洗液一并转移至容量瓶中；向容量瓶中继续加入去离子水至刻度线，定容；将新配制的 $CuSO_4$ 溶液转移至试剂瓶中，贴上标签，注明溶液名称、浓度、配制日期、配制人。

2. 25mL 0.02mol/L 硫酸铜溶液的配制

用移液管移取 2.00mL 0.25mol/L 硫酸铜浓溶液于 25mL 容量瓶中，加入去离子水至刻度线，定容；将稀释的 $CuSO_4$ 溶液转移至试剂瓶中，贴上标签，注明溶液名称、浓度、配制日期、配制人。

【数据记录及处理】

项目	$m(CuSO_4 \cdot 5H_2O)$	$c(CuSO_4，浓)$	$V(CuSO_4，浓)$	$c(CuSO_4，稀)$
数值				

【实验思考题】

1. 配制硫酸铜浓溶液时，发现溶解比较慢，应如何处理？

2. 用容量瓶配溶液时，要不要先把容量瓶干燥？

3. 用容量瓶稀释浓溶液时，能否用量筒来量取溶液？

4. 用吸量管移取液体前，为什么要用被移取液洗涤？

四、稀溶液的依数性

根据溶质和溶剂的不同，可以把溶液分为电解质溶液和非电解质溶液或稀溶液和浓溶液。但是，它们具有一些共同的性质，例如溶液的蒸气压下降、沸点升高、凝固点降低等，这些性质对稀溶液来说，往往与溶质的本身无关，而与溶液中溶质的粒子数有关。这类性质统称为稀溶液的依数性。

1. 溶液的蒸气压下降

将液体置于密闭的容器中，液体能不断蒸发，同时，生成的蒸气也在不断凝聚。当单位时间内由液面蒸发的分子数和由气相回到液体中的分子数相等时，气、液两相处于平衡状态。这时产生的蒸气压称为该液体的饱和蒸气压，简称蒸气压。很明显，越是容易挥发的液体，它的蒸气压就越大。在一定温度下，每种液体的蒸气压是固定的。例如，20℃时，水的蒸气压为2.33kPa，乙醇的蒸气压为5.85kPa。因为蒸发时要吸热，所以温度升高时，将使液体和其蒸气之间的平衡向生成蒸气的方向移动，使单位时间内蒸气分子数增加，因而液体的蒸气压随温度的升高而增大。表1-3为不同温度时水的蒸气压。

表1-3 不同温度时水的蒸气压

温度/℃	0	20	40	60	80	100	120
蒸气压/kPa	0.61	2.33	7.37	19.92	47.34	101.33	202.65

实验证明，当液体中溶解有不挥发性的溶质时，溶液的一部分表面被溶质分子所占据，从而使单位面积上的溶剂分子数减少；同时溶质分子间的相互作用，也会阻碍溶剂的蒸发，从而导致液体的蒸气压下降。因此，在一定温度下，溶液的蒸气压总是低于纯溶剂的蒸气压（此时溶液的蒸气压实际上是溶液中溶剂的蒸气压），两者之间的差值称为溶液的蒸气压下降。显然溶液浓度越大，溶液的蒸气压下降就越多。

法国物理学家拉乌尔（Raoult）对此现象做了总结：在一定温度下，难挥发非电解质稀溶液的蒸气压下降与溶液中溶质的质量摩尔浓度成正比，而与溶质的本性无关。在稀溶液中，该定律可近似地用数学式表示为：

$$\Delta p \approx K b_B$$

式中，Δp为溶液的蒸气压下降，MPa；b_B为溶液中溶质的质量摩尔浓度，mol/kg；K为与溶剂有关的常数。

2. 溶液的沸点升高

当液体的蒸气压增大到与外界大气压（通常为101.325kPa）相等时，液体就开始沸腾，此时的温度称为该液体的沸点。例如，水在100℃时的蒸气压恰好是101.325kPa，所以水的沸点是100℃。高原地区由于空气稀薄、气压较低，所以水的沸点低于100℃。

在一定压强下，液体的沸点是固定的。如果水中溶有难挥发性的物质，溶液的蒸气压下降，要使溶液的蒸气压和外界大气压相等，就必须升高溶液的温度，因此溶液的沸点将高于纯溶剂的沸点，该现象称为溶液的沸点升高。例如，在常压下，海水的沸点高于100℃就是这个道理。

在生产和实验中，对那些在较高温度时易分解的有机溶剂，常采用减压（或抽真空）操作进行蒸发，一方面可以降低沸点，另一方面可以避免一些产品因高温分解而影响质量和产量。

3. 溶液的凝固点降低

凝固点是晶体物质凝固时的温度，是液体的蒸气压与其固体的蒸气压相等时的温度，此时液相和固相平衡共存。例如0℃时，水和冰的蒸气压相等，均为0.61kPa，此时水和冰共存。在常压下，水的凝固点是 0℃，该点又称水的冰点。

在一定压强下，任何晶体的凝固点与其熔点相同。同一种晶体，凝固点与压强有关。凝固时体积膨胀的晶体，凝固点随压强的增大而降低；凝固时体积缩小的晶体，凝固点随压强的增大而升高。冰在不同温度时的蒸气压如表 1-4 所示。

表 1-4　冰在不同温度下的蒸气压

温度/℃	−20	−15	−10	−5	0
蒸气压/kPa	0.11	0.16	0.25	0.40	0.61

如果在 0℃的冰水混合物中溶有不挥发性的溶质，溶液的蒸气压就会降低，此时冰的蒸气压高于溶液的蒸气压，于是冰便会融化，只有将温度降至 0℃以下，冰的蒸气压和溶液的蒸气压才会相等，冰和溶液才能共存。该现象称为溶液的凝固点降低。

溶液的凝固点降低性质，在实践中具有广泛的应用。例如，在严寒的冬天，往汽车水箱中加入甘油或防冻液，可防止水的冻结。又如为使混凝土在低温下不致冻结，以顺利进行冬季施工，可在水泥中掺入某些物质。

利用溶液蒸气压下降和凝固点降低的原理，也可以解释植物的耐寒性和抗旱性。生物化学研究表明，当外界温度偏离常温时（不论是降低还是升高），有机体细胞内都会强烈地生成可溶性物质（主要是糖类），从而增大细胞液的浓度。一方面，细胞液的浓度越大，其凝固点越低，因此细胞液在 0℃左右不会冰冻，植物仍能保持生命活动而表现出一定的耐寒性。另一方面，细胞液的浓度越大，其蒸气压越小，蒸发越慢，因此在酷暑时，植物仍能保持水分而表现出一定的抗旱性。

第三节　胶体

分散质粒子直径在 1～100nm 的分散系，称为胶体分散系。胶体是一种分散质粒子直径介于粗分散体系和溶液之间的一类分散体系，这是一种高度分散的多相不均匀体系。它可以分为两类:一类是胶体溶液，又称溶胶。它是由一些小分子化合物聚集成一个单独的大颗粒多相体系，如 AgI 溶胶、$Fe(OH)_3$ 溶胶和 As_2S_3 溶胶等。另一类是高分子溶液，即由一些高分子化合物所组成的溶液，如淀粉溶液和蛋白质溶液。由于其分子较大，也表现出与胶体相似的性质，因此我们把高分子溶液也看作是胶体的一部分。本节主要介绍溶胶的结构和性质。

一、溶胶的结构

人们根据大量的实验事实，提出了溶胶胶团的双电层结构，下面以 AgI 溶胶为例来说明溶胶胶团的双电层结构。

1. 溶胶胶团组成及胶团结构

在 AgI 溶胶中，大量的 AgI 分子聚集成直径为 1～100nm 范围内的固体颗粒，其处于胶体粒子的核心，称为胶核。胶核是固相，呈电中性，具有很大的表面积和表面能及较强的吸附能力，能选择性地吸附 Ag^+ 而带正电荷，这种能使胶粒带电的离子称为电位离子。由于整个溶胶是呈电中性的，所以溶液中还存在着与电位离子电性相反的反离子。反离子一方面受电位离子的吸引，有靠近胶核的趋势；另一方面由于本身的热运动，又有扩散远离胶核的趋势。因此，反离子又分成两部分，一部分反离子受电位离子的吸引而被束在固相表面形成吸附层；另一部分反离子在吸附层外面向分散剂中扩散开去，构成扩散层。而胶核和吸附层一起构成胶粒，由于胶粒中反离子所带的电荷比电位离子所带的电荷少，所以胶粒是带电离子，其电性由电位离子决定。胶粒与扩散层组成胶团，胶团中胶粒离子与反离子所带电荷总数相等、符号相反，故胶团是呈电中性的。

2. 胶团结构式

在硝酸银过量的情况下，AgI 溶胶胶团结构如图 1-1 所示。

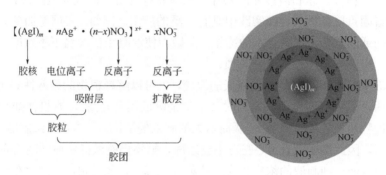

图 1-1　AgI 溶胶胶团结构示意图

如果 KI 过量，那么其胶团结构式为：

$$[(AgI)_m \cdot nI^- (n-x)K^+]^{x+} \cdot xK^+$$

同理，加热煮沸 $FeCl_3$ 制备的 $Fe(OH)_3$ 溶胶、在亚砷酸溶液中通入 H_2S 制备的 As_2S_3 溶胶和硅酸负溶胶的胶团结构式可分别表示如下：

$$\{[Fe(OH)_3]_m \cdot nFeO^+ \cdot (n-x)Cl^-\}^{x+} \cdot xCl^-$$

$$[(As_2S_3)_m \cdot nHS^- \cdot (n-x)H^+]^{x-} \cdot xH^+$$

$$[(H_2SiO_3)_m \cdot nHSiO_3^- \cdot (n-x)H^+]^{x-} \cdot xH^+$$

二、溶胶的性质

溶胶是高度分散的多相体系，高度分散与多相是溶胶的共同特征，溶胶的许多性质都与这些特征有关。溶胶的性质主要包括：动力学性质、光学性质和电学性质等。

1. 溶胶的动力学性质——布朗运动

1827 年，英国植物学家罗伯特·布朗（Robert Brown）最先用显微镜观察到悬浮在水中的花粉颗粒在不停地做无规则运动（如图 1-2 所示）。在显微镜下观察溶胶时也发现了类似的现象，胶粒在各个方向上无规律运动着，将其命名为布朗运动。

溶胶粒子的布朗运动可以从以下几个方面来解释。首先，溶胶粒子与其他粒子一样，本身处在不断热运动状态。其次，溶胶粒子在各个方向上还不断受到分散剂粒子的碰撞。由于分散质粒子较小，单位时间内接受分散剂分子撞击的次数较少，不能相互抵消；且分散质粒子质量较小，撞击产生的位移较大。因此，溶胶粒子将做不规则的布朗运动。

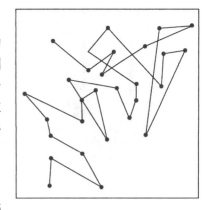

图 1-2　花粉粒子布朗运动示意图

2. 溶胶的光学性质——丁达尔效应

英国物理学家丁达尔（Tyndall J）发现，当一束光线透过溶胶时，在与入射光垂直的方向观察，可以清楚地看到在光的通路上出现一个发亮的光柱，这种现象称为丁达尔效应（如图 1-3 所示）。丁达尔效应的产生是胶体粒子对光的散射而形成的。光源照射到分散质粒子上时可以发生两种情况：一种是分散质颗粒直径大于入射光的波长，光就从粒子表面按一定角度反射或折射，在粒子较大的悬浊液中可以观察到这种现象；另一种是当分散质粒子直径小于入射光的波长时，便发生光的散射，散射出来的光称为乳光。溶胶粒子的直径为 1～100nm，可见光波长范围是 400～760nm，因此可见光通过溶胶时便产生光的散射。但在真溶液中，由于溶质分子的直径太小，散射光极弱，丁达尔现象不显著。因此，丁达尔效应实际上就成为辨别溶胶和真溶液最简便的方法。

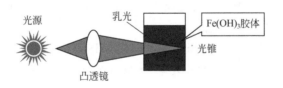

图 1-3　溶胶的丁达尔效应

3. 溶胶的电学性质——电泳和电渗

研究发现，如果将两个电极插入溶胶中接通直流电源后，能够看到溶胶粒子做定向迁移。在外电场作用下，溶胶粒子在分散系中做定向移动的现象称为电泳。如图 1-4（a）所示，在电泳管中，装入电解质溶液和红棕色的 $Fe(OH)_3$ 溶胶后，再把电极插入电泳管中接通电源，可以看到在阳极端 $Fe(OH)_3$ 界面逐渐下降，阴极端 $Fe(OH)_3$ 界面逐渐升高。该现象表明 $Fe(OH)_3$ 溶胶粒子带正电，在电场的作用下向阴极迁移。若改用带负电的硫化砷溶胶进行实验，则可获得相反的结果。因此，在实际应用中可通过电泳实验来判断各种溶胶粒子所带电荷的正负。

在实验中，若溶胶固相不动，液相在电场中做定向移动，这种现象称为"电渗"。电渗在电渗管中进行，如图 1-4（b）所示。电渗管中间为多孔性固体隔膜，胶体被吸附而固定，从两侧毛细管液面的变化来判断分散剂流动的方向。实验证明，分散剂电渗的方向总是与胶粒电泳的方向相反。

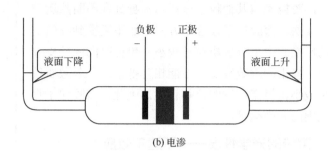

图 1-4　电泳与电渗现象

电泳和电渗现象，都说明溶胶粒子是带电的。胶粒带电的原因主要有两个：

（1）吸附作用　有些胶体粒子的带电是通过胶粒选择性地吸收了与其组成有关的离子而带电的。如用 $FeCl_3$ 水解制备的 $Fe(OH)_3$ 溶胶：

$$FeCl_3 + 3H_2O \Longrightarrow Fe(OH)_3 + 3HCl$$

水解是分级进行的，二级水解过程会产生 FeO^+。

$$FeCl_3 + 2H_2O \Longrightarrow Fe(OH)_2Cl + 2HCl$$
$$Fe(OH)_2Cl \Longrightarrow FeO^+ + Cl^- + H_2O$$

$Fe(OH)_3$ 溶胶便选择性地吸附 FeO^+ 而带正电。

（2）电离作用　有些溶胶是通过表面基团的电离作用而带电的。如硅胶是由许多硅酸分子缩合成的，表面上的硅酸分子可电离出 H^+、$HSiO_3^-$、SiO_3^{2-} 等，H^+ 进入溶液中，$HSiO_3^-$、SiO_3^{2-} 留在表面上而使胶粒带负电：

$$H_2SiO_3 \Longrightarrow H^+ + HSiO_3^-$$
$$HSiO_3^- \Longrightarrow H^+ + SiO_3^{2-}$$

三、溶胶的稳定性和聚沉

1. 溶胶的稳定性

胶体溶液非常稳定，胶粒在分散剂中能长期保持分散悬浮状态。溶胶的稳定性主要包括动力学稳定性和聚结稳定性。其动力学稳定性是指在溶胶体系中，溶胶粒子的质量较小，受重力的作用也较小，此时溶胶粒子主要受布朗运动的控制。因此，溶胶粒子在体系中做无规则运动，而不发生沉淀。

而溶胶的聚结稳定性是指溶胶在放置过程中，不会发生分散质粒子的相互聚结。这主要是由于溶胶粒子中的双电层结构，当两个带同种电荷的胶粒相互靠近时，胶粒间就会产生静电排斥作用，从而阻止胶粒的相互碰撞。胶粒表面的这种相同电荷使得胶粒之间有一种静电斥力，使溶胶趋向稳定，即聚结稳定性。另外，由于溶胶粒子中的带电离子和极性溶剂通过静电引力的相互作用，使得溶剂分子在胶粒表面形成一层溶剂化膜，该溶剂化膜也起到阻止胶粒相互碰撞的作用。因此，溶胶聚结稳定性的产生是胶粒的双电层结构和溶剂化膜共同作用的结果。

2. 溶胶的聚沉

溶胶的稳定性是暂时的、相对的和有条件的。一旦溶胶稳定的条件受到破坏，溶胶胶粒就会合并变大，最后从分散剂中沉淀分离出来，这个过程称为溶胶的聚沉或凝结。溶胶的聚沉，从表现上看，首先溶胶颜色会发生改变，进而由澄清变为浑浊，最后凝结为沉淀。溶胶变浑浊是粒子变大的表现，光的散射变为光的反射，促使溶胶聚沉的方法有：

（1）加入电解质　在溶胶中加入少量强电解质后，很快会出现明显的聚沉现象。主要是因为加入电解质后，溶胶中反离子浓度增大，增加了反离子进入吸附层的机会，降低了胶粒所带的电荷，导致稳定性降低。溶胶的聚沉不仅和电解质的性质、浓度有关，而且还与溶胶的带电性有关。电解质对溶胶的聚沉能力通常用聚沉值表示。所谓聚沉值是指在一定时间内，使一定量的溶胶完全聚沉所需电解质的最低浓度，一般以 mmol/L 表示。电解质的聚沉值越大，则聚沉能力越弱，表 1-5 列出了一些电解质对 As_2S_3 负溶胶和 $Fe(OH)_3$ 正溶胶的聚沉值。

表 1-5　一些电解质对 As_2S_3 和 $Fe(OH)_3$ 溶胶的聚沉值　　　单位：mmol/L

As_2S_3 负溶胶		$Fe(OH)_3$ 正溶胶	
电解质	聚沉值	电解质	聚沉值
NaCl	51.0	NaCl	9.25
KCl	49.5	KCl	9.00
$CaCl_2$	0.65	K_2SO_4	0.205
$MgSO_4$	0.81	$K_2Cr_2O_7$	0.195

从表 1-5 中可以看出，电解质正离子对负溶胶起主要聚沉作用，电解质负离子则对正溶胶起主要聚沉作用，而聚沉能力随离子价数的升高而显著增大。通常二价反离子的聚沉能力比一价的大 20～80 倍，三价反离子的聚沉能力比一价的大 500～1500 倍。同价离子的聚沉能力取决于离子水化半径的大小，水化半径越大，聚沉能力越弱。

（2）加入相反电荷的溶胶　如果将两种带有相反电荷的溶胶按适当比例混合，同样会发生聚沉，这种现象称为溶胶的相互聚沉。如明矾净水就是溶胶相互聚沉的典型例子。把明矾$[KAl(SO_4)_2·12H_2O]$加入浑浊的水中，明矾水解生成带正电的氢氧化铝溶胶，与水中带负电的黏土粒子相互聚沉而使水变清。溶胶的相互聚沉在土壤研究中也有重要的意义。土壤中存在的胶体物质既有带正电荷的氢氧化铝溶胶、氢氧化铁溶胶，也有带负电荷的硅酸溶胶，它们之间相互聚结，对于土壤团粒结构的形成起着一定的作用。

（3）加热　加热也可使许多溶胶聚沉。这是由于加热能加快胶粒运动的速度，因而增加胶粒相互碰撞的机会，同时降低胶核对电位离子的吸附作用，减少胶粒所带的电荷，即减弱了溶胶稳定存在的主要因素，从而使胶粒在碰撞时发生聚沉。

（4）高分子溶液对溶胶有保护和敏化作用　许多高分子化合物如明胶、阿拉伯胶、蛋白质、淀粉等都具有较强的亲水性，它们溶解于水后称为高分子溶液。在溶胶中加入适量的高分子溶液，能降低溶胶对电解质的敏感性，显著提高溶胶的稳定性。这种作用称为高分子溶液对溶胶的保护作用，其原因一般认为是高分子化合物高度水化的链状分子吸附在胶粒表面，把胶粒全部覆盖阻止了胶粒之间、胶粒与电解质离子之间的直接接触，从而大大增强了溶胶的稳定性。但是，如果在溶胶中加入很少量的高分子溶液以至高分子不足以覆盖胶粒的表面时，反而会使胶粒聚集到高分子四周，高分子就会起到聚集胶粒的桥梁作用。这样不但不起保护作用，反而会降低溶胶的稳定性，使溶胶更易发生聚沉，这种作用称为高分子溶液对溶胶的敏化作用。保护作用在生理过程中具有重要的意义。例如，在健康人血液中所含的碳酸镁、磷酸钙等难溶盐，都是以溶胶状态存在，并且被血清蛋白等高分子物质保护着。当发生某些疾病时，保护物质在血液里的含量就会减少，溶胶发生聚沉而堆积在身体的某个部分，使新陈代谢作用发生障碍，可形成肾脏、肝脏等结石。

影响溶胶聚沉的因素还有很多，如溶胶的浓度、非电解质的影响等。了解溶胶稳定性和聚沉的规律，有助于根据需要，通过控制外界条件来达到使溶胶稳定存在或破坏溶胶的目的，为生产和研究服务。

第四节　乳状液

由两种不互溶或部分互溶的液体所形成的粗分散系统，称为乳状液。例如，牛奶、炼油厂的废水、农药乳化剂等皆属此类。乳状液中的分散相称为内相，分散介质称为外相。若当某一相的体积分数大于74%时，只能用该相作为乳状液的外相。在乳状液中，若一相为水，用"W"表示；另一相为有机物质，如苯、苯胺、煤油等，习惯上把它们称为"油"，并用"O"表示。

乳状液一般可分为两大类：一类为油分散在水中，称为水包油型，用符号 O/W 表示；另一类为水分散在油中，称为油包水型，用符号 W/O 表示。因油水互不相溶，要得到比较稳定的乳状液，必须加入乳化剂。常用的乳化剂多为表面活性物质，某些固体粉末也能起到乳化剂的作用。

一、乳状液类型的鉴别

鉴别乳状液是 O/W 型还是 W/O 型的方法主要有：

（1）染色法　在乳状液中加入少许油溶性的染料如苏丹Ⅲ，振荡后取样在显微镜下观察，若内相（分散相）被染成红色，则为 O/W 型；若外相被染成红色，则为 W/O 型。此外也可用水溶性染料试验。

（2）稀释法　取少量乳状液滴入水或油中，乳状液在水中能被稀释，即为 O/W 型；在油中能被稀释，即为 W/O 型。

（3）导电法　一般来说，水导电性强，油导电性差。因此，O/W 型乳状液的导电性远好于 W/O 型乳状液，故可区别两者。但乳状液中存在离子型乳化剂时，W/O 型乳状液也有较好的导电性。

二、乳状液的稳定机理

乳状液是一种多相分散体系，液珠与介质之间存在着很大的相界面，体系的界面能很大，属于热力学不稳定体系。加入少量的添加剂能使乳状液比较稳定的存在，其稳定机理主要有以下几个方面：

（1）降低界面张力　将一种液体分散在与其不相互溶的另一种液体中，这必然会导致系统相界面面积的增加，这也是分散系统不稳定的根源。加入少量的表面活性剂，在两相之间的界面层产生正吸附，明显降低界面张力，使系统的表面吉布斯函数降低，稳定性增加。

（2）形成定向楔的界面　乳化剂分子具有一端亲水而另一端亲油的特性，其两端的横截面常大小不等。当它吸附在乳状液的界面层时，常呈现"大头"朝外、"小头"向里的几何构型，就如同一个个楔子密集地钉在圆球上。采取这样的几何构型，可使分散相液滴的表面积最小，界面膜更牢固。如 K、Na 等碱金属的皂类，含金属离子的一端是亲水的"大头"，作为乳化剂时，形成 O/W 型的乳状液。而 Ca、Mg、Zn 等两价金属的皂类，含金属离子的极性基团是"小头"，作为乳化剂时，则形成 W/O 型的乳状液。但也有例外，例如一价的银肥皂作为乳化剂时，却形成 W/O 型的乳状液。

（3）形成扩散双电层　电解质表面活性剂在水中电离，一般来说正离子在水中的溶解度大于负离子的溶解度，因此水带正电荷，油带负电荷。在 W/O 型乳状液中，分散相水滴带正电荷，分散介质油则带负电荷；而在 O/W 型乳状液中，则刚好相反。乳化剂负离子，定向地吸附在油-水界面层中，带电的一端皆指向水，正离子则呈扩散状分布，即形成扩散双电层，它一般都具有较大的热力学电势及较厚的双电层，使乳状液处于较为稳定的状态。

（4）界面膜的稳定作用　乳化过程也可理解为分散相液滴表面的成膜过程，界面膜的厚度，特别是膜的强度和韧性，对乳状液的稳定性起着至关重要的作用。例如，水溶性的十六烷基磺酸钠与等量的油溶性的乳化剂异辛癸烯醇所组成的混合乳化剂，可形成带负电荷的 O/W 型乳状液。这是由于十六烷基磺酸钠在界面层中电离，而 Na^+ 又向水中扩散的结果。两种乳化剂皆定向排列在油-水界面层中，形成比较牢固的界面膜，而且分散相的油滴皆带有负电荷，当两油滴互相靠近时，产生静电斥力，因而更有利于乳状液的稳定。此外，乳状液的黏度、分散相与分散介质密度差的大小皆能影响乳状液的稳定性。

三、乳状液的破乳

乳状液完全被破坏，成为不相混溶的两相的过程，称为破乳或去乳化作用。一般分为两步：第一步分散相的微小液滴先絮凝成团，但这时仍未完全失去原来各自独立的属性；第二步为凝聚过程，即分散相结合成更大的液滴，在重力场的作用下自动分层。乳状液稳定的主要原因是乳化剂的存在，所以凡能消除或削弱乳化剂保护能力的因素，皆可达到破乳的目的。常用的方法有：

① 用不能形成牢固膜的表面活性物质代替原来的乳化剂。例如异戊醇，它的表面活性很强，但因碳氢链太短而无法形成牢固的界面膜。

② 加入某些能与乳化剂发生化学反应的物质，消除乳化剂的保护作用。例如在以油酸钠为稳定剂的乳状液中加入无机酸，可使油酸钠变成不具有乳化作用的油酸，而达到破乳的目的。

③ 加入类型相反的乳化剂，如向 O/W 型的乳状液中加入 W/O 型的乳化剂。

④ 加热。温度升高可降低乳化剂在油-水界面的吸附量，削弱保护膜对乳状液的保护作用，降低分散介质的黏度。

⑤ 物理方法，如离心分离、电泳破乳等。

【习题】

1-1 溶液的蒸气压、沸点、凝固点与纯溶剂相比，有什么变化？

1-2 什么叫胶体？胶体有哪些性质？胶体为什么有比较稳定的性质？促进胶体凝聚的方法有哪些？

1-3 什么叫表面活性剂？表面活性剂有哪些性质？在食品工业中，表面活性剂有哪些具体的应用？

1-4 乳状液有哪几种类型？乳状液的稳定机理是什么？如果相对乳状液破乳，应采取哪些措施？

1-5 健康人血液中的碳酸镁、碳酸钙等难溶盐，为什么不形成沉淀？

1-6 在严寒的冬季，为了防止雪融化后结成冰块影响交通出行，通常在出行的路面上撒一层盐。请简述相关的原理。

1-7 生理盐水的浓度一般是多少？现在实验室需 1L 的生理盐水，请问如何去配制？

1-8 市售浓硫酸：$\rho = 1.84 \text{g/mL}$、质量分数 98%，求其物质的量浓度（H_2SO_4）。

1-9 浓盐酸的质量分数为 37.0%、密度为 1.19g/mL，求浓盐酸的物质的量浓度 c（HCl）及质量摩尔浓度 b（HCl）。

1-10 小明同学做分析实验，需要用到 0.01mol/L $CuSO_4$ 溶液 500mL。实验室现有 0.1mol/L $CuSO_4$ 溶液 1L。请问小明同学如何合理地配制溶液去完成实验任务？

1-11 比较下列各组溶液指定性质的高低：

① 凝固点：0.1mol/kg $C_{12}H_{22}O_{11}$ 溶液、0.1mol/kg CH_3COOH 溶液和 0.1mol/kg KCl 溶液；

② 渗透压：0.1mol/L $C_6H_{12}O_6$ 溶液、0.1mol/L $CaCl_2$ 溶液、0.1mol/L KCl 溶液和 1mol/L $CaCl_2$ 溶液。

第二章

定量分析基础

1. 学习分析化学基本概念。

2. 掌握滴定分析的基础知识。

1. 能根据试样的性质确定滴定方法及滴定方式。

2. 能正确配制常见的标准溶液。

定量分析的任务是测定组分的相对含量，它是基础化学课程的核心内容，也是食品类、农学类专业后续专业基础课程和骨干课程的基础。定量分析依据测定原理和操作方法的不同，主要分为化学分析法和仪器分析法。其中，滴定分析法又分为酸碱滴定法、氧化还原滴定法、配位滴定法和沉淀滴定法，本书分别介绍了这四种滴定方法及涉及的相关基础知识。本章概述了定量分析中的误差和有效数字处理等问题，并就滴定分析法存在的共性问题进行了说明。

第一节　定量分析的任务和方法

一、定量分析的任务与作用

分析化学是研究物质化学组成的分析方法及有关原理的一门科学。它包括定性分析和定量分析两部分。定性分析的任务是鉴定物质的组成（所含元素、阴阳离子、原子团或化合物），而定量分析的任务是测定各组分的相对含量。定量分析是分析化学的一个重要组成部分。

在现代科学研究领域中，分析化学是一种重要的手段和工具。分析化学是一门实践性很强的重要基础课。通过了解定量分析的基本知识，可以建立准确的"量"的概念，培养严谨、认真和实事求是的科学态度；通过学习有关定量分析的基本理论、基本计算和基本操作技术，提高处理实际问题的能力，为后续学习专业课程打下良好的基础。例如，蛋白质、脂肪、葡萄糖等含量的测定，农药的残留和重金属含量的分析以及水质的理化指标测试等，都要应用定量分析基础知识和基本技术。

二、定量分析的分类

定量分析依据测定原理和操作方法的不同，可分为化学分析法和仪器分析法。

1. 化学分析法

化学分析法是以物质的化学反应为基础的分析方法。按照测定方法的不同，可以分为重量分析法和滴定分析法等。

（1）重量分析法　重量分析法也叫称量分析法，是通过化学反应及一系列操作，使试样中的待测组分转化为一种纯净的、化学组成固定的难溶化合物，再通过称量该化合物的质量，计算出待测组分的含量。例如要测定粗盐中氯元素的含量，可先将粗盐溶解，然后加过量的硝酸银，生成的氯化银沉淀经洗涤、干燥后称重，就可以根据化学式的组成计算出氯元素的质量。

（2）滴定分析法　根据化学反应中消耗试剂的体积来确定被测组分含量的方法，称为滴定分析法（又称容量分析法）。根据化学反应的不同类型，滴定分析法又可以分为酸碱滴定法、氧化还原滴定法、配位滴定法和沉淀滴定法。

2. 仪器分析法

仪器分析法是根据被测物质的某种物理性质（如熔点、沸点、密度、颜色等）或物理化学性质而进行的定量分析方法。这两种方法都要利用仪器进行，故称为仪器分析法。常用的仪器分析法有光学分析法、电化学分析法、色谱分析法、质谱分析法、放射分析法等，还有新的方法在不断出现。

仪器分析法具有快速、灵敏的优点，尤其当组分含量很低时，更需要用仪器分析法。

三、定量分析的程序

实际工作中，进行一项分析首先要明确目的和要求，然后设计分析工作的程序。一个定量分析过程常包括如下几个步骤：

1. 试样的采取

采取试样必须保证具有代表性和均匀性，即所分析的试样组成可代表整批物料的平均组成。这是一个复杂的操作，要从物料的各个不同部位，采取具有代表性的一部分试样作为原始试样，然后再进行预处理制备成供分析用的分析试样。

2. 试样的分解

在定量分析中，通常采用湿法分析，即先将试样分解制成溶液再进行分析。因此，试样的分解是分析工作中的重要步骤之一。最常用的是酸溶法，根据试样性质的不同，可以选择不同的酸，如盐酸、硝酸、硫酸等；也常用混酸，如硫酸和磷酸、硫酸和氢氟酸、硫酸和硝酸、"王水"等。

3. 干扰杂质的分离

在分析过程中，若试样组分较简单而且彼此不干扰，经分解制成溶液后，可直接测定。但在实际分析工作中，遇到的样品往往含有多种组分，当进行测定时，常相互干扰，必须通过分离除去干扰组分。

4. 测定方法的选择

应根据测定的目的和要求，包括组分含量、准确度及完成测定的时间，确定采用哪种分析方法。常用的定量分析方法将在后面讲解。

5. 数据处理及分析结果的评价

分析过程中会得到相关的数据，对这些数据需进行分析及处理，计算出被测组分的含量。同时，对测定结果的准确性做出评价。

第二节　定量分析的误差

一、系统误差和偶然误差

定量分析的任务是准确测定试样中某组分的含量，因而要求得到准确的测量数据。然而在分析测试的过程中，受到分析方法、仪器、试剂和操作等方面的限制，在实际测试分析过程中，误差是不可避免的。因此，作为分析测试工作者，不仅要测定试样中某组分的含量，而且要能够对测试结果的准确性进行判断分析，查找误差产生的原因，进一步研究减免误差的方法，从而不断提高分析结果的准确程度。

误差是测量值与真实值之差。根据误差的性质与产生的来源，可以将误差分为系统误差、偶然误差和疏忽误差等。

1. 系统误差

系统误差又叫作规律误差，它是指在对同一被测量进行多次测量过程中，出现某种保持恒定或按确定的方法变化的误差。系统误差是分析过程中某些固定的原因引起的一类误差，它具有重复性、单向性、可测性。即在相同的条件下，重复测定时会重复出现，使测定结果系统偏高或系统偏低，其数值大小也有一定的规律。化学分析中根据误差的来源可分为方法误差、试剂误差、仪器误差、操作误差以及主观误差等。

（1）方法误差　方法误差是由分析方法本身不完善或选用不当所造成的。如重量分析中的沉淀溶解、共沉淀、沉淀分解等因素造成的误差；滴定分析中滴定反应不完全、干扰离子的影响、指示剂不合适、其他副反应的发生等原因造成的误差。

（2）试剂误差　试剂误差是由试剂不符合要求而造成的误差，如试剂不纯等。试剂误差可以通过更换试剂来克服，也可以通过空白试验测知误差的大小并加以校正。

（3）仪器误差　仪器误差是由于仪器不够准确造成的误差。例如，天平的灵敏度低，砝码本身质量不准确，滴定管、容量瓶、移液管的刻度不准确等造成的误差。因此，使用仪器前应对仪器进行校正，选用符合要求的仪器；或求出其校正值，并对测定结果进行校正。

（4）操作误差　在进行分析测定时，由于分析人员的操作与正确操作的差别所引起的误差称为操作误差。例如，试样分解不够完全、对沉淀的洗涤次数过多或不够、坩埚及沉淀未完全冷却等。

（5）主观误差　由于分析人员本身的一些主观因素造成的，又称为个人误差。例如，在滴定分析中辨别滴定终点颜色时，有人偏深，有人偏浅；在读滴定管读数时个人习惯性的偏低或偏高等。

一般可以采用以下方法减少系统误差：

（1）采用修正值方法　对于定值系统误差可以采取修正措施，一般采用加修正值的方法。

（2）采用排除误差源法消除　用排除误差源的办法来消除系统误差是比较好的办法。这就要求测量者对所用标准装置、测量环境条件、测量方法等进行仔细分析、研究，尽可能找出产生系统误差的根源，进而采取措施。

（3）采用其他的特殊方法

① 交换法。在测量中将某些条件，如被测物的位置相互交换，使产生系统误差的原因对测量结果起相反作用，从而达到抵消系统误差的目的。

② 替代法。替代法要求进行两次测量，第一次对被测量进行测量，达到平衡后，在不改变测量条件的情况下，立即用一个已知标准值替代被测量，如果测量装置还能达到平衡，则被测量就等于已知标准值。如果不能达到平衡，修正使之平衡，这时可得到被测量与标准值的差值，即：被测量＝标准值＋差值。

③ 补偿法。补偿法要求进行两次测量，改变测量中某些条件，使两次测量结果中得到误差值大小相等、符号相反，取这两次测量的算术平均值作为测量结果，从而抵消系统误差。

④ 对称测量法。在对被测量进行测量的前后，对称地分别对同一已知量进行测量，将对已知量两次测得的平均值与被测量的测得值进行比较，得到消除线性系统误差的测量结果。

⑤ 半周期偶数观察法。对于周期性的系统误差，可以采用半周期偶数观察法，即每经过半个周期通过进行偶数次观察的方法来消除。

⑥ 组合测量法。由于按复杂规律变化的系统误差不易分析，采用组合测量法可使系统误差以尽可能多的方式出现在测得值中，从而将系统误差变为随机误差处理。

 实验 2-1：滴定管体积校正曲线的绘制

【实验目的】

1. 认识滴定管体积校正的目的和意义。

2. 进一步巩固滴定操作。

3. 掌握滴定管体积校正的方法和步骤。

4. 了解不同温度下标准滴定溶液的体积校正方法。

【仪器及试剂】

仪器和器皿：电子天平（万分之一）、烧杯、称量纸、玻璃棒、酸式滴定管。

试剂：去离子水。

【实验原理】

化学分析的项目中，用滴定管、移液管、容量瓶操作时需对该容器进行体积校正。一种是容器本身准确体积的校正，移液管和容量瓶做相对体积校正，而滴定管采用绝对校正方法校正。另一种是温度对容器的体积校正，温度会影响溶液的实际体积，应对使用的计量容器进行校正。本实验介绍了用绝对校正方法对滴定管进行校正。

【操作步骤】

1. 滴定管体积的校正

加去离子水至滴定管，使液面达到最高标线以上约 5mm 处，用活塞慢慢地将液面准确地调至零位，将已称重的称量杯放在滴定管尖端下，完全开启活塞，当液面降至距检定分度线以上约 5mm 处时关闭活塞，等待 30s，然后在 10s 内用活塞将液面准确调至检定分度线，精密称称量杯与水的质量，计算得去离子水的质量 m_{water}。测量当下去离子水的温度，查询在该温度下的水密度校正值 ρ_{water}。每一个检定分度线下，做三次平行，结果取平均值。

2. 记录与计算

去离子水实际体积为：$V_{water} = \dfrac{m_{water}}{\rho_{water}}$

容器准确体积校正公式为：$\Delta V = V_{water} - V_{show}$

3. 描曲线

根据测定结果，描绘出体积-校正值曲线。

【数据记录及处理】

1. 滴定管体积的校正

标示体积/mL	5	10	15	20	25
水的质量/g					
校正温度/℃					
水密度校正值					
实际体积/mL					
实际差/mL					
体积校正值/mL					

2. 滴定管体积校正曲线的绘制

【操作要点与注意事项】

1. 待校正的仪器检定前需进行清洗，清洗的方法为用铬酸溶液进行清洗。然后用水冲净。器壁上不应有挂水等沾污现象，使液面与器壁接触处形成正常弯月面。清洗干净的被检量器须在检定前 4h 放入实验室内。滴定管、移液管不必干燥，容量瓶必须干燥。

2. 校正温度一般以 15～25℃为好。

3. 校正所用的去离子水及欲校正的玻璃容器，至少提前 1h 放进天平室，待温度恒定后，再进行校正，以减少校正的误差。

4. 校正时，化验室滴定管或移液管和外壁的水必须除去。

5. 称量时，使用万分之一分析天平即可。

6. 一般每个容量仪器应同时校正 2～3 次，取其平均值。校正时，两次真实容积差值不得超过 ±0.01mL，或水重差值不得超过 ±10mg；10mL 以下的容器，水重差值不得超过 ±5.0mg。

【实验思考题】

1. 使用未清洗干净的滴定管进行校正，会对结果产生什么影响？

2. 校正的温度是测定去离子水的温度，还是测定室温？

2. 偶然误差

偶然误差也称为随机误差或不定误差，是由于在测定过程中一系列有关因素微小的随机波动而形成的具有相互抵偿性的误差。其产生的原因是分析过程中种种不稳定随机因素的影响，如室温、相对湿度和气压等环境条件的不稳定，分析人员操作的微小差异以及仪器的不稳定等。偶然误差的大小和正负都不固定，但多次测量就会发现，绝对值相同的正负偶然误差出现的概率大致相等，且小误差出现的概率大，大误差出现的概率小，符合正态分布规律。可以通过增加平行测定次数取平均值的办法减小偶然误差，在定量分析中，通常要求平行测定 3～4 次。

3. 疏忽误差

疏忽误差又称粗大误差，是按统计规律不应出现的误差。这类误差的出现通常是由测量工作人员的疏忽过错、测量设备的故障或测量工作条件的失常而引起的。带有疏忽误差的测量数据是不可靠的。在一般情况下应重复试验以核对这些数据，在数据处理时，应将带有疏忽误差的数据删除。

二、误差的表示方法

1. 准确度与误差

分析结果与真实值的接近程度称为准确度。准确度用误差表示，误差是指测量值与真实值之差。误差越大，分析结果的准确度就越低；误差越小，准确度就越高。误差可以用绝对误差和相对误差来表示，即：

$$绝对误差 = 测得值 - 真实值$$

$$相对误差 = \frac{测得值 - 真实值}{真实值} \times 100\%$$

相对误差是绝对误差占真实值的百分数，分析结果的准确度常用相对误差来表示，因为用相对误差来比较各种情况下测定结果的准确度，更为确切。

例如，用分析天平称量 A、B 两物质的质量分别为(A)0.2558g 和(B)2.5578g，假定 A、B 的真实值分别为 0.2559g、2.5579g，则：

$$A的绝对误差 = 0.2558 - 0.2559 = -0.0001$$

$$B的绝对误差 = 2.5578 - 2.5579 = -0.0001$$

$$A的相对误差 = \frac{-0.0001}{0.2559} \times 100\% = -0.039\%$$

$$B的相对误差 = \frac{-0.0001}{2.5579} \times 100\% = -0.0039\%$$

从计算结果上看，A、B 的绝对误差相同，但它们的相对误差相差 10 倍。称量质量较大，相对误差较小，称量的准确度也较高。这是因为相同的绝对误差，在数值不同的两个测试结果中，误差所占的比例不同。因此，在滴定分析等化学操作时，称量不能太少。

2. 精密度与偏差

在实际分析工作中，被测组分的真实值往往是不知道的，通常是对分析试样进行多次平行测定后，求其算术平均值作为分析结果，这时就无法计算误差。因此，在分析测定中，引入了偏差的概念。所谓偏差是指测得值与平均值之间的差值。我们把多次测得值之间相互接近的程度称为精密度。偏差越小，精密度越高。精密度能表示分析结果的重现性。偏差常用绝对偏差和相对偏差来表示，即：

$$绝对偏差(d) = 个别测得值(x) - 平均值(\bar{x})$$

$$相对偏差(d_r) = \frac{测得值(x) - 平均值(\bar{x})}{平均值(\bar{x})} \times 100\%$$

这两种偏差都是指个别测定结果与平均值之间的差值，而多次测定结果的精密度常用平均偏差表示。平均偏差也分为绝对平均偏差和相对平均偏差两种。设有几个测得值 x_1、x_2、x_3、…、x_n，则：

$$算术平均值 \bar{x} = \frac{x_1 + x_2 + \cdots + x_n}{n}$$

$$绝对平均偏差\ \overline{d} = \frac{|x_1 - \overline{x}| + |x_2 - \overline{x}| + \cdots + |x_n - \overline{x}|}{n}$$

$$相对平均偏差\ \overline{d_r} = \frac{\overline{d}}{\overline{x}} \times 100\% = \frac{|x_1 - \overline{x}| + |x_2 - \overline{x}| + \cdots + |x_n - \overline{x}|}{n\overline{x}} \times 100\%$$

由于相对平均偏差是指绝对平均偏差在平均值中所占的百分率,因此更能反映测定结果的精密度。所以在实际工作中,精密度一般用相对平均偏差来表示。

例如,某分析员在一次实验中得到的测得值为20.12%、20.14%和20.13%,则这次测定的平均值、绝对偏差、绝对平均偏差和相对平均偏差分别为:

$$\overline{x} = \frac{20.12\% + 20.14\% + 20.13\%}{3} = 20.13\%$$

$$d_1 = 20.12\% - 20.13\% = -0.01\%$$
$$d_2 = 20.14\% - 20.13\% = +0.01\%$$
$$d_3 = 20.13\% - 20.13\% = 0.00\%$$

$$\overline{d} = \frac{|-0.01\%| + |+0.01\%| + 0}{3} = 0.0067\%$$

$$相对平均偏差\ \overline{d_r} = \frac{0.0067\%}{20.13\%} \times 100\% = 0.033\%$$

3. 准确度与精密度的关系

准确度表示测量的正确性,精密度表示测量的重现性。系统误差是定量分析中误差的主要来源,它影响分析结果的准确度;偶然误差影响分析结果的准确度和精密度。所以在分析结果和计算过程中,如果未消除系统误差,虽然分析结果有很高的精密度,并不能说明准确度高,即单从精密度看,不考虑系统误差,仍得不出正确的结论,只有在消除了系统误差后,精密度高的分析结果才是既准确又精密的。由此可见精密度高,准确度不一定高。但若要准确度高,必须做到精密度高,如果精密度差,实验的重现性低,则该实验方法是不可信的,也就失去了衡量准确度的前提。

4. 提高分析结果准确度的方法

(1)对照实验　用已知准确含量的标准样品,按所选用的测定方法进行测定,将测定结果与标准试样的已知含量比较,估计分析的误差大小,同时求出校正系数,即

$$校正系数 = \frac{标准试样中组分的已知含量}{标准试样中组分的测得结果}$$

待测样品中组分的含量 = 校正系数 × 待测样品测定结果

(2)空白试验　按所选用的分析方法以蒸馏水代替样品进行分析,得到的结果称为空白值。从试样的分析结果中减去空白值,就可以得到更接近于真实值的结果。如果空白值过大,减去空白值会引起更大的误差,这时就必须采取提纯试剂和蒸馏水等措施来降低空白值。

(3)选择合适的分析方法　不同的分析方法有不同的特点。化学分析法不够灵敏,特别是对于微量组分的测定,但对于高含量组分的测定更易于得到准确的测定结果。仪器分

析法则对低含量特别是微量组分的测定更加准确可靠。因此，在实际工作中，应根据被测定物质的含量和对分析结果的要求以及所具备的条件，选择合适的分析方法。

（4）减小测量误差　定量分析中常用的测量是质量的称量和滴定管的读数。采用差减称量法进行称量时的最大绝对误差是±0.0002g，滴定管两次读数可能造成的最大绝对误差为±0.02mL，要使测量的相对误差在 0.1%以下，就必须使质量的称量在 0.2g 以上，液体体积的用量在 20.00mL 以上。

第三节　分析数据的处理

一、有效数字和运算规则

定量分析用数字表示分析结果，获得的测量数字叫数据，根据记录的数据再通过运算得到分析结果，所以要准确记录数据，对数字进行准确地计算，才能得到可靠的分析结果。

1. 有效数字

有效数字是指在分析工作中仪器能够测量到的数字，它包括所有的准确数字和最后 1 位可疑数字。有效数字不仅表明数量的大小，也反映出测量的准确度。例如，用分析天平称得 0.2046g 物质，因此数字前 3 位是准确的，第 4 位是估计值，可能有上下一个单位的误差，其实际质量是在（0.2046±0.0001）g 范围内的一个数值。

在确定有效数字位数时"0"可能是有效数字，也可能是定位数字。例如，滴定管读数 23.06mL、天平称重 1.5240g，两个数据中数字中间和数字后面的"0"都是有效数字。又如，称重 0.03046g，前面 2 个"0"都不是有效数字而是定位数字，只与称的单位有关。如果用"mg"表示，则变成 30.46mg，前面的"0"就消失了。

2. 有效数字的运算规则

① 记录。记录测定结果时，只保留 1 位不准确数字。

② 数字位数处理。当应保留的有效数字位数确定后，其余不必要的数字（尾数）可用"四舍六入五留双，五后有数就进位"的规则处理，即当尾数不大于 4 时舍去，尾数不小于 6 时进位；等于 5 时，要看 5 前面的数字，若是奇数则进位，若是偶数则将 5 舍掉，即修约后末位数字都成为偶数；若 5 的后面还有不是"0"的任何数，则此时无论 5 的前面是奇数还是偶数，均应进位。例如，要将 3.157、3.165、3.177 处理成 3 位有效数字时，则分别为 3.16、3.16、3.18。但在日常应用中，对于要求不是很高的分析，为了方便起见，仍可以按传统"四舍五入"的规则，保留有效数字。

③ 数字加减的运算。当几个数据相加或相减时，各数及其和或差有效数字的保留应以小数点后位数最少的数字为依据。例如，将 0.0231、23.54、2.154 三个数相加，每个数中最后 1 位都是不准确数字，因此三个数相加时应以 23.54 为依据，将其他数字按"四舍六入五留双"的规则取到小数点后 2 位，然后相加。即 0.02 + 23.54 + 2.15 = 25.71。

④ 数字乘除的运算。当几个数据相乘除时，其积或商有效数字位数，一般应与各数

中有效数字位数最少的数据相同,其余各数都以它为准取舍后再乘除。例如,0.0234、35.74和2.05872 三个数相乘,其中有效数字位数最少的是 0.0234,只有 3 位有效数字,其他各数以它为准取舍后应是 0.0234 × 35.7 × 2.06 = 1.72。

二、可疑数字取舍

在一系列平行测定所得数据中,常含有个别数据与其他数据偏离较远,如不舍去,将会影响分析结果的准确性。这些偏离较远的数值称为可疑值。可疑值的产生既可能是分析测试中的过失造成的,也有可能是偶然误差造成的。因此,判断可疑值的取舍,实质上就是区分它是由过失造成的,还是由偶然误差引起的。过失造成的就应舍弃,偶然误差造成的就应保留。如果不知道可疑值是否含有过失,则不能随意取舍,必须借助统计学的方法判断。目前常用的方法有四倍法和 Q 值检验法。

1. 四倍法

此法包括以下两个步骤。

① 求出不包括可疑值在内其余数据的算术平均值($\bar{x}$)及平均偏差($\bar{d}$)。

② 如可疑值数据与平均值之差的绝对值大于等于 $4\bar{d}$,即 $\left| \dfrac{可疑值 - \bar{x}}{\bar{d}} \right| \geqslant 4$ 时,可疑值应该舍去,小于 4 时保留。

【例 2-1】某含氯试样的测定中,测定四次结果分别为 30.22%、30.34%、30.42%和30.38%,问 30.22%这一数据是否应该舍去?

解:设 30.22%为可疑值,其余三数值的算术平均值、偏差和平均偏差计算结果如表 2-1 所示。

根据四倍法的规定,得

$$\left| \frac{30.22 - 30.38}{0.03} \right| = 5.3 > 4$$

所以,测定结果 30.22%应该舍去。

表 2-1　偏差和平均偏差计算结果

测定值	算术平均值($\bar{x}$)	偏差	平均偏差($\bar{d}$)
30.34%		−0.04	
30.42%	30.38%	+0.04	0.03
30.38%		0.00	

2. Q 值检验法

Q 值检验法又称舍弃商值检验法,此法包括以下四个步骤。

① 算出测量值的极差(即最大值与最小值的差)。

② 算出可疑值与邻近值的差。

③ 用极差除可疑值与邻近之差,得到舍弃商值 Q。

④ 查 Q 表。如果计算出的 Q 值≥表 2-2 的 Q 值,则可疑值舍去;否则,应当保留。

表 2-2 Q 值表（置信度 0.90 和 0.95）

测定次数(n)	3	4	5	6	7	8	9	10
$Q_{0.90}$	0.94	0.76	0.64	0.56	0.51	0.47	0.44	0.41
$Q_{0.95}$	0.97	0.84	0.73	0.64	0.59	0.54	0.51	0.49

【例 2-2】某试样的七次平行测定值是 25.09、24.95、24.98、25.03、24.78、25.11、25.04，问 24.78 和 25.11 这两个数据可否舍弃？

解： 测量值极差 = 25.11−24.78

可疑值与邻近值之差为：

$$25.11-25.09，24.95-24.78$$

求出 Q 值为：

$$Q_1 = \frac{25.11 - 25.09}{25.11 - 24.78} = 0.06$$

$$Q_2 = \frac{24.95 - 24.78}{25.11 - 24.78} = 0.52$$

将 Q 值与表 2-2 的 Q 值比较，Q_1 小于 7 次测量时的 Q 值，25.11 这个数值应予保留，而 Q_2 介于 $Q_{0.90}$ 和 $Q_{0.95}$ 之间。这意味着，若测量结果的置信度要达到 95%，则 $0.52 < Q_{0.95}^7 = 0.59$，24.78 这个测量值应该保留；但若置信度达 90%，则 $0.52 > Q_{0.95}^7 = 0.51$，则可以舍弃。

一般当测量次数在 10 次以下时，可采用 Q 值检验法来决定数据的取舍。

第四节　滴定分析法概述

一、滴定分析的基本概念

滴定分析法是化学分析法中的重要分析方法之一。此法必须使用一种已知准确浓度的溶液，这种溶液称为标准溶液。用滴定管将标准溶液加到被测物质的溶液中，直到按化学计量关系完全反应为止，根据所加标准溶液的浓度和体积可以计算出被测物质的含量。

用滴定管将标准溶液加到被测物质溶液中的过程叫滴定。在滴定过程中标准溶液与被测物质发生的反应称为滴定反应。当滴定到达标准溶液与被测物质正好符合滴定反应式完全反应时，称反应到达了化学计量点。为了确定化学计量点通常加入一种试剂，它能在化学计量点时发生颜色的变化，称为指示剂。指示剂发生颜色变化，停止滴定的那一刻称为滴定终点，简称终点。滴定终点与化学计量点并不一定完全相符，由此而造成的误差称为滴定误差。滴定误差的大小取决于指示剂的性能和实验条件的控制。

滴定分析法具有以下特点：

① 加入标准溶液物质的量与被测物质的物质的量恰好是化学计量关系。

② 此法适于组分含量在 1% 以上各种物质的测定，测定的相对误差为 0.1%。

③ 该法快速、准确、仪器设备简单、操作简便。

④ 用途广泛，具有很大实用价值。

二、滴定分析法的分类

根据标准溶液和待测组分间的反应类型不同，分为四类：

1. 酸碱滴定法

酸碱滴定法是以质子传递反应为基础的一种滴定分析方法。

反应实质：　　　　　$H_3O^+ + OH^- \longrightarrow 2H_2O$

（质子传递）　　　　$H_3O^+ + A^- \longrightarrow HA + H_2O$

2. 配位滴定法

配位滴定法是以配位反应为基础的一种滴定分析方法。

$$Mg^{2+} + Y^{4-} \longrightarrow MgY^{2-} \qquad \text{（产物为配合物或配合离子）}$$
$$Ag^+ + 2CN^- \longrightarrow [Ag(CN)_2]^-$$

3. 氧化还原滴定法

氧化还原滴定法是以氧化还原反应为基础的一种滴定分析方法。

$$Cr_2O_7^{2-} + 6Fe^{2+} + 14H^+ \longrightarrow 2Cr^{3+} + 6Fe^{3+} + 7H_2O$$
$$I_2 + 2S_2O_3^{2-} \longrightarrow 2I^- + S_4O_6^{2-}$$

4. 沉淀滴定法

沉淀滴定法是以沉淀反应为基础的一种滴定分析方法。

$$Ag^+ + Cl^- \longrightarrow AgCl\downarrow \text{（白色）}$$

三、滴定分析对滴定反应的要求

并不是所有的化学反应都能适用于滴定分析法。凡适用于滴定分析的化学反应必须具备以下条件：

（1）反应必须定量完成　待测物质与标准溶液之间的反应要严格按一定的化学计量关系进行，反应定量完成程度要达到99.9%以上。

（2）反应必须迅速完成　对于速率慢的反应可通过加热或加入催化剂等方法来加快反应速率。

（3）必须有简便可靠的方法确定滴定终点　如有合适的指示剂指示滴定终点。

四、基准物质

基准物质是指能直接配成标准溶液的物质。基准物质必须具备的条件：

（1）试剂组成恒定　实际组成（包括其结晶水含量）与化学式完全符合。

（2）试剂纯度高　一般纯度应在99.9%以上。

（3）试剂性质稳定　保存或称量过程中不分解、不吸湿、不风化、不易被氧化等。

（4）试剂最好具有较大的摩尔质量　称量的相对误差小。

常用基准物质的干燥条件及其应用，如表 2-3。

表 2-3　常用基准物质的干燥条件及其应用

基准物质		干燥后的组成	干燥条件	测定对象
名称	分子式			
无水碳酸钠	Na_2CO_3	Na_2CO_3	270～300℃	酸
硼砂	$Na_2B_4O_7 \cdot 10H_2O$	$Na_2B_4O_7 \cdot 10H_2O$	放在装有 NaCl 和蔗糖饱和溶液的密闭容器中	酸
碳酸氢钾	$KHCO_3$	K_2CO_3	270～300℃	酸
二水合草酸	$H_2C_2O_4 \cdot 2H_2O$	$H_2C_2O_4 \cdot 2H_2O$	室温干燥空气	碱或 $KMnO_4$
邻苯二甲酸氢钾	$C_8H_5O_4K$	$C_8H_5O_4K$	110～120℃	碱
重铬酸钾	$K_2Cr_2O_7$	$K_2Cr_2O_7$	140～150℃	还原剂
溴酸钾	$KBrO_3$	$KBrO_3$	130℃	还原剂
碘酸钾	KIO_3	KIO_3	130℃	还原剂
铜	Cu	Cu	室温下干燥器中保存	还原剂
三氧化二砷	As_2O_3	As_2O_3	室温下干燥器中保存	氧化剂
草酸钠	$Na_2C_2O_4$	$Na_2C_2O_4$	130℃	氧化剂
碳酸钙	$CaCO_3$	$CaCO_3$	110℃	EDTA
锌	Zn	Zn	室温下干燥器中保存	EDTA
氧化锌	ZnO	ZnO	900～1000℃	EDTA
氯化钠	NaCl	NaCl	500～600℃	$AgNO_3$
氯化钾	KCl	KCl	500～600℃	$AgNO_3$
硝酸银	$AgNO_3$	$AgNO_3$	220～250℃	氯化物

五、标准溶液的配制

1. 配制滴定液的方法

标准溶液的配制方法，通常有两种，即直接配制法和间接配制法（又称标定法）。

（1）直接配制　准确称量一定量的基准物质，溶解于适量溶剂后定量转入容量瓶中，用水稀释至刻度，根据称取基准物质的质量和容量瓶的体积即可算出该标准溶液的准确浓度。

（2）间接配制　先配制成近似浓度，然后再用基准物质或标准溶液标定（标定一般要求至少进行 3～4 次平行测定，相对偏差在 0.1%～0.2%）。

2. 滴定液浓度的表示方法

（1）物质的量浓度　标准溶液的浓度通常用物质的量浓度表示。物质的量浓度简称浓度，是指单位体积溶液中所含溶质的物质的量。物质 B 的物质的量浓度表示为：单位体积溶液中所含溶质 B 的物质的量（n_B）。

$$c_B = n_B / V$$

式中　c_B——物质 B 的物质的量浓度，mol/L；

n_B——溶液中溶质 B 的物质的量，mol；

V——溶液的体积，L。

（2）滴定度 在生产单位例行分析中，有时用滴定度（T）表示标准溶液的浓度。滴定度是指 1mL 滴定剂溶液相当于待测物质的质量（单位为 g），用 $T_{待测物/滴定剂}$ 表示。滴定度的单位为 g/mL。

如：$T_{Fe/KMnO_4} = 0.005682g/mL$，表示 1mL $KMnO_4$ 相当于 0.005682g Fe。如滴定消耗 $V(mL)$标准溶液，则被测物质的质量为：$m = TV$。

六、滴定分析法的计算

设 A 为待测组分，B 为标准溶液，滴定反应为：

$$aA + bB \longrightarrow cC + dD$$

当 A 与 B 按化学计量关系完全反应时，则：

$$n_A : n_B = a : b \rightarrow \frac{n_A}{n_B} = \frac{a}{b}$$

利用上述基本关系式，可进行下列计算：

1. 求标准溶液浓度 c_A

若已知待测溶液的体积 V_A 和标准溶液的浓度 c_B 及体积 V_B，

则

$$c_A \cdot V_A = \frac{a}{b} \cdot c_B \cdot V_B$$

$$c_A = \frac{a}{b} \cdot \frac{V_B}{V_A} \cdot c_B$$

$$n_A = \frac{a}{b} \cdot n_B \rightarrow \frac{m_A}{M_A} = \frac{a}{b} \cdot n_B = \frac{a}{b} \cdot c_B \cdot V_B \times \frac{1}{1000}$$

$$m_A = \frac{a}{b} \cdot c_B \cdot V_B \cdot M_A \times 10^{-3} \quad （体积 V 以 mL 为单位时）$$

2. 求试样中待测组分的质量分数 ω_A

$$\omega_A = \frac{m_A}{m_{S(试样)}} = \frac{\frac{a}{b} \cdot c_B V_B M_A}{m_S} \times 10^{-3}$$

【例 2-3】有一 KOH 溶液，22.59mL 能中和纯草酸($H_2C_2O_4 \cdot 2H_2O$)0.3000g。求该 KOH 溶液的浓度。

解：滴定反应的化学方程式为：

$$H_2C_2O_4 + 2OH^- \Longrightarrow C_2O_4^{2-} + 2H_2O$$

利用二者发生反应的计量关系，则：

$$n_{KOH} = 2n_{H_2C_2O_4 \cdot 2H_2O}$$

反应过程中，草酸消耗的物质的量为：

$$n_{H_2C_2O_4 \cdot 2H_2O} = \frac{m_{H_2C_2O_4 \cdot 2H_2O}}{M_{H_2C_2O_4 \cdot 2H_2O}}$$

利用基本关系式：

$$n_{KOH} = c_{KOH}V_{KOH}$$

则 KOH 溶液的浓度为：

$$c_{KOH} = \frac{2m_{H_2C_2O_4 \cdot 2H_2O}}{M_{H_2C_2O_4 \cdot 2H_2O}V_{KOH}} = \frac{2 \times 0.3000}{126.1 \times 22.59 \times 10^{-3}} = 0.2106 \, (mol/L)$$

【习题】

2-1 简述定量分析的过程。

2-2 滴定分析法对滴定反应有什么要求？

2-3 基准物质必须具备哪些条件？

2-4 滴定分析计算的基本原则是什么？

2-5 标准溶液的配制应注意哪些基本事项？

2-6 按有效数字运算规则，计算下列结果。

① $7.9936 \div 0.9967 - 5.02$；

② $2.187 \times 0.584 + 9.6 \times 10^{-5} - 0.0326 \times 0.00814$。

2-7 有一铜矿试样，经两次测定，得知铜的质量分数为 24.87%、24.93%，而铜的实际质量分数为 24.95%，求分析结果的绝对误差和相对误差（公差为±0.10%）。

2-8 将下列数据修约成两位有效数字：
7.4978；0.736；8.142；55.5

2-9 分析汽车尾气中 SO_2 含量（%），得到下列结果：4.88、4.92、4.90、4.87、4.86、4.84、4.71、4.86、4.89、4.99。用 Q 值检验法判断有无异常值需舍弃。

第三章

酸碱平衡和酸碱滴定法

1. 理解溶液酸碱性与 pH 值。

2. 理解酸碱平衡理论，掌握同离子效应和缓冲溶液的原理并解释相关的现象。

3. 掌握酸碱滴定的原理和常见的酸碱指示剂、滴定曲线和指示剂的选择原则。

4. 掌握酸碱滴定的一般程序和步骤以及相关的计算。

5. 掌握酸碱滴定的实际应用。

1. 能够计算溶液的 pH 值。

2. 能够正确选择酸碱滴定指示剂。

3. 能够正确进行酸碱滴定操作并计算结果。

4. 能够应用酸碱滴定法测定样品中相应组分含量。

　　人体的体液环境、食品的加工和贮藏、理化分析所使用的各种缓冲溶液，都离不开酸和碱以及相应的化学反应。正确理解酸碱性、酸碱反应以及同离子效应、缓冲溶液等概念，对后续专业课程的学习具有十分重要的意义。酸碱滴定法是以酸碱中和反应为基础的滴定分析法，常用酸碱滴定法测定土壤、肥料、果品、饲料等样品的酸碱度、氮磷的含量，以及农药中的游离酸及某物质的含量等，是一种常用的滴定分析法。

第一节　溶液的酸碱性及相关计算

一、溶液的酸碱性

作为溶剂的纯水，既可作为酸给出质子，又可作为碱接受质子，所以水是两性物质，与之相应的两个半反应为：

$$H_2O \rightleftharpoons H^+ + OH^-$$
$$H_2O + H^+ \rightleftharpoons H_3O^+$$

因此，在水中存在水分子之间的质子转移反应，即：

$$H_2O(酸_1) + H_2O(碱_2) \rightleftharpoons H_3O^+(酸_2) + OH^-(碱_1)$$

该反应叫作水的离解反应，规范的称法为水的自递反应。为了简便，水合质子 H_3O^+ 常简化为 H^+，故水的质子自递反应又简化为 $H_2O \rightleftharpoons H^+ + OH^-$。水的质子自递反应达平衡时，其平衡常数 K_w 称为水的质子自递常数，也称为水的离子积，其表达式为 $K_w = c(H^+)c(OH^-)$。水的离子积 K_w 与浓度、压力无关，而与温度有关，K_w 随温度的升高而增大，如表 3-1 所示。

表 3-1　不同温度时纯水的 K_w

温度/K	273	283	298	323	373
K_w	1.14×10^{-15}	2.92×10^{-15}	1.01×10^{-14}	5.47×10^{-14}	5.50×10^{-13}

在 25℃时，纯水的 $c(H^+)$ 和 $c(OH^-)$ 各为 $1.00 \times 10^{-7} mol/L$，则

$$K_w = c(H^+)c(OH^-) = 1.00 \times 10^{-7} \times 1.00 \times 10^{-7} = 1.00 \times 10^{-14}$$

当纯水中加入氢离子或氢氧根离子，会使水的离解平衡发生移动，但温度不变，其平衡常数 K_w 也不会改变。在 25℃时，K_w 仍然等于 1.00×10^{-14}，但此时 $c(H^+)$ 和 $c(OH^-)$ 已不再相等，溶液也不再为中性，将显酸性或碱性，如表 3-2 所示。

表 3-2　溶液酸碱性的基本特征

溶液性质	基本特征	常温（25℃）条件下的特征 $c(H^+)c(OH^-) = 1.00 \times 10^{-14}$
酸性	$c(H^+) > c(OH^-)$	$c(H^+) > 1.00 \times 10^{-7}$ $c(OH^-) < 1.00 \times 10^{-7}$
中性	$c(H^+) = c(OH^-)$	$c(H^+) = 1.00 \times 10^{-7}$ $c(OH^-) = 1.00 \times 10^{-7}$
碱性	$c(H^+) < c(OH^-)$	$c(H^+) < 1.00 \times 10^{-7}$ $c(OH^-) > 1.00 \times 10^{-7}$

溶液中 H^+ 或 OH^- 的浓度可以表示溶液的酸碱性，但因为水的离子积是一个很小的数值（10^{-14}），在稀溶液中 $c(H^+)$ 或 $c(OH^-)$ 也很小，直接使用十分不便，1909 年索伦森提出 pH 表示溶液的酸碱性。定义 H^+ 浓度的负对数为 pH 值，OH^- 浓度的负对数为 pOH 值，即：

$$pH = -\lg c(H^+)$$

或

$$pOH = -\lg c(OH^-)$$

pH 值越小，溶液的酸性越强；反之，溶液的碱性越强。在同一溶液中，$K_w = c(H^+)c(OH^-) = 1.00 \times 10^{-14}$，所以 $pK_w = pH + pOH = 14$。

【例 3-1】计算 $c(H^+)$ 为 5.5×10^{-2} mol/L HCl 溶液的 $c(OH^-)$ 和 pH 值。

解： HCl 为强酸，在溶液中全部离解为：

$$HCl = H^+ + Cl^-$$

因为 $c(H^+)$ 为 5.5×10^{-2} mol/L

所以
$$pH = -\lg c(H^+) = -\lg(5.5 \times 10^{-2}) = 1.26$$

$$c(OH^-) = \frac{K_w}{c(H^+)} = \frac{1.00 \times 10^{-14}}{5.5 \times 10^{-2}} = 1.8 \times 10^{-13} (mol/L)$$

二、酸碱平衡

强酸和强碱在溶剂中与水发生的质子酸碱反应是完全反应的，没有酸碱平衡的存在。而弱酸和弱碱（弱电解质）在水溶液中是不完全反应的，呈化学平衡状态，我们称为酸碱平衡（电离平衡）。

例如，醋酸（HAc）的水溶液中存在着下列平衡：

$$HAc + H_2O \rightleftharpoons H_3O^+ + Ac^-$$

或简写为：
$$HAc \rightleftharpoons H^+ + Ac^-$$

根据化学平衡理论，达到化学平衡时下式必然成立：

$$\frac{[H^+][Ac^-]}{[HAc]} = K_a$$

式中的平衡常数 K_a 称为弱酸的电离常数。一般用 pK_a 来表示弱酸电离常数的负对数。对于弱碱，其电离常数则用 K_b 表示，用 pK_b 来表示弱碱电离常数的负对数。如氨水水溶液中的平衡为：

$$NH_3 \cdot H_2O = NH_4^+ + OH^-$$

平衡时：
$$\frac{[NH_4^+][OH^-]}{[NH_3]} = K_b$$

$$pK_b = -\lg K_b = -\lg \frac{[NH_4^+][OH^-]}{[NH_3]}$$

根据平衡常数的物理意义可知，电离常数的意义在于它可以表示电解质在电离平衡时，电离为离子的趋势大小。显然，在浓度一定时，K 值越大，到达平衡时，电离出离子浓度越大。因此，$K_a(K_b)$ 可以作为弱酸（碱）的酸（碱）性相对强弱的标志，K_a 越大表示该酸的酸性越强，K_b 越大表示该碱的碱性越强。

与所有的平衡常数一样，电离平衡常数与温度有关而与浓度无关。温度不变时，无论溶液中的酸碱物质浓度如何，当其达到平衡时，电离常数的数值并不改变。温度尽管对电离常数有一定的影响，但由于弱电解质电离时的热效应不大，故温度变化对电离常数的影响不大，一般不影响其数量级。温度对醋酸 K_a 的影响如表 3-3 所示。

表 3-3　不同温度下醋酸的 K_a

温度/℃	$K_a/$（×10^{-5}）	温度	$K_a/$（×10^{-5}）
10	1.729	40	1.703
20	1.753	50	1.633
30	1.750	60	1.542

多元弱酸、碱的电离平衡较为复杂。一般认为，多元弱酸、碱的电离是分步进行的，溶液中存在着多级电离平衡，各级电离平衡有各自的电离平衡常数。例如，H_2S 在水溶液中首先电离出 H^+ 和 HS^-，再由 HS^- 电离出 H^+ 和 S^{2-}。

三、溶液 pH 值的计算

1. 稀释定律和一元弱酸、碱溶液 pH 的计算

在弱电解质的电离平衡中，电离度的表达式为：

$$电离度(\alpha) = \frac{已电离的弱电解质分子数}{溶液中的弱电解质分子总数} \times 100\%$$

电离平衡常数是化学平衡常数的一种形式，而电离度则是转化率的一种形式。以醋酸的电离平衡为例：

$$HAc \rightleftharpoons H^+ + Ac^-$$

$$\frac{[H^+][Ac^-]}{[HAc]} = K_a$$

设 HAc 在水溶液中的浓度为 c，电离度为 α，则达到平衡后，$[H^+] = [Ac^-] = c\alpha$，未电离的分子浓度 $[HAc] = c(1-\alpha)$，代入平衡式后可得：

$$\frac{c\alpha^2}{1-\alpha} = K_a$$

由于 α 很小，在 $1-\alpha$ 中可以略去，故可得：$K_a \approx c\alpha^2$

或

$$\alpha \approx \sqrt{\frac{K_a}{c}}$$

这就是稀释定律的表达式。它表示在一定温度下电离度和弱电解质溶液浓度的关系。浓度越小，则电离度就越大；相反浓度越大，则电离度就越小，但电离常数 K_a 并不改变。

根据 $[H^+] = c\alpha$ 和稀释定律公式可得：$[H^+] = \sqrt{c \cdot K_a}$

该公式为一元弱酸溶液氢离子浓度计算的通式。需要指出的是由于在推导过程中，对弱酸电离和水的电离均做了近似处理，所以该公式是近似公式，在 $c/K_a \geq 400$ 时，可用来做近似计算。

【例 3-2】计算 0.1mol/L HAc 溶液中的 $[H^+]$，已知 $K_a = 1.9 \times 10^{-5}$。

解： 首先，由于 $c/K_a = 5587 > 400$，可用近似方法计算。

$$[H^+] = \sqrt{c \cdot K_a}$$

则根据该公式可得$[H^+] = 1.34 \times 10^{-3}$mol/L。

同理，也可推出一元弱碱溶液氢氧根离子浓度计算的近似公式：

$$[OH^-] = \sqrt{c \cdot K_b}$$

再推算出溶液的氢离子浓度和 pH。

2. 弱酸盐和弱碱盐 pH 的计算

弱酸盐 pH 的计算，以 NaAc 为例，溶液的 pH 可由 Ac^- 离子的离解平衡来计算。

$$Ac^- + H_2O \Longrightarrow HAc + OH^-$$

$$\frac{[HAc] \cdot [OH^-]}{[Ac^-]} = \frac{[HAc] \cdot [OH^-] \cdot [H^+]}{[Ac^-][H^+]} = \frac{K_w}{K_a} = K_b$$

由于：
$$[OH^-] = [HAc]$$

$$[OH^-] = \sqrt{[Ac^-] \cdot K_b} \approx \sqrt{c \cdot K_b} = \sqrt{c \cdot \frac{K_w}{K_a}}$$

由此算出溶液中氢离子浓度和 pH。

弱碱盐溶液中氢离子浓度的计算公式为：$[H^+] \approx \sqrt{c \cdot K_a} = \sqrt{c \cdot \frac{K_w}{K_b}}$

由此可计算出溶液的 pH。

【例 3-3】 计算 0.10mol/L NaAc 溶液的 pH。已知 HAc 的 $K_a = 1.8 \times 10^{-5}$。

解： Ac^- 是 HAc 的共轭碱

$$K_b = \frac{K_w}{K_a} = \frac{1.0 \times 10^{-14}}{1.8 \times 10^{-5}} = 5.6 \times 10^{-10}$$

$$\frac{c}{K_b} = \frac{0.10}{5.6 \times 10^{-10}} = 1.8 \times 10^8 > 400$$

所以可采用近似公式计算：

$$[OH^-] = \sqrt{c \cdot K_b} = \sqrt{0.10 \times 5.6 \times 10^{-10}} = 7.45 \times 10^{-6}\text{mol/L}$$

$$pOH = 5.13$$

$$pH = 14 - 5.13 = 8.87$$

四、同离子效应与缓冲溶液

1. 同离子效应

任何外界条件的改变，如有关离子浓度的改变等，都可以破坏电离平衡的相对稳定而使之移动，最后，在新的条件下达到平衡。例如，在醋酸溶液中有下列平衡：$HAc \Longrightarrow H^+ + Ac^-$。如果在此醋酸溶液中加入固体 NaAc 溶解后完全电离，必在溶液中产生大量的 Ac^- 离子，从而使溶液中总的 Ac^- 浓度增加。根据化学平衡移动的原理，必将促使溶液中 HAc 的电离平衡向左移动，因而降低了 HAc 的电离度，同时溶液中的 H^+ 浓度也必然相应地减少。

在弱电解质溶液中，加入少量具有与弱电解质相同离子的其他强电解质，则弱电解质的电离度会降低，这种作用称为同离子效应。

2. 缓冲溶液的概念

我们知道，纯水的 pH 等于 7。如果向纯水中加入少量的酸或碱，溶液的 pH 就会发生很大的变化。但有一种溶液，加入少量的酸或碱后，溶液的 pH 没有明显的变化。

【例 3-4】三个容器中分别装有 1L 纯水（pH＝7）、1L 0.10mol/L HAc-NaAc 混合溶液（pH＝4.76）和 1L 0.10mol/L $NH_3 \cdot H_2O$-NH_4Cl 混合溶液（pH＝9.26）。分别编号为 1 号、2 号和 3 号溶液，现在往这三种溶液中各加入 1.0mL 1.0mol/L HCl，然后测定这三种溶液的 pH 值变化。

实验测得：1 号的 pH 从 7 变化到 3；2 号的 pH 从 4.76 变化到 4.75；3 号的 pH 从 9.26 变化到 9.25。

【例 3-5】如果往上述 1L 纯水（pH＝7）、1L 0.10mol/L HAc-NaAc 混合溶液（pH＝4.76）和 1L 0.10mol/L $NH_3 \cdot H_2O$-NH_4Cl 混合溶液（pH＝9.26）中各加入 1.0mL 1.0mol/L NaOH，然后测定这三种溶液的 pH 值变化。

实验测得：1 号的 pH 从 7 变化到 11；2 号的 pH 从 4.76 变化到 4.77；3 号的 pH 从 9.26 变化到 9.27。

从上述实验可以看出，向 HAc-NaAc 混合溶液或者 $NH_3 \cdot H_2O$-NH_4Cl 混合溶液中加入少量的酸或碱，混合溶液的酸碱性变化不大，溶液的 pH 几乎没有改变。这种能够对抗外来少量酸、碱或少量水，而保持 pH 几乎不变的溶液叫作缓冲溶液。

3. 缓冲溶液的类型

缓冲溶液中含有抗酸成分和抗碱成分，通常把这两种成分称为缓冲对。常见的缓冲对有如下三种类型：

弱酸和弱酸盐，如：HAc-NaAc；

弱碱和弱碱盐，如：$NH_3 \cdot H_2O$-NH_4Cl；

多元酸的两种盐，如：NaH_2PO_4-Na_2HPO_4。

4. 缓冲溶液缓冲原理

HAc 是弱电解质，在溶液中仅有小部分电离成 H^+ 和 Ac^-。

$$HAc \rightleftharpoons H^+ + Ac^-$$

如果在 HAc 溶液中加入 NaAc，NaAc 是强电解质，它在溶液中全部电离成 Na^+ 和 Ac^-。

$$NaAc \rightleftharpoons Na^+ + Ac^-$$

Ac^- 离子浓度的增大会降低 HAc 的电离度（同离子效应），则在 HAc 和 NaAc 的混合溶液中存在着大量未电离的 HAc 和 Ac^-（来自 NaAc），这是该缓冲溶液的两个主要成分。此外溶液中还有大量的 Na^+（无用）和少量的 H^+，H^+ 参与 HAc 的电离平衡。

当向此缓冲溶液中加入少量酸时，酸中的 H^+ 即与溶液中主要成分之一的 Ac^- 结合，生成难电离的 HAc。

$$H^+ + Ac^- \rightleftharpoons HAc$$

结果，溶液中的$[H^+]$几乎没有增大，溶液的 pH 几乎没有发生变化。Ac^-（或者 NaAc）称为本缓冲溶液的抗酸成分。

当向此缓冲溶液中加入少量碱时，碱中的 OH^- 即与溶液中的 H^+ 结合成水，并使 HAc 的电离平衡向右移动，溶液中的 H^+ 得到补充，使 H^+ 保持稳定，因而溶液的 pH 也几乎没有发生变化。

$$OH^- + H^+ \rightleftharpoons H_2O$$
$$HAc \rightleftharpoons H^+ + Ac^-$$

总的反应式为：
$$OH^- + HAc \rightleftharpoons Ac^- + H_2O$$

因此，溶液中的另一种主要成分 HAc 称为本缓冲溶液的抗碱成分。同样道理，在由 $NH_3 \cdot H_2O$ 和 NH_4Cl 构成的缓冲溶液中，存在着大量未电离的 $NH_3 \cdot H_2O$ 和 NH_4^+，这是该缓冲溶液的主要成分。此外，还有大量的 Cl^-（无用）和少量 OH^-，OH^- 参与 $NH_3 \cdot H_2O$ 的电离平衡。

两个主要成分中，抗酸成分是 $NH_3 \cdot H_2O$，抗碱成分是 NH_4^+（或 NH_4Cl）。

由此看来，在缓冲溶液中加入少量酸或碱，仅仅造成了弱电解质电离平衡的移动，实现了抗酸成分和抗碱成分的互变。

NaH_2PO_4 和 Na_2HPO_4 的溶液混合后，也形成一种缓冲溶液，在此溶液中：

$$NaH_2PO_4 \rightleftharpoons Na^+ + H_2PO_4^-$$
$$Na_2HPO_4 \rightleftharpoons 2Na^+ + HPO_4^{2-}$$

存在着大量的 $H_2PO_4^-$ 和 HPO_4^{2-}，这是本缓冲溶液的主要成分。此外还含有大量的 Na^+（无用）与少量的 H^+，H^+ 是 $H_2PO_4^-$ 进一步电离后生成的。这时溶液中存在着下面的平衡体系：

$$H_2PO_4^- \rightleftharpoons H^+ + HPO_4^{2-}$$

当向此溶液中加入少量酸时，酸中的 H^+ 与 HPO_4^{2-} 反应，使平衡向左移动，溶液中的 HPO_4^{2-} 转化为 $H_2PO_4^-$：

$$H^+ + HPO_4^{2-} \rightleftharpoons H_2PO_4^-$$

加入少量碱时，碱中的 OH^- 与 H^+ 结合生成水，由于 H^+ 的减少，使平衡向右移动，随之 $H_2PO_4^-$ 转化为 HPO_4^{2-}：

$$OH^- + H^+ \rightleftharpoons H_2O$$
$$H_2PO_4^- \rightleftharpoons H^+ + HPO_4^{2-}$$

总反应式为：
$$OH^- + H_2PO_4^- \rightleftharpoons H_2O + HPO_4^{2-}$$

所以，向此缓冲溶液中加入少量的酸或碱都不会使溶液中的 H^+ 离子浓度发生明显改变，溶液的 pH 几乎保持不变。

应当指出，缓冲溶液的缓冲能力是有一定限度的。如果向其中加入大量强酸或强碱，当溶液中的抗酸成分或抗碱成分消耗殆尽时，它就没有缓冲能力了。

缓冲溶液本身所具有的 pH 称为缓冲 pH，它的大小与弱酸或弱碱的电离常数以及弱酸或弱碱的浓度及其相对应盐的浓度都有关系。

5. 缓冲溶液 pH 的计算方法

（1）弱酸和弱酸盐组成的缓冲溶液

$$pH = pK_a + \lg \frac{c(弱酸盐)}{c(弱酸)}$$

（2）弱碱和弱碱盐组成的缓冲溶液

$$pH = pK_w - pK_b + \lg \frac{c（弱碱）}{c（弱碱盐）}$$

（3）多元酸的两种盐组成的缓冲溶液

$$pH = \frac{1}{2}pK_{a1} + \frac{1}{2}pK_{a2}$$

【例3-6】计算 0.10mol/L 醋酸和 0.20mol/L 醋酸钠组成缓冲溶液的 pH。

解： 醋酸和醋酸钠是弱酸及弱酸盐组成的缓冲溶液。

醋酸的 $K_a = 1.8 \times 10^{-5}$

$$pH = pK_a + \lg \frac{c(NaAc)}{c(HAc)} = 4.74 + \lg \frac{0.20}{0.10} = 5.04$$

【例3-7】计算 0.10mol/L 氯化铵和 0.20mol/L 氨水组成缓冲溶液的 pH。

解： 氯化铵和氨水是弱碱及弱碱盐组成的缓冲溶液。

氨水的 $K_b = 1.8 \times 10^{-5}$；水的离子积常数 $K_w = 1.0 \times 10^{-14}$

$$pH = pK_w - pK_b + \lg \frac{c(NH_3 \cdot H_2O)}{c(NH_4Cl)} = 14.0 - 4.74 + \lg \frac{0.20}{0.10} = 9.56$$

6. 缓冲溶液的配制与选择

配制一定 pH 范围的缓冲溶液，可以通过计算，也可以参考有关化学手册。一般来说，配制 pH = 4～6 的缓冲溶液，可用 HAc-NaAc 混合液；配制 pH = 6～8 的缓冲溶液，可用 NaH_2PO_4-Na_2HPO_4 混合液；配制 pH = 9～11 的缓冲溶液，可用 $NH_3 \cdot H_2O$-NH_4Cl 混合液。

缓冲溶液在生理上、科学实验和农业生产中都有重要的意义。人体血液中含有 H_2CO_3-$NaHCO_3$ 等缓冲对，使血液 pH 维持在 7.35～7.45 的正常范围内。在微生物实验中，常在含有缓冲溶液的培养基中培养细菌。土壤中也存在着多种缓冲对，如碳酸和碳酸盐、磷酸和磷酸盐、腐殖酸和腐殖酸盐等。这些缓冲体系的存在，使土壤具有比较稳定的 pH，以利于土壤微生物的正常活动和作物的正常生长发育。选择缓冲溶液的原则：

① 缓冲溶液对反应物的测定没有干扰；

② 有足够的缓冲容量；

③ 缓冲溶液的 pH 应在所需范围内；

④ 组成缓冲溶液的弱碱 pK_b 和弱酸 pK_a 应接近或等于所需的 pOH 值或 pH 值（pH + pOH = 14）。

 实验 3-1：pH 计的使用及缓冲溶液的性质

【实验目的】

1. 了解 pH 计的工作原理。

2. 掌握 pH 计的使用方法与日常维护。

3. 熟悉溶液的稀释操作。

4. 通过实验加深对缓冲溶液性质的了解。

【仪器及试剂】

仪器和器皿：酸度计（pH 计）、移液管、容量瓶等。

试剂：硼酸、稀氨水、缓冲溶液（pH 为 4.01、6.86 和 9.18）、0.01mol/L HCl 溶液、0.01mol/L NaOH 溶液、去离子水。

【实验原理】

酸度计（也称 pH 计）是用来测量溶液 pH 值的仪器。实验室常用的酸度计型号较多、结构各异，但它们的原理基本相同。面板构造有刻度指针显示和数字显示两种。酸度计测 pH 值的方法是电位测定法。它除测量溶液的酸度外，还可以测量电池电动势（mV）。主要由参比电极（甘汞电极）、指示电极（玻璃电极）和精密电位计三部分组成。测量时用玻璃电极作指示电极，饱和甘汞电极（SCE）作参比电极，插入待测溶液中组成原电池，指示电极电位仅取决于溶液中 H$^+$ 浓度，并且两者服从一定关系，通过测定指示电极的电极电位，则可求得溶液的 H$^+$ 浓度，酸度计已根据一定转换关系，在仪表上显示出溶液的 pH。

【操作步骤】

1. 酸度计（以国产 PHS-25C 为例）的使用

（1）安装电极，开机预热

（2）清洗电极（滤纸吸干），调节温度旋钮

（3）pH 校正

① 根据待测液的大致酸度范围选择两种标准缓冲溶液，如酸性范围：pH4.01、pH6.86；碱性范围：pH6.86、pH9.18。

② 电极插入缓冲溶液 6.86，待读数稳定，调节旋钮使仪器显示读数与该缓冲溶液的 pH 一致，电极清洗吸干后插入缓冲溶液 9.18，待读数稳定，调斜率旋钮使仪器显示 pH = 9.18（放入不同溶液中之前都需要用蒸馏水清洗，滤纸吸干）。

③ 测量溶液的 pH。把电极用蒸馏水清洗并用滤纸吸干，放入待测溶液（硼酸、盐酸或稀氨水、NaOH 溶液），用玻璃棒搅拌溶液，使溶液均匀，在显示屏上读出溶液的 pH 值。

④ 测量完毕后，用蒸馏水清洗电极并用滤纸吸干，套上电极保护套（3mol/L KCl 溶液常规保存）。

2. 缓冲溶液的性质

（1）溶液的稀释　分别准确移取 25mL 的待测溶液（硼酸、盐酸或稀氨水、NaOH 溶液）于 250mL 容量瓶中，以蒸馏水稀释至刻度线，摇匀，配制成 10 倍的稀释液。

分别准确移取 25mL 上述 10 倍的稀释液（硼酸、盐酸或稀氨水、NaOH 溶液）于 250mL 容量瓶中，以蒸馏水稀释至刻度线，摇匀，配制成 100 倍的稀释液。

（2）溶液 pH 值的测量　利用 pH 计测量上述 10 倍稀释液、100 倍稀释液的 pH 值。做好实验记录，实验平行测定 3 次。

【数据记录及处理】

待测物为：____，待测物呈__（酸性/碱性），所以选取 pH 为__和__的缓冲溶液进行校正。

待测物 pH 值的测定结果如下：

平行测定次数	1	2	3
原液 pH			
10 倍稀释液 pH			
100 倍稀释液 pH			

【操作要点与注意事项】

1. 根据测定对象酸度范围，选用不同的缓冲溶液进行校正。

2. 取下电极保护套后，应避免电极的敏感玻璃泡与硬物接触，因为任何破损都会使电极破坏。

3. 测量完毕后，用蒸馏水清洗电极并用滤纸吸干，套上电极保护套，长期存放需保存于3mol/L 氯化钾溶液中。

【实验思考题】

1. 在用缓冲溶液标定电极时，为什么要用蒸馏水清洗电极并用滤纸吸干？

2. 对记录的数据进行以下分析：

（1）以第一组数据为例，分析原液 pH 值与 10 倍稀释液 pH 值之间的关系；

（2）以第一组数据为例，分析原液 pH 值与 100 倍稀释液 pH 值之间的关系；

（3）从（1）和（2）的分析结果中能够得到什么结论？

第二节　酸碱滴定法

一、酸碱指示剂

1. 酸碱指示剂的变色原理

酸碱滴定的过程中溶液本身不发生任何外观变化，故常借助酸碱指示剂的颜色变化来指示滴定终点。酸碱指示剂是有机弱酸或弱碱，在水溶液中存在着电离平衡，且电离产生酸式和碱式的不同型体具有不同的颜色。当溶液的 pH 改变时，伴随电离平衡的移动，电离产生的酸、碱式不同型体的浓度相对发生变化，从而引起溶液颜色发生变化。

酚酞指示剂是有机弱酸，它在水溶液中发生离解作用，为了简便起见，通常用HIn 表示弱酸指示剂，用InOH 表示弱碱指示剂：

$$HIn \rightleftharpoons H^+ + In^-$$
$$\text{(酸式)} \qquad \text{（碱式）}$$
$$\text{无色} \qquad \text{红色}$$

从离解平衡看，当溶液由酸性变到碱性时，平衡向右移动，溶液由无色变成红色；反之在酸性溶液中，由红色变成无色。

2. 酸碱指示剂的变色范围

下面以弱酸型指示剂为例，进一步讨论指示剂颜色的变化与溶液酸度的关系。

弱酸型指示剂在溶液中的离解平衡为：

$$HIn \rightleftharpoons H^+ + In^-$$
$$\text{(酸式)} \qquad \text{（碱式）}$$

$$K(HIn) = \frac{c(H^+)c(In^-)}{c(HIn)}$$

或

$$\frac{c(H^+)}{K(HIn)} = \frac{c(HIn)}{c(In^-)}$$

式中，$K(HIn)$ 为指示剂的离解常数；$c(HIn)$ 和 $c(In^-)$ 分别为指示剂酸式和碱式的浓度。

由上式可知，在一定温度下，$c(HIn)/c(In^-)$ 比值仅是 H^+ 浓度的函数，即 $c(H^+)$ 发生改变，$c(HIn)/c(In^-)$ 比值随之发生改变，溶液颜色也逐渐发生改变。但由于人眼辨别颜色的能力有限，一般来说，当 $c(HIn)/c(In^-) \geq 10$ 时，只能看到酸式(HIn)颜色；$c(HIn)/c(In^-) \leq 1/10$ 时，只能看到碱式(In$^-$)颜色；$10 > c(HIn)/c(In^-) > 1/10$ 时，指示剂呈混合色；$c(HIn)/c(In^-) = 1$ 时，两者浓度相等，此时，$pH = pK(HIn)$，称为指示剂的理论变色点。因此：

$$c(HIn)/c(In^-) \geq 10,$$
$$c(H^+) \geq 10K(HIn),$$
$$pH \leq pK(HIn)-1;$$
$$c(HIn)/c(In^-) \leq 1/10,$$
$$c(H^+) \leq 1/10K(HIn),$$
$$pH \geq pK(HIn) + 1。$$

因此，当溶液的 pH 由 $pK(HIn)-1$ 变化到 $pK(HIn) + 1$，或由 $pK(HIn) + 1$ 变化到 $pK(HIn)-1$ 时，人们才能明显地观察到指示剂颜色的变化。所以 $pH = pK(HIn) \pm 1$ 就是指示剂变色的 pH 范围，称为指示剂的理论变色范围。不同的指示剂因 $pK(HIn)$ 不同，其变色范围也各异。应当指出，指示剂的实际变色范围与理论推算之间是有差别的。这是人眼对各种颜色的敏感程度不同，加之两种颜色之间相互掩盖所造成的。例如，甲基橙的 $K(HIn) = 4 \times 10^{-4}$，$pK(HIn) = 3.4$，其理论变色范围为 2.4～4.4，但实际测得变色范围为 3.1～4.4。

当 pH = 3.1 时，$c(H^+) = 8 \times 10^{-4}$mol/L

$$\frac{c(HIn)}{c(In^-)} = \frac{c(H^+)}{K(HIn)} = \frac{8 \times 10^{-4}}{4 \times 10^{-4}} = 2$$

当 pH = 4.4 时，$c(H^+) = 4 \times 10^{-5}$mol/L

$$\frac{c(HIn)}{c(In^-)} = \frac{c(H^+)}{K(HIn)} = \frac{4 \times 10^{-5}}{4 \times 10^{-4}} = \frac{1}{10}$$

可见，当 $c(HIn)/c(In^-) \geq 2$ 时，就能看到酸式色（红色）；而当 $c(In^-)/c(HIn) \geq 10$ 时，才能看到碱式色（黄色）。产生这种差异的原因是人眼对红色较之黄色更为敏感。

指示剂的变色范围越窄越好，因为 pH 稍有改变，指示剂就可立即由一种颜色变成另一种颜色，即指示剂变色敏锐，有利于提高测定结果的准确度。

常用的酸碱指示剂列于表 3-4 中。

表 3-4 常用的酸碱指示剂

指示剂	变色范围（pH 值）	颜色变化	pK（HIn）	溶液组成	用量/（滴/10mL 试液）
百里酚蓝	1.2～2.8	红至黄	1.7	0.1%的 20%乙醇溶液	1～2
甲基黄	2.9～4.0	红至黄	3.3	0.1%的 90%乙醇溶液	1

指示剂	变色范围 （pH 值）	颜色 变化	pK (HIn)	溶液组成	用量 /（滴/10mL 试液）
甲基橙	3.1～4.4	红至黄	3.4	0.05%的水溶液	1
溴酚蓝	3.1～4.4	黄至紫	4.1	0.1%的20%乙醇溶液	1
甲基红	4.4～6.2	红至黄	5.0	0.1%的60%乙醇溶液	1
溴百里酚蓝	6.2～7.6	黄至蓝	7.3	0.1%的20%乙醇溶液	1
中性红	6.8～8.0	红至橙	7.4	0.1%的60%乙醇溶液	1
酚红	6.7～8.4	黄至红	8.0	0.1%的60%乙醇溶液	2
酚酞	8.0～10.0	无至红	9.1	0.1%的90%乙醇溶液	1～3
百里酚酞	9.4～10.6	无至蓝	10.0	0.1%的90%乙醇溶液	1～2
溴甲酚绿	4.0～5.6	黄至蓝	5.0	0.1%的20%乙醇溶液	1～3

3. 混合指示剂

一般指示剂的变色范围较宽，变色不敏锐，且变色过程中有过渡色，不易于辨别颜色的变化。混合指示剂则具有变色范围窄、变色敏锐等优点。

混合指示剂有以下两种配制方法：

一种方法是用一种不随 $c(H^+)$ 变化而改变颜色的染料和一种指示剂混合而成。例如，甲基橙和靛蓝（染料）组成的混合指示剂。该混合指示剂随 $c(H^+)$ 变化而发生如表 3-5 中的颜色变化。可见，单一的甲基橙指示剂由红（或黄）变到黄（或红），中间有一过渡的橙色，不易辨别。而混合指示剂由紫（或绿）变成绿（或紫），变色非常敏锐，容易辨别。

表 3-5　混合指示剂（甲基橙和靛蓝）

溶液的酸度	甲基橙颜色	靛蓝颜色	甲基橙＋靛蓝颜色
pH≤3.1	红	蓝	紫
pH = 4.0	橙	蓝	近无色
pH≥4.4	黄	蓝	绿

另一种方法是由两种不同的指示剂混合而成。例如，甲酚红和百里酚蓝组成的混合指示剂其变色范围缩小为 0.2 个 pH 单位（见表 3-6）。

表 3-6　混合指示剂（两种不同的指示剂）

指示剂	变色范围（pH）	颜色变化
甲酚红	7.2～8.8	黄至紫
百里酚蓝	8.0～9.6	黄至蓝
甲酚红＋百里酚蓝	8.2～8.4	玫瑰色至紫

滴定分析实验中液体指示剂用量一般只需 2 或 3 滴，不可随意增加用量，原因一是指示剂本身是弱酸或弱碱，用量太多会消耗滴定剂，带来滴定误差。二是对单色指示剂来说，理论和实验都证明，增加指示剂用量，变色范围向 pH 低的方向发生移动；双色指示剂用量太大时，酸式色和碱式色会相互掩盖，反而不利于终点判断。

二、酸碱滴定曲线和指示剂的选择

酸碱滴定过程中，溶液的 pH 可以利用酸度计测量出来，也可以通过公式进行计算。如果以滴定剂的加入量或中和百分数为横坐标，溶液的 pH 为纵坐标作图，所得曲线称为酸碱滴定曲线。根据滴定曲线，可以观察滴定过程中溶液 pH 的变化情况，判断被测物质能否被准确滴定，选择最合适的指示剂来指示滴定终点。

1. 强酸强碱的滴定

以 0.100mol/L NaOH 标准溶液滴定 20.00mL 0.1000mol/L HCl 溶液为例，讨论强酸强碱相互滴定时的滴定曲线及指示剂的选择。各不同阶段溶液的 pH 计算如下：

（1）滴定开始前　由于 HCl 是强酸，全部离解，所以溶液的 H^+ 浓度等于 HCl 的原始浓度。即：

$$c(H^+) = 0.1000mol/L \quad pH = 1.00$$

（2）滴定开始至化学计量点前　在这段滴定过程中，随着 NaOH 溶液的不断加入，溶液的酸度取决于剩余 HCl。即：

$$c(H^+) = \frac{HCl的原始浓度 \times 剩余HCl的体积}{溶液总体积}$$

例如，当加入 18.00mL NaOH 溶液时，溶液中 H^+ 浓度为：

$$c(H^+) = 0.1000 \times \frac{20.00 - 18.00}{38.00} = 5.3 \times 10^{-3} (mol/L)$$

$$pH = 2.28$$

当加入 19.80mL NaOH 溶液时，溶液中 H^+ 浓度为：

$$c(H^+) = 0.1000 \times \frac{20.00 - 19.80}{39.80} = 5.0 \times 10^{-4} (mol/L)$$

$$pH = 3.30$$

当加入 19.98mL NaOH 溶液时，即 99.9% 的 HCl 被中和，此时溶液中的 H^+ 浓度为：

$$c(H^+) = 0.1000 \times \frac{20.00 - 19.98}{39.98} = 5.0 \times 10^{-5} (mol/L)$$

$$pH = 4.30$$

（3）化学计量点时　当加入 20.00mL NaOH 溶液时，HCl 全部被中和，溶液中的 H^+ 来自水的离解，即：

$$c(H^+) = 1.0 \times 10^{-7} (mol/L)$$

$$pH = 7.00$$

（4）化学计量点后　化学计量点以后，再继续加入 NaOH，碱便过量了。溶液酸度取决于过量 NaOH 浓度，即：

$$c(OH^-) = \frac{NaOH的原始浓度 \times 过量NaOH的体积}{溶液总体积}$$

例如，当加入 20.02mL NaOH 溶液时，即过量 0.1% 的 NaOH，则：

$$c(OH^-) = 0.1000 \times \frac{20.02 - 20.00}{40.02} = 5.0 \times 10^{-5} \text{（mol/L）}$$

$$pOH = 4.30$$

$$pH = 9.70$$

如此逐一计算，将计算结果列于表 3-7 中。

表 3-7　0.1000mol/L NaOH 滴定 20.00mL 0.1000mol/L HCl 时溶液的 pH 变化情况

加入 NaOH (V)/mL	HCl 被滴定 百分数	剩余 HCl (V)/mL	过量 NaOH (V)/mL	$c(H^+)$ /(mol/L)	pH
0.00	0.00	20.00		1.0×10^{-1}	1.00
18.00	90.00	2.00		5.3×10^{-3}	2.28
19.80	99.00	0.20		5.0×10^{-4}	3.30
19.96	99.80	0.04		1.0×10^{-4}	4.00
19.98	99.90	0.02		5.0×10^{-5}	4.30
20.00	100.00	0.00		1.0×10^{-7}	7.00
20.02	100.10		0.02	2.0×10^{-10}	9.70
20.04	100.20		0.04	1.0×10^{-10}	10.00
20.20	101.00		0.20	2.0×10^{-11}	10.70
22.00	110.00		2.00	2.1×10^{-12}	11.70
40.00	200.00		20.00	3.0×10^{-13}	12.50

然后以 NaOH 的加入量（或中和百分数）为横坐标，以相应 pH 为纵坐标作图，就得到我们所要绘制的强碱滴定强酸的滴定曲线，如图 3-1 所示。

从表 3-7 和图 3-1 可看出，从滴定开始到加入 19.80mL NaOH 溶液，溶液的 pH 总共只改变了 2.3 个 pH 单位。从 19.98mL 到 20.02mL，即 NaOH 加入了 0.1% 的不足到 0.1% 的过量，pH 从 4.30 变化到 9.70，共改变了 5.4 个 pH 单位，形成了滴定曲线的"突跃"部分。此后，继续加入 NaOH 溶液，所引起的 pH 变化又越来越小。

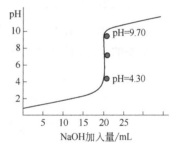

图 3-1　0.1000mol/L NaOH 滴定 20mL 0.1000mol/L HCl 的滴定曲线

化学计量点前后一定相对误差范围内（如 ±0.1%）溶液 pH 的突变，称为滴定突跃。滴定突跃所在的 pH 范围，称为 pH 突跃范围，简称突跃范围。指示剂的选择就是以突跃范围为依据的。选择指示剂的原则是：该指示剂的变色范围应全部或部分落在滴定的突跃范围之内。对于 0.1000mol/L NaOH 滴定 20.00mL 0.1000mol/L HCl 来说，凡在突跃范围 pH = 4.30～9.70 以内变色的指示剂，都可作为该滴定的指示剂。如酚酞（变色范围 pH = 8.0～10.0）、甲基红（变色范围 pH = 4.4～6.2）、甲基橙（变色范围 pH = 3.1～4.4）以及中性红与亚甲基蓝组成的混合指示剂等，都适用于该滴定示例，终点误差 ≤±0.1%。

如果改用 HCl 滴定 NaOH（条件与前者相同），则滴定曲线的形状与图 3-2 相同，但位置相反，滴定的突跃范围为 pH = 9.70～4.30。同样可选用甲基红作指示剂。

滴定突跃范围的大小也与酸碱溶液的浓度有关。通过计算，可以得到不同浓度 NaOH

与 HCl 的滴定曲线，如图 3-2 所示。从图 3-2 可以看出，当酸碱溶液浓度都增大 10 倍时，滴定的突跃范围增加 2 个 pH 单位；反之，则减小 2 个 pH 单位，这在选择指示剂时应该注意。如用 1.000mol/L NaOH 滴定 1.000mol/L HCl，突跃范围为 3.30～10.7，可用甲基橙、甲基红、酚酞等作指示剂。如果用 0.01000mol/L NaOH 滴定 0.01000mol/L HCl，突跃范围为 5.30～8.70，只能用甲基红或酚酞作指示剂，而不能使用甲基橙，否则会增大终点误差。酸碱标准溶液的浓度通常控制在 0.1mol/L 左右。

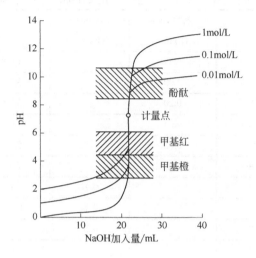

图 3-2　不同浓度 NaOH 滴定不同浓度 HCl 的滴定曲线

2. 强碱滴定一元弱酸

以 0.1000mol/L NaOH 标准溶液滴定 20.00mL 0.1000mol/L HAc 为例来讨论强碱滴定一元弱酸的滴定曲线和指示剂的选择。其滴定反应如下：

$$OH^- + HAc \rightleftharpoons Ac^- + H_2O$$

（1）滴定开始前　滴定开始前，溶液中 H^+ 主要来自 HAc 的离解，则：

$$c(H^+) = \sqrt{K_a c} = \sqrt{1.8 \times 10^{-5} \times 0.1000} = 1.3 \times 10^{-3} (mol/L)$$

$$pH = 2.89$$

（2）滴定开始至化学计量点之前　在这段滴定过程中，溶液中有未被中和的 HAc 和反应产物 Ac^- 同时存在，组成了 HAc-NaAc 缓冲体系，其溶液酸度按缓冲溶液公式计算，即

$$pH = pK_a - \lg \frac{c(HAc)}{c(Ac^-)}$$

例如，当加入 19.98mL NaOH 溶液，即相对误差 = -0.1%时，此时溶液中剩余的 $c(HAc)$ 和反应生成的 $c(Ac^-)$ 分别计算如下：

$$c(HAc) = 0.1000 \times \frac{0.02}{20.00 + 19.98} = 5.0 \times 10^{-5} (mol/L)$$

$$c(Ac^-) = 0.1000 \times \frac{19.98}{20.00 + 19.98} = 5.0 \times 10^{-2} (mol/L)$$

代入上式得：

$$pH = 4.74 - \lg\frac{5.0\times10^{-5}}{5.0\times10^{-2}} = 7.74$$

（3）化学计量点时　当加入 20.00mL NaOH 溶液时，HAc 被完全中和成 NaAc，此时恰为滴定反应的化学计量点，溶液的酸度由 NaAc 的水解所决定。

$$c(OH^-) = \sqrt{K_b c} = \sqrt{\frac{K_w}{K_a}c} = \sqrt{\frac{1.0\times10^{-14}}{1.8\times10^{-5}}\times0.050} = 5.3\times10^{-6}(mol/L)$$

$$pOH = 5.28$$
$$pH = 8.72$$

（4）化学计量点后　化学计量点以后，由于过量 NaOH 的存在，抑制了 Ac$^-$ 的水解，溶液的酸度取决于过量 NaOH 的浓度。其溶液 pH 的变化与 NaOH 滴定 HCl 相同。将计算结果列于表 3-8 中，并以此绘制滴定曲线，如图 3-3 所示。

表 3-8　0.1000mol/L NaOH 滴定 20.00mL 0.1000mol/L HAc 时溶液的 pH 变化情况

加入 NaOH（V）/mL	HAc 被滴定百分数	剩余 HAc（V）/mL	过量 NaOH（V）/mL	pH
0.00	0.00	20.00		2.89
18.00	90.00	2.00		5.70
19.80	99.00	0.20		6.73
19.98	99.90	0.02		7.74
20.00	100.0	0.00		8.72
20.02	100.10		0.02	9.70
20.20	101.00		0.20	10.70
22.00	110.00		2.00	11.70
40.00	200.00		20.00	12.50

比较图 3-1 和图 3-3 可以看出，强碱滴定弱酸具有以下一些特点：

① NaOH-HAc 滴定曲线起点的 pH 较 NaOH-HCl 滴定曲线高近似 2 个 pH 单位，这是因为 HAc 的离解较 HCl 弱的缘故。

② 滴定开始后至约 20% HAc 被滴定时，NaOH-HAc 滴定曲线的斜率比 NaOH-HCl 大。这是因为滴定一开始就有 NaAc 生成，抑制了 HAc 的离解，使溶液中的 H$^+$ 浓度迅速降低，pH 增加较快。随着 NaOH 溶液的继续加入，NaAc 的浓度相应增大，HAc 浓度相应减小，溶液缓冲作用增强，溶液 pH 增加的速度变慢，因此这一段曲线较为平坦。当接近化学计量点时，由于 HAc 已很少，缓冲作用大大减弱，Ac$^-$ 的水解作用增大，pH 增加较快，曲线的斜率又迅速增大，直到化学计量点，由于 HAc 的浓度急剧减小，使溶液的 pH 突变，形成滴定突跃。

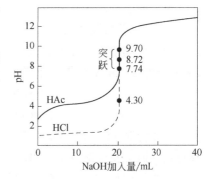

图 3-3　0.1000 mol/L NaOH 滴定
0.1000mol/L HAc 的滴定曲线

③ 由于 Ac⁻的水解作用，化学计量点在碱性范围内。NaOH-HAc 滴定曲线在误差为 ±0.1%范围内的突跃范围为 pH = 7.74～9.70，较 NaOH-HCl 小得多，且在碱性范围内。

由此可见，在酸性范围内变色的指示剂，如甲基橙、甲基红等都不能作为 NaOH 滴定 HAc 的指示剂，否则将引起较大的滴定误差。只有酚酞、百里酚酞等指示剂，才能用于该滴定。

在弱酸的滴定中，突跃范围的大小，除与溶液的浓度有关外，还与酸的强度有关。滴定突跃的大小将由 K_a 与 c 乘积所决定。$c \times K_a$ 越大，突跃范围越大；$c \times K_a$ 越小，突跃范围越小。$c \times K_a$ 很小时，化学计量点前后溶液的 pH 变化非常小，无法用指示剂准确判断终点。实践证明，只有弱酸的 $c \times K_a \geqslant 10^{-8}$ 时，才能借助指示剂来准确判断滴定终点。因此，通常使用 $c \times K_a \geqslant 10^{-8}$ 与否，作为判断弱酸能否被准确滴定的依据。

3. 强酸滴定一元弱碱

关于强酸滴定一元弱碱，其情况与强碱滴定一元弱酸相似，但 pH 的变化方向相反，因此滴定曲线的形状也刚好相反。同时，由于滴定反应产物为强酸弱碱盐，所以在化学计量点时呈酸性，滴定突跃发生在酸性范围内，故只能选择在酸性范围内变色的指示剂。

三、标准溶液的配制和标定

碱标准溶液有 Ba(OH)₂、KOH、NaOH，常用 NaOH。酸标准溶液常用盐酸和硫酸来配制，其中应用较多的是盐酸。酸碱标准溶液的浓度一般近似配成 0.01～1mol/L，常用的是 0.1mol/L。

市售的盐酸和硫酸浓度都不准确，固体 NaOH 易吸收空气中的 CO_2 和水，所以酸和碱不能直接配制成标准溶液，只能先将它们配制成近似浓度的溶液，通过比较滴定或用基准物质标定来确定它们的准确浓度。

1. 酸标准溶液的标定

标定酸的基准物质常用无水碳酸钠和硼砂等，也可用已知准确浓度的 NaOH 溶液与 HCl 溶液进行比较滴定。

（1）用基准物质无水碳酸钠（Na₂CO₃）进行标定　将无水 Na₂CO₃ 置电烘箱内，在 180℃干燥 2～3h 后，置于干燥器内冷却备用。用 Na₂CO₃ 标定 HCl 反应如下：

$$Na_2CO_3 + HCl == NaHCO_3 + NaCl$$
$$NaHCO_3 + HCl == H_2O + CO_2\uparrow + NaCl$$

计量点时 pH 约为 3.9，可用甲基橙或甲基红作指示剂，滴定时应注意 CO_2 的影响，临近终点时应将溶液煮沸，以减少 CO_2 的影响。

根据标定反应中反应物之间的化学计量关系，可用下式计算标准溶液盐酸的浓度：

$$c(HCl) = 2 \times \frac{m(Na_2CO_3)}{M(Na_2CO_3)V(HCl)}$$

（2）用基准物质硼砂（Na₂B₄O₇·10H₂O）进行标定　硼砂在水中重结晶两次，析出晶体在温室下暴露在 60%～70%相对湿度的空气中，干燥一天一夜，干燥的硼砂结晶须保存在密闭的瓶中，以免失水改变组成。用硼砂标定 HCl 的反应如下：

$$Na_2B_4O_7 \cdot 10H_2O + 2HCl == 4H_3BO_3 + 2NaCl + 5H_2O$$

计量点时 pH 约为 5.1，可用甲基红作指示剂，根据标定反应，计算盐酸标准溶液浓度的公式为：$c(HCl) = 2 \times \dfrac{m(Na_2B_4O_7 \cdot 10H_2O)}{M(Na_2B_4O_7 \cdot 10H_2O)V(HCl)}$

2. 碱标准溶液的标定

碱标准溶液常用的是 NaOH 溶液，标定 NaOH 标准溶液常用的基准物质有邻苯二甲酸氢钾和草酸，也可用已知准确浓度的盐酸溶液与 NaOH 进行比较滴定。

（1）用基准物质邻苯二甲酸氢钾（$C_8H_5KO_4$）进行标定　邻苯二甲酸氢钾容易制得纯品，在空气中不吸水，容易保存，它与 NaOH 的反应为：

$$C_8H_5KO_4 + NaOH == KNaC_8H_4O_4 + H_2O$$

若浓度约为 0.1mol/L，化学计量点时呈微碱性（pH 约为 9.1），可用酚酞作指示剂。NaOH 浓度计算公式：$c(NaOH) = \dfrac{m(C_8H_5KO_4)}{M(C_8H_5KO_4)V(NaOH)}$

（2）用基准物质草酸（$H_2C_2O_4 \cdot 2H_2O$）进行标定　草酸相当稳定，相对湿度在 5%～95% 时不会风化失水，因此可保存在密闭的容器内备用。

$$H_2C_2O_4 + 2NaOH == Na_2C_2O_4 + 2H_2O$$

pH 突跃范围为 7.1～10.0，化学计量点时溶液偏碱性（pH 约为 8.4），可用酚酞作指示剂。NaOH 浓度计算公式：$c(NaOH) = 2 \times \dfrac{m(H_2C_2O_4 \cdot 2H_2O)}{M(H_2C_2O_4 \cdot 2H_2O)V(NaOH)}$

 实验 3-2：盐酸标准溶液的标定

【实验目的】

1. 进一步熟悉差减称量法称取基准物质的方法。

2. 进一步掌握滴定的操作技巧。

3. 学会标定盐酸溶液的方法。

4. 能够用硼砂对盐酸标准溶液进行标定。

【仪器及试剂】

仪器和器皿：万分之一分析天平、酸式滴定管、移液管、容量瓶。

试剂：浓盐酸（密度 1.19g/cm³、质量分数 37%）、硼砂（分析纯）、甲基红指示剂等。

【实验原理】

在滴定分析法中，标准溶液的配制有直接法和间接法。由于盐酸不符合基准物质的条件，只能用间接法来配制，再用基准物质来标定其浓度。

1. 250mL 浓度约为 0.1mol/L 盐酸溶液的配制

计算需要量取浓盐酸的体积。对于密度 1.19g/cm³、质量分数为 37% 的浓盐酸，其物质的量浓度及所需要浓盐酸的体积分别为：

$$c(浓盐酸) = \frac{1000\rho w}{M(HCl)} = \frac{1000 \times 1.19 \times 37\%}{36.5} = 12.06(mol/L)$$

$$V(\text{浓盐酸}) = \frac{c(\text{稀盐酸})V(\text{稀盐酸})}{c(\text{浓盐酸})} = \frac{0.1 \times 250}{12.06} = 2.07(\text{mL})$$

2. 盐酸标准溶液的标定

标定盐酸常用的基准物质有无水碳酸钠和硼砂（$Na_2B_4O_7 \cdot 10H_2O$）。无水碳酸钠与盐酸作用生产的 CO_2 易溶于水，对滴定终点的判断有一定的干扰。采用硼砂较易提纯，不易吸湿，性质比较稳定，而且摩尔质量很大，可以减少称量误差。

硼砂与盐酸会发生如下的化学反应：

$$Na_2B_4O_7 \cdot 10H_2O + 2HCl \rightleftharpoons 4H_3BO_3 + 2NaCl + 5H_2O$$

生成的硼酸为弱酸，在化学计量点时 pH = 5.27，选甲基红作指示剂。

本实验采用称取硼砂后直接用盐酸滴定的方法进行操作，根据所称硼砂的质量和滴定所用盐酸溶液的体积，就可以计算得到盐酸溶液的准确浓度。

实验中消耗硼砂的物质的量为：

$$n(Na_2B_4O_7 \cdot 10H_2O) = \frac{m(Na_2B_4O_7 \cdot 10H_2O)}{M(Na_2B_4O_7 \cdot 10H_2O)}$$

硼砂与盐酸反应的计量关系为 1:2，则：$n(HCl) = 2n(Na_2B_4O_7 \cdot 10H_2O)$

则盐酸溶液的准确浓度可按下式进行计算：

$$c(HCl) = \frac{n(HCl)}{V(HCl)} = \frac{2m(Na_2B_4O_7 \cdot 10H_2O)}{M(Na_2B_4O_7 \cdot 10H_2O)V(HCl)}$$

用甲基红作为指示剂，滴定终点时溶液颜色由黄色转变为橙色。

【操作步骤】

1. 配制浓度约 0.1mol/L 盐酸 250mL

计算需要量取浓盐酸的体积为 2.07mL。用移液管移取所需体积的浓盐酸，注入事先盛有少量蒸馏水的烧杯中，稀释后转入 250mL 容量瓶中定容。将所配溶液转入洁净的试剂瓶中，用玻璃瓶塞塞住瓶口，摇匀，贴好标签，待标定。

2. 盐酸的标定

在分析天平上用差减称量法称取硼砂基准物质三份至洁净的 200mL 锥形瓶中，每份 0.3～0.4g（准确至小数点后四位），加入蒸馏水 50mL，加热溶解，冷至室温。分别加入甲基红指示剂 2～3 滴，用待标定的盐酸溶液滴定，至溶液颜色由黄色转变为橙色，即为滴定终点。记录所消耗盐酸的体积，平行滴定 3 次。计算盐酸溶液的浓度。

【计算】

盐酸溶液的准确浓度按下式进行计算：

$$c(HCl) = \frac{n(HCl)}{V(HCl)} = \frac{2m(Na_2B_4O_7 \cdot 10H_2O) \times 1000}{M(Na_2B_4O_7 \cdot 10H_2O)V(HCl)}$$

式中，$V(HCl)$ 应以 mL 为单位代入计算。

【数据记录及处理】

测定次数	1	2	3
硼砂和称量瓶的质量/g			
倾倒后硼砂和称量瓶的质量/g			

测定次数	1	2	3
m（硼砂）/g			
盐酸溶液的初读数/mL			
盐酸溶液的终读数/mL			
$V(HCl)$/mL			
$c(HCl)$/(mol/L)			
$c(HCl)$平均值/(mol/L)			
相对平均偏差			

【操作要点与注意事项】

1. 浓盐酸的移取

浓盐酸具有一定的挥发性和腐蚀性，因而移取操作应该在通风橱中进行。

2. 硼砂的溶解

硼砂的溶解对后续结果有重要的影响。应使所有的固体溶解，并且避免锥形瓶中的试样有任何形式的损失。

3. 滴定操作

滴定过程中，可能有溶液溅在杯壁，因此接近终点时要用适量去离子水洗锥形瓶或者烧杯壁，但只能用少量水洗杯壁。在盐酸标准溶液的标定中，多加洗涤水，会多消耗盐酸，从而引进误差。因此，终点时加少量纯水，对终点没有影响；加多了不行。

【实验思考题】

1. 本实验的第一步是"配制 0.1mol/L 盐酸 250mL"，请问需要量取多少毫升的浓盐酸？请列些详细的计算步骤。

2. 标准溶液的配制方法有哪些？为什么要对标准溶液的浓度进行标定？

 实验 3-3：氢氧化钠标准溶液的标定

【实验目的】

1. 掌握用邻苯二甲酸氢钾标定氢氧化钠溶液的原理和方法。

2. 能熟练规范使用碱式滴定管。

【仪器及试剂】

仪器和器皿：分析天平、称量瓶、碱式滴定管。

试剂：浓度约为 0.1mol/L NaOH 溶液、邻苯二甲酸氢钾（分析纯）、酚酞指示剂（0.1% 的 60%乙醇溶液）。

【实验原理】

固体氢氧化钠具有很强的吸湿性，且易吸收空气中的水分和二氧化碳，因而常含有 Na_2CO_3，且含少量的硅酸盐、硫酸盐和氯化物，因此不能直接配制成准确浓度的溶液，而只能配制成近似浓度的溶液，然后用基准物质进行标定，以获得准确浓度。由于氢氧化钠溶液中碳酸钠的存在，会影响酸碱滴定的准确度，在精确的测定中应配制不含 Na_2CO_3 的 NaOH 溶液并妥善保存。用邻苯二甲酸氢钾标定氢氧化钠溶液的反应式为：

$$C_8H_5KO_4 + NaOH \Longrightarrow KNaC_8H_4O_4 + H_2O$$

达到化学计量点时，

$$c(NaOH) = \frac{m(C_8H_5KO_4)}{M(C_8H_5KO_4)V(NaOH)}$$

由反应式可知，1mol $C_8H_5KO_4$ 与 1mol NaOH 刚好完全反应。到化学计量点时，溶液呈碱性，pH 值约为 9，可选用酚酞作指示剂，滴定至溶液由无色变为浅粉色，30s 不褪色即为滴定终点。

【操作步骤】

用差减称量法称取三份邻苯二甲酸氢钾分别至洁净的 250mL 锥形瓶中，每份 0.4～0.6g（准确至小数点后四位），加入蒸馏水 50mL，滴加 2～3 滴酚酞指示剂，用待标定的 NaOH 溶液滴定至呈浅红色，在 30s 内不褪色为止。记录氢氧化钠溶液准确的消耗体积。

【计算】

氢氧化钠溶液浓度的计算公式：

$$c(NaOH) = \frac{m(C_8H_5KO_4) \times 1000}{M(C_8H_5KO_4)V(NaOH)}$$

式中，$M(C_8H_5KO_4)$ =204g/mol；

V（NaOH）应以 mL 为单位代入。

【数据记录及处理】

测定次数	1	2	3
邻苯二甲酸氢钾和称量瓶的质量/g			
倾倒后邻苯二甲酸氢钾和称量瓶的质量/g			
邻苯二甲酸氢钾的质量/g			
氢氧化钠溶液的初读数/mL			
氢氧化钠溶液的终读数/mL			
$V(NaOH)$/mL			
$c(NaOH)$/(mol/L)			
$c(NaOH)$平均值/(mol/L)			
相对平均偏差			

【操作要点与注意事项】

1. 邻苯二甲酸氢钾质量较重，称量第一份时，适当敲慢一些，且邻苯二甲酸氢钾溶解较慢，要注意液面与杯壁处是否有晶体，要完全溶解后，才能滴定。

2. 碱式滴定管下端的乳胶管和玻璃珠部分要吻合，两者之间松了容易漏水，紧了则操作困难，不容易控制操作终点。对光检查乳胶管内是否有气泡，若有则应排除。

【实验思考题】

1. 用邻苯二甲酸氢钾标定氢氧化钠溶液，为什么选用酚酞而不选甲基红作为指示剂？

2. 盛氢氧化钠溶液的试剂瓶对塞子有何要求？

3. 标定时选择基准物质为邻苯二甲酸氢钾比用草酸有什么好处？

第三节 酸碱滴定法的应用

一、铵盐中氮的测定

常用的铵盐如 NH_4Cl、$(NH_4)_2SO_4$ 等，虽具有酸性，但酸性太弱，故不能用 NaOH 直接滴定，一般采用下面两种方法进行测定。

1. 蒸馏法

将铵盐试样放入蒸馏瓶中，加入过量的浓 NaOH 溶液，加热把生成的 NH_3 蒸馏出来。

$$NH_4^+ + OH^- \xrightarrow{\triangle} NH_3\uparrow + H_2O$$

将蒸馏出的 NH_3 吸收于 H_3BO_3 溶液中，然后用酸标准溶液滴定 H_3BO_3 吸收液：

$$NH_3 + H_3BO_3 \rightleftharpoons NH_3 \cdot H_3BO_3$$

$$NH_3 \cdot H_3BO_3 + HCl \rightleftharpoons NH_4Cl + H_3BO_3$$

H_3BO_3 是极弱的酸，它可以吸收 NH_3，但不影响滴定，故不需要定量加入。化学计量点时溶液中有 H_3BO_3 和 NH_4^+ 存在，pH 约为 5，可用甲基红和溴甲酚绿混合指示剂，终点为粉红色。根据 HCl 的浓度和消耗的体积，按下式计算氮的质量分数：

$$w(N) = \frac{c(HCl) \cdot V(HCl) \cdot M(N)}{m(\text{试样})}$$

除用 H_3BO_3 吸收 NH_3 外，也可以用 HCl 或 H_2SO_4 标准溶液吸收，过量的酸用 NaOH 标准溶液反滴定，可以用甲基红作指示剂。

土壤和有机化合物中氮的测定，一般采用凯氏定氮法。其原理是将试样用浓硫酸、硫酸钾和适量催化剂（如 $CuSO_4$、HgO 和 Se 粉等）加热溶解，使各种氮化合物转变成铵盐后，再按上述方法进行测定。

2. 甲醛法

甲醛与氨的强盐酸作用，生成等物质的量的酸：

$$4NH_4^+ + 6HCHO \rightleftharpoons (CH_2)_6N_4 + 4H^+ + 6H_2O$$

反应生成的酸，用 NaOH 标准溶液滴定。化学计量点时产物为六亚甲基四胺，是一种很弱的碱（$K_b = 1.4 \times 10^{-9}$），溶液的 pH 约为 8.7，故可选用酚酞作指示剂。根据 NaOH 的浓度和消耗的体积，按下式计算氮的质量分数：

$$w(N) = \frac{c(NaOH) \cdot V(NaOH) \cdot M(N)}{m(\text{试样})}$$

滴定时，甲醛必须是中性的，铵盐中不应含有游离酸，否则必须进行预处理，防止给测定结果带来较大误差。

二、食品中总酸度的测定

食品中所含的酸为有机弱酸，如醋酸、乳酸和苹果酸等。可用 NaOH 标准溶液直接滴定，化学计量点时溶液呈碱性，故可选用酚酞作指示剂。水中存在的 CO_2 会影响滴定的准确度，因为在滴定时，CO_2 可作为一元弱酸与 NaOH 作用。因此，须使用不含 CO_2 的蒸馏水。用碱溶液滴定时，凡 $K_a > 10^{-7}$ 的弱酸均可被滴定，因此测出的结果应是总酸量。根据所耗标准碱液的浓度和体积，可计算出样品中酸的含量。

 实验 3-4：食醋中总酸度的测定

【实验目的】

1. 了解强碱滴定弱酸的反应原理及指示剂的选择。
2. 熟练掌握滴定管、容量瓶、移液管的使用方法和操作技术。
3. 掌握食醋中总酸度的测定方法。

【仪器及试剂】

仪器和器皿：碱式滴定管、容量瓶、移液管等。

试剂：食醋、0.1mol/L 的氢氧化钠标准溶液、0.2%酚酞指示剂。

【实验原理】

食醋的主要成分是醋酸，此外还有少量其他弱酸（如乳酸等），用氢氧化钠标准溶液为滴定液，化学计量点时溶液呈弱碱性，可选用酚酞作指示剂，测得总酸度，结果以醋酸含量计。

$$HAc + NaOH \Longrightarrow NaAc + H_2O$$

【操作步骤】

1. 样品的稀释

准确移取食醋样品 10.00mL 分别放入 250mL 容量瓶中，加蒸馏水稀释定容到刻度，摇匀。上述做两次平行实验。

2. 酸度测定

分别用移液管吸取 25.00mL 上述稀释液各一份至 250mL 锥形瓶中，加入 25mL 蒸馏水，加入酚酞指示剂 2～3 滴，用 0.1mol/L NaOH 标准溶液滴定至呈粉红色，并在 30s 内不褪色，即为终点。

【计算】

根据下式计算样品中总酸度（结果以醋酸计，g/L）。

计算公式：

$$总酸度 = \frac{c(NaOH) \cdot V(NaOH) \cdot M(HAc)}{V(样) \times \dfrac{25}{250}}$$

式中，氢氧化钠的滴定消耗体积 V（NaOH）与样品体积 V（样）均以 mL 为单位代入。

【数据记录及处理】

实验次数	1	2
$V_样$/mL		
定容总体积/mL		
分取体积/mL		

实验次数	1	2
c_{NaOH}/（mol/L）		
NaOH 初读数/mL		
NaOH 终读数/mL		
V_{NaOH}/mL		
醋酸含量/（g/L）		
平均值/（g/L）		
相对平均偏差		

【操作要点与注意事项】

1. 注意碱式滴定管使用中气泡的排除方法。

2. 滴定终点需看 30s 内的颜色变化，30s 内如果粉红色褪去，则需要继续滴加氢氧化钠标液；若 30s 内为粉红色，过了 30s 粉红色褪去，则为空气中二氧化碳的干扰，无须再继续滴加标液。

【实验思考题】

1. 强碱滴定弱酸与强碱滴定强酸相比，测定过程中溶液 pH 值变化有哪些不同？

2. 测定醋酸时为什么要用酚酞作指示剂？为什么不可以用甲基橙或甲基红作指示剂？

【习题】

3-1 何谓滴定突跃？它的大小与哪些因素有关？酸碱滴定中指示剂的选择原则是什么？

3-2 如果用氢氧化钠滴定醋酸，终点突跃范围（pH 7.74～9.70），可以选择甲基红作为指示剂吗？为什么？

3-3 什么是同离子效应？

3-4 甲醛法测定铵盐样品中氮的含量时，甲醛或样品中有少量游离酸是否会影响测定结果，为什么？

3-5 称取无水碳酸钠基准物质 0.1500g 标定 HCl 溶液，消耗 HCl 溶液体积 25.60mL，计算 HCl 溶液的浓度为多少？

3-6 准确称取邻苯二甲酸氢钾 0.2900g 于锥形瓶中，加蒸馏水溶解后，加 2 滴酚酞指示剂，用待标定的氢氧化钠溶液滴定至终点，消耗氢氧化钠溶液 16.00mL，计算该氢氧化钠标准溶液的物质的量浓度（结果保留 4 位有效数字）（邻苯二甲酸氢钾的摩尔质量为 204g/mol）。

3-7 于 0.1582g 含 $CaCO_3$ 及不与酸作用杂质的石灰石里加入 25.00mL 0.147mol/L 的 HCl 溶液，过量的酸需用 10.15mL 的 NaOH 溶液回滴。已知 1mL 的 NaOH 溶液相当于 1.032mL 的 HCl 溶液。求石灰石的纯度及 CO_2 的质量分数。

3-8 计算下列溶液的 pH：

① 0.0500mol/L 的 NaOH 溶液；

② 5.00 × 10^{-7}mol/L 的 NaOH 溶液；

③ 0.2000mol/L 的 NH$_3$·H$_2$O 溶液；

④ 4.00 × 10^{-5}mol/L 的 NH$_3$·H$_2$O 溶液。

3-9 测某铵盐肥料中氮的含量，准确称取铵盐试样 0.1800g，加水溶解后加足量中性甲醛充分反应，加酚酞指示剂后用 0.1000mol/L 氢氧化钠标准溶液滴定，消耗氢氧化钠体积为 22.00mL，已知 M(N) = 14g/mol，求该铵盐中氮的含量（结果保留 4 位有效数字）。

第四章

氧化还原反应和氧化还原滴定法

知识目标

1. 理解氧化还原的实质，能够对氧化还原反应进行配平。

2. 理解食品加工和储运过程中发生的氧化还原反应，理解食品中添加抗氧剂的原理。

3. 掌握氧化还原滴定法中指示剂的类型及氧化还原滴定法的原理、方法。

4. 掌握氧化还原滴定法在食品理化分析中的应用和相关原理。

技能目标

1. 能够配制与标定高锰酸钾和碘等氧化还原滴定法标准溶液。

2. 能够应用氧化还原滴定法进行相关组分的分析。

氧化还原反应是化学反应的基本类型之一，广泛存在于自然与人类活动的各类过程中：动植物体内代谢过程、土壤中某些元素存在状态的转化、金属冶炼、基本化工原料和成品的生产等。在氧化还原反应过程中存在电子的转移或者共用电子对的偏移，在农业生产和食品加工中，经常利用氧化还原反应来检测某些成分的含量。例如，农产品中抗坏血酸含量的测定、糖类的测定，都是利用氧化还原反应来完成的。研究氧化还原反应，对理解食品、药品以及环境相关的理化检验分析、食品与环境的质量与安全等方面都有着十分重要的意义。

第一节　氧化还原反应

一、氧化数与氧化还原反应的定义

1. 氧化数的定义

许多氧化还原反应只是发生了电子的偏移，按有无电子的得失来判断是否属于氧化还原反应有时会遇到问题。于是人们在正、负化合价的基础上提出了氧化数的概念，以表示各元素在化合物中所处的化合状态。氧化数也叫氧化值，是指某一个原子由于电子的转移而产生的形式电荷数或者平均电荷数。氧化数有以下求算的规则：

① 在单质中，元素的氧化数为零。

② 在离子化合物中，元素原子的氧化数等于该元素单原子离子的电荷数。

③ 在结构已知的共价化合物中，把属于两原子的共用电子对氧化数指定给两原子中电负性较大的原子时，分别在两原子上留下的表观电荷数就是它们的氧化数。例如，在 H_2O 中，氧原子的氧化数为-2，氢的为+1。对于同种元素两个原子之间的共价键，该元素的氧化数为零。如该化合物中某一元素有两个或两个以上共价键，则该元素的氧化数为其各个键所表现氧化数的代数和。

④ 在结构未知的共价化合物中，某元素的氧化数可按下述规定由该化合物中其他元素的氧化数算出。这个规定是：分子或复杂离子的总电荷数等于其中各元素氧化数的代数和。

⑤ 对几种元素的氧化数有下列规定：a. 除金属氢化物（如 LiH、CaH_2）中氢的氧化数为-1 外，其余氢的化合物中氢的氧化数都是+1。b. 氧的氧化数一般为-2，例外的有 H_2O_2 及过氧化物中氧的氧化数是-1；OF_2 中是+2。c. 氟在其所有化合物中氧化数都为-1。

⑥ 分子是电中性的。

2. 氧化还原反应的判定

在氧化数的基础上，氧化还原反应也得到了正式的定义：化学反应前后，元素的氧化数有变化的一类反应称作氧化还原反应。

氧化还原反应前后，元素的氧化数发生变化。根据氧化数的升高或降低，可以将氧化还原反应拆分成两个半反应：氧化数升高的半反应，称为氧化反应；氧化数降低的反应，称为还原反应。氧化反应与还原反应是相互依存的，不能独立存在，它们共同组成氧化还原反应。反应中，发生氧化反应的物质，称为还原剂，生成氧化产物；发生还原反应的物质，称为氧化剂，生成还原产物。氧化产物具有氧化性，但弱于氧化剂；还原产物具有还原性，但弱于还原剂。可以用图 4-1 所示的通式表示。

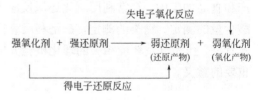

图 4-1　氧化还原反应的示意图

有机化学中氧化还原反应的判定通常以碳的氧化数是否发生变化为依据：碳的氧化数上升，则此反应为氧化反应；碳的氧化数下降，则此反应为还原反应。由于在绝大多数有机物中，氢总呈现正价态，氧总呈现负价态，因此一般又将有机物得氢失氧的反应称为还原反应，得氧失氢的反应称为氧化反应。

二、氧化还原反应配平

氧化还原反应方程式一般比较复杂，除氧化剂和还原剂外，往往还有第三种物质（介质）参加。反应式中反应物与生成物的计量数有时较大，需要按一定的方法配平。氧化还原反应方程式的配平方式很多，本节主要介绍常用的氧化数法、离子-电子法。

氧化还原反应方程式配平要遵守电荷守恒（得失电子数相等）和质量守恒（反应前后各元素原子总数相等）两项原则。

1. 氧化数法

氧化数法是根据氧化还原反应中氧化剂的氧化数降低的总数与还原剂的氧化数升高的总数相等的原则来进行配平，是一种适用范围较广的配平氧化还原方程式的方法。

① 写出未配平的氧化还原反应式，并标出反应中发生氧化和还原反应元素的氧化数：

$$\overset{+1\ -2}{Cu_2S} + H\overset{+5}{N}O_3 \longrightarrow \overset{+2}{Cu}(NO_3)_2 + H_2\overset{+6}{S}O_4 + \overset{+2}{N}O\uparrow$$

② 按最小公倍数原则，将氧化剂的氧化数降低值和还原剂的氧化数升高值各乘以适当系数，使氧化数升降总数绝对值相等：

取最小公倍数

氧化数降低值：　　N　　　$(+2)-(+5)=-3$　　$(-3)\times 10=-30$

氧化数升高值：　　Cu　$2\times[(+2)-(+1)]=+2$ ⎫
　　　　　　　　　　S　　$(+6)-(-2)=+8$ ⎭ $(+10)\times 3=+30$

③ 将系数分别写入还原剂和氧化剂的化学式前面，并配平氧化数有变化的元素原子个数：

$$3Cu_2S + 10HNO_3 \longrightarrow 6Cu(NO_3)_2 + 3H_2SO_4 + 10NO\uparrow$$

④ 配平其他元素的原子数，必要时可加上适当数目的酸、碱和 H_2O：

$$3Cu_2S + 22HNO_3 \longrightarrow 6Cu(NO_3)_2 + 3H_2SO_4 + 10NO\uparrow + 8H_2O$$

⑤ 核对氢和氧原子个数是否相等，最后把箭头改为等号：

$$3Cu_2S + 22HNO_3 =\!=\!= 6Cu(NO_3)_2 + 3H_2SO_4 + 10NO\uparrow + 8H_2O$$

2. 离子-电子法

离子-电子法是根据氧化还原反应中氧化剂和还原剂得失电子总数相等的原则来进行配平，较适用于溶液中离子方程式的配平，避免了氧化数的计算。

以高锰酸钾与草酸的反应为例：

① 反应的离子方程式：$MnO_4^- + H_2C_2O_4 \longrightarrow Mn^{2+} + CO_2$

② 将离子反应式分为两个半反应，并配平：

$$H_2C_2O_4 =\!=\!= 2CO_2 + 2H^+ + 2e^-$$

$$MnO_4^- + 8H^+ + 5e^- =\!=\!= Mn^{2+} + 4H_2O$$

③ 按得失电子数的最小公倍数原则分别乘以相应系数，合并两个半反应：

$$\times 5 \qquad H_2C_2O_4 \Longrightarrow 2CO_2 + 2H^+ + 2e^-$$
$$\times 2 \qquad MnO_4^- + 8H^+ + 5e^- \Longrightarrow Mn^{2+} + 4H_2O$$

两式相加，得：$5H_2C_2O_4 + 2MnO_4^- + 6H^+ \Longrightarrow 2Mn^{2+} + 10CO_2\uparrow + 8H_2O$

④ 如果氧化剂或还原剂与其产物内所含氧原子数目不同，可以根据介质的酸碱性，分别在半反应式中加 H^+、OH^- 和 H_2O。

第二节　氧化还原滴定法

氧化还原滴定法是以氧化还原反应为基础的滴定分析方法，应用非常广泛，不仅可以直接或间接测定许多具有氧化性或还原性的物质，而且可以间接测定某些非变价元素（如间接法测定 Ca^{2+}）。

氧化还原反应的机理比较复杂，经常可能发生各种副反应而使反应物之间不是定量进行反应，反应条件不同时也可能生成不同产物；有些反应通常是分步进行的，需要一定的时间才能完成，反应速率较慢。因此，氧化还原反应应用于滴定分析时，需特别注意控制适当的反应和滴定速度，使之符合滴定分析的需要。

氧化还原滴定法以氧化剂或还原剂为标准溶液，习惯上根据氧化剂不同主要分为高锰酸钾法、重铬酸钾法、碘量法等。

一、氧化还原指示剂

1. 自身指示剂

在氧化还原滴定中，利用标准溶液本身颜色变化以指示终点的叫作自身指示剂。例如，用 $KMnO_4$ 作标准溶液进行滴定时，MnO_4^- 在强酸性溶液中被还原为几乎无色的 Mn^{2+}，当滴定达到化学计量点时，微过量的 MnO_4^- 使溶液呈粉红色，以指示滴定终点。所以，$KMnO_4$ 是自身指示剂。

2. 氧化还原指示剂

氧化还原指示剂是一类可以参与氧化还原反应，本身具有氧化还原性质的物质，一般都是结构比较复杂的有机化合物，氧化态和还原态具有不同的颜色。在氧化性溶液中，氧化还原指示剂显示其氧化态的颜色；在还原性溶液中，氧化还原指示剂显示其还原态的颜色。通过科学方法进行计算，可以在不同的氧化还原滴定反应中选择合适的氧化还原指示剂，以使其在化学计量点时，恰好发生颜色变化，以指示滴定终点。常见氧化还原指示剂的颜色变化情况，如表 4-1 所示。

表 4-1　常见氧化还原指示剂的颜色变化

指示剂	颜色		指示剂溶液
	氧化态	还原态	
甲基蓝	蓝绿	无色	0.05%水溶液
二苯胺	紫	无色	0.1%浓 H_2SO_4 溶液

指示剂	颜色		指示剂溶液
	氧化态	还原态	
二苯胺磺酸钠	紫红	无色	0.05%水溶液
羊毛罂红 A	橙红	黄绿	0.1%水溶液
邻苯氨基苯甲酸	紫红	无色	0.1%Na_2CO_3 溶液
邻二氮菲	浅蓝	红	0.025mol/L 水溶液
硝基邻二氮菲亚铁	浅蓝	紫红	0.025mol/L 水溶液

例如，在重铬酸钾法测定 Fe^{3+} 的滴定中，常用二苯胺磺酸钠或邻二氮菲作为指示剂。选用二苯胺磺酸钠为指示剂时，滴定反应在酸性条件下进行，并应加入 H_3PO_4 以减小终点误差，滴定过程中的颜色变化是由无色变为 Cr^{3+} 的浅绿色，最后在终点时突变为蓝紫色。选用邻二氮菲（邻菲啰啉）为指示剂时，邻二氮菲的变色正好与化学计量点一致，终点时溶液由红色变为浅蓝色。

3. 特殊指示剂

有的物质本身并不参与氧化还原反应，但它能与氧化剂作用产生特殊的颜色，因而可以指示滴定终点。如在碘量法中，I_2 可以与直链淀粉形成深蓝色的复合物，当 I_2 与被滴定的还原性物质发生的反应达到完全后，稍微过量的 I_2 就可与淀粉作用使溶液变成深蓝色。因此，碘量法常用可溶性淀粉作指示剂。这种本身不参与氧化还原反应，但能与标准溶液或滴定产物发生显示反应，以指示滴定终点的物质称为特殊指示剂。

二、常用的氧化还原滴定法及其应用

1. 高锰酸钾法及其应用

（1）高锰酸钾法原理　高锰酸钾法是以高锰酸钾作为标准溶液的氧化还原滴定法。高锰酸钾是一种强氧化剂，其氧化能力和还原产物与溶液的酸度有关：

强酸性溶液中，MnO_4^- 被还原为 Mn^{2+}：

$$MnO_4^- + 8H^+ + 5e^- \rightleftharpoons Mn^{2+} + 4H_2O$$

弱酸性、中性或弱碱性溶液中，MnO_4^- 被还原为 MnO_2：

$$MnO_4^- + 2H_2O + 3e^- \rightleftharpoons MnO_2 + 4OH^-$$

强碱性溶液中，MnO_4^- 被还原为 MnO_4^{2-}：

$$MnO_4^- + e^- \rightleftharpoons MnO_4^{2-}$$

高锰酸钾在强酸性溶液中氧化能力较强，其还原产物为无色的 Mn^{2+}，便于观察滴定终点，不必另加指示剂，所以高锰酸钾法多在强酸性溶液中进行。通常选用 1mol/L H_2SO_4 溶液进行酸化，而不能选用具有还原性的 HCl 溶液和具有氧化性的 HNO_3 溶液以及太弱的酸（如醋酸）。

而高锰酸钾在碱性条件下氧化有机物的反应速率比在酸性条件下更快，所以用高锰酸钾法测定有机物一般都在碱性溶液中进行。

（2）高锰酸钾法特点　高锰酸钾法的优点是：

① KMnO₄溶液呈深紫色。强酸性溶液中被还原为无色 Mn^{2+}，颜色变化明显，因此一般不需另加指示剂。

② KMnO₄氧化能力强。可以与许多还原性物质发生反应，是应用较广的氧化还原滴定法。

高锰酸钾法的缺点是：

① 选择性差，标准溶液不稳定。能与水中微量的有机物、空气中的尘埃、氨等还原性物质作用析出 $MnO_2 \cdot H_2O$ 沉淀，还能自行分解。一般不易获得纯品，故不能用直接法配制其标准溶液。

② KMnO₄还原为 Mn^{2+}的反应，在常温下进行较慢。因此，在滴定较难氧化的物质（如 $Na_2C_2O_4$ 等）时，常需加热。亚铁盐、H_2O_2 等虽不必加热，但开始滴定时速度也不宜过快。

（3）高锰酸钾法标准溶液的配制与标定　一般商品高锰酸钾试剂中常含有少量 MnO_2 和其他杂质，而蒸馏水中所含有的微量还原性物质可以与高锰酸钾反应生成 $MnO_2 \cdot H_2O$ 沉淀，加上光、热、酸、碱等外界条件的变化会促进高锰酸钾分解，因此高锰酸钾不是基准物质，不能用直接法配制其标准溶液。

为了配制较稳定的高锰酸钾溶液，通常先称取略多于理论计算量的高锰酸钾固体试剂，溶解于一定体积蒸馏水，将该溶液加热微沸 1h，冷却后避光放置 2～3 天，使溶液中可能存在的还原性物质完全被氧化，用微孔玻璃漏斗或玻璃丝棉滤除析出的沉淀物，过滤后的高锰酸钾溶液贮存于棕色试剂瓶，于阴暗处保存。

标定高锰酸钾溶液可以用 $Na_2C_2O_4$、$H_2C_2O_4 \cdot 2H_2O$、As_2O_3、纯铁丝等基准物质，其中最常用的为 $Na_2C_2O_4$，105～110℃烘干约 2h 后放干燥器中冷却至室温即可使用。

在硫酸溶液中，高锰酸钾和 $Na_2C_2O_4$ 的反应如下：

$$2\,MnO_4^- + 5\,C_2O_4^{2-} + 16H^+ = 2Mn^{2+} + 10CO_2\uparrow + 8H_2O$$

为了使反应定量快速进行，应注意以下滴定条件：

① 温度。在室温下该反应速度慢，可将溶液加热到 75～85℃滴定，溶液温度不能太低也不能太高，低于 60℃无法达到需要的反应速度；高于 90℃，则会使部分 $H_2C_2O_4$ 分解导致标定结果偏高。

② 酸度。高锰酸钾在强酸性介质中才有较强氧化性，溶液应保持足够的酸度。酸度不足高锰酸钾易分解生成 $MnO_2 \cdot H_2O$ 沉淀，酸度过高则促使 $H_2C_2O_4$ 分解，均可能导致较大误差，适宜的硫酸介质浓度为 1mol/L。

③ 滴定速度。因为开始滴定时反应速度慢，滴定不宜太快。滴入第一滴高锰酸钾溶液褪色后，生成的产物 Mn^{2+}有催化作用，使反应速度加快，称为自动催化反应，此时可适当加快滴定速度，但在仍需逐滴加入，随着生成 Mn^{2+}的增多，反应速度逐渐加快，滴定速度也可逐渐加快，而在接近终点时又需适当减慢滴定速度。

④ 滴定终点。因为空气中的还原性气体和灰尘都能与高锰酸钾缓慢作用使之还原，故用高锰酸钾滴定至终点时，溶液的粉红色会逐渐消失，所以滴定时如果溶液出现的粉红色在 30s 内不褪色，便认为达到滴定终点。

若 $Na_2C_2O_4$ 的质量为 $m(g)$，$Na_2C_2O_4$ 摩尔质量为 $M(g/mol)$，滴定时消耗高锰酸钾溶液的体积为 $V(mL)$，则高锰酸钾溶液浓度 $c(mol/L)$ 的计算式如下：

$$c(KMnO_4) = \frac{2m(Na_2C_2O_4)}{5M(Na_2C_2O_4)V(KMnO_4) \times 10^{-3}}$$

（4）高锰酸钾法应用实例

① H_2O_2 的测定。过氧化氢在酸性溶液中能定量地被高锰酸钾氧化，可以用直接滴定法测定其含量，反应式为

$$5H_2O_2 + 2MnO_4^- + 6H^+ \mathop{=\!=\!=} 2Mn^{2+} + 5O_2\uparrow + 8H_2O$$

滴定应于室温下 H_2SO_4 介质中进行，开始反应时速率较慢，随着 Mn^{2+} 的生成而加快，因此滴定时要控制速率先慢后快再慢。另外，H_2O_2 中若含有有机物质则会使分析结果偏高，这种情况下需要考虑改用其他方法（碘量法或铈量法）。

② 钙的测定。钙是人体和动物的必需元素，很多食品中含有钙，钙本身不具有氧化还原性，但可以用高锰酸钾法的间接滴定来测定钙的含量，其测定步骤为：在一定条件下使试样中的 Ca^{2+} 和 $C_2O_4^{2-}$ 反应，将 Ca^{2+} 完全沉淀为 CaC_2O_4，然后将沉淀过滤洗净，用热的稀硫酸溶解，最后用高锰酸钾标准溶液在 75～85℃ 条件下滴定生成的 $H_2C_2O_4$。相关反应式为：

$$Ca^{2+} + C_2O_4^{2-} \mathop{=\!=\!=} CaC_2O_4\downarrow$$

$$CaC_2O_4 + 2H^+ \mathop{=\!=\!=} Ca^{2+} + H_2C_2O_4$$

$$5H_2C_2O_4 + 2MnO_4^- + 6H^+ \mathop{=\!=\!=} 2Mn^{2+} + 10CO_2\uparrow + 8H_2O$$

高锰酸钾法测定钙，控制试剂的酸度非常重要，在中性或弱碱性溶液中进行会有部分 $Ca(OH)_2$ 或碱式草酸钙生成而导致测定结果偏低。可先用 HCl 酸化试液，再加入过量草酸铵，然后用稀氨水调节试液酸度到 pH 为 3.5～4.5（甲基橙指示剂显示黄色），在该酸度下可以使沉淀缓慢生成而获得较大颗粒的 CaC_2O_4 沉淀。

Ba^{2+}、Zn^{2+}、Cd^{2+} 等能与 $C_2O_4^{2-}$ 定量生成草酸盐沉淀，都可以用高锰酸钾法间接滴定测定。

 实验 4-1：高锰酸钾标准溶液的标定

【实验目的】

1. 掌握高锰酸钾法的原理与方法以及应用特点。

2. 进一步熟悉分析天平的使用方法，掌握差减称量法的技巧。

3. 掌握氧化还原滴定的操作技巧要点。

【仪器及试剂】

仪器和器皿：分析天平、称量瓶、酸式滴定管、锥形瓶、量筒。

试剂：0.02mol/L 高锰酸钾溶液、草酸钠（分析纯）、3mol/L 硫酸等。

【实验原理】

高锰酸钾性质不稳定，容易分解，不容易得到很纯的试剂，所以必须用间接法配制标准溶

液。标定高锰酸钾的基准物质有 $H_2C_2O_4 \cdot 6H_2O$、$Na_2C_2O_4$、$FeSO_4 \cdot 7H_2O$、$(NH_4)_2SO_4 \cdot 6H_2O$、As_2O_3 和纯铁丝等。由于前两者容易纯化，所以在标定高锰酸钾时经常使用。以草酸钠标定高锰酸钾为例，发生的离子反应方程式为：

$$2MnO_4^- + 5C_2O_4^{2-} + 16H^+ \longrightarrow 2Mn^{2+} + 10CO_2\uparrow + 8H_2O$$

由于高锰酸钾溶液呈深紫色，在水中着色能力很强，浓度很小时即可观察到显著的粉红色，所以滴定终点不必另外加入指示剂，稍过量的高锰酸钾溶液即呈粉红色，可指示滴定终点的到达。在这些反应中，应严格控制酸度、温度、反应速度等条件。

【操作步骤】

准确称取恒重的基准物质 $Na_2C_2O_4$ 0.15~0.20g 各三份，分别置于锥形瓶中，并用标签标好号。各加入 30mL 蒸馏水和 10mL 3mol/L H_2SO_4，慢慢加热，使草酸钠溶解，直到有大量的蒸汽涌出（75~85℃）。趁热用待标定的高锰酸钾溶液进行滴定，开始时，速度要慢，滴入第一滴溶液后，不断摇晃锥形瓶，使溶液充分混合，当紫色褪去后再滴加第二滴。当溶液中有 Mn^{2+} 产生时，反应速度随之加快，滴定的速度可随之加快，但仍需按滴定规则进行。接近终点时，紫红色褪去较慢，此时应减慢滴定速度，同时应充分摇匀，以防滴定过量。滴定至溶液显粉红色并保持 30s 不褪色为终点，记下高锰酸钾溶液消耗量 V。

【计算】

计算高锰酸钾标准溶液的浓度 $c(KMnO_4)$，单位 mol/L。

计算公式：

$$c(KMnO_4) = \frac{2m(Na_2C_2O_4) \times 1000}{5M(Na_2C_2O_4)V(KMnO_4)}$$

式中　$c(KMnO_4)$——高锰酸钾溶液的准确浓度，mol/L；

$m(Na_2C_2O_4)$——所称草酸钠的质量，g；

$M(Na_2C_2O_4)$——草酸钠的摩尔质量，g/mol；

$V(KMnO_4)$——滴定消耗高锰酸钾的体积，mL。

【数据记录及处理】

实验次数	1	2	3
草酸钠 + 称量瓶的质量/g			
倾倒后草酸钠 + 称量瓶的质量/g			
草酸钠的质量/g			
高锰酸钾溶液初读数/mL			
高锰酸钾溶液终读数/mL			
高锰酸钾溶液消耗量/mL			
高锰酸钾溶液浓度/（mol/L）			
高锰酸钾溶液平均浓度/（mol/L）			
相对平均偏差			

【操作要点与注意事项】

1. 蒸馏水中常含有少量的还原性物质，使 $KMnO_4$ 还原为 $MnO_2 \cdot nH_2O$。市售高锰酸钾

内含的细粉状 $MnO_2 \cdot nH_2O$ 能加速 $KMnO_4$ 的分解，故通常将 $KMnO_4$ 溶液煮沸一段时间，冷却后放置 2～3 天，使之充分作用，然后将沉淀物过滤除去。

2. 在室温条件下，$KMnO_4$ 与 $C_2O_4^{2-}$ 之间的反应速度缓慢，故可加热提高反应速度。但温度又不能太高，如温度超过 85℃ 则有部分 $H_2C_2O_4$ 分解，反应式如下：

$$H_2C_2O_4 \Longrightarrow CO_2\uparrow + CO\uparrow + H_2O$$

3. 草酸钠溶液的酸度在开始滴定时，约为 1mol/L，至滴定终点时，约为 0.5mol/L，这样能促使反应正常进行，并且防止 MnO_2 的形成。滴定过程中如果发生棕色浑浊（MnO_2），应立即加入 H_2SO_4 补救，使棕色浑浊消失。

4. 开始滴定时，反应很慢，在第一滴 $KMnO_4$ 还没有完全褪色以前，不可加入第二滴。当反应生成能使反应加速进行的 Mn^{2+} 后，可以适当加快滴定速度，但过快则局部 $KMnO_4$ 过浓而分解，放出 O_2 或引起杂质的氧化，发生化学反应的方程式如下：

$$4MnO_4^- + 4H^+ \Longrightarrow 4MnO_2 + 3O_2\uparrow + 2H_2O$$

5. $KMnO_4$ 标准溶液滴定时终点较不稳定，当溶液出现粉红色，在 30s 内不褪色时，滴定就可认为已经完成。如对终点有疑问，可先将滴定管读数记下，再加入 1 滴 $KMnO_4$ 标准溶液，产生紫红色即证实终点已到，滴定时不要超过计量点。

6. $KMnO_4$ 标准溶液应放在酸式滴定管中，由于 $KMnO_4$ 溶液颜色很深，液面凹下弧线不易看出，因此应该从液面最高边上读数。

【实验思考题】

1. 草酸的标定 $KMnO_4$ 实验中能否用 HNO_3 或 HCl 溶液来控制溶液的酸度？为什么？

2. 草酸溶液开始为什么要加热？

2. 重铬酸钾法及其应用

（1）重铬酸钾法基本原理　重铬酸钾法是以重铬酸钾作为标准溶液的氧化还原滴定法。重铬酸钾是一种强氧化剂，在酸性条件下与还原剂作用，其反应式为：

$$Cr_2O_7^{2-} + 14H^+ + 6e^- \Longrightarrow 2Cr^{3+} + 7H_2O$$

反应前后，橙色的 $Cr_2O_7^{2-}$ 被还原为绿色的 Cr^{3+}，颜色变化不明显，需加氧化还原指示剂指示终点，常用的氧化还原指示剂有二苯胺磺酸钠、邻二氮菲亚铁（若体系本身含铁则用邻二氮菲）等。

（2）重铬酸钾法特点

① 优点。重铬酸钾易提纯，纯度可达 99.99%，性质稳定，符合基准物质特点，可用直接法配制标准溶液；重铬酸钾标准溶液非常稳定，可长期保存于密闭容器；与高锰酸钾相比，重铬酸钾氧化性较弱，因此重铬酸钾法选择性较好，其他还原性物质的干扰较少；当 HCl 浓度不太高时重铬酸钾不会氧化 Cl^-，因此该法的酸化既可以用 H_2SO_4 也可以用 HCl；重铬酸钾法反应速率快，通常在常温下进行滴定。

② 缺点。与高锰酸钾相比，重铬酸钾的氧化性较弱，使用范围窄；滴定终点前后自身颜色变化不易观察，必须另加氧化还原指示剂指示滴定终点。

（3）重铬酸钾标准溶液的配制　重铬酸钾为基准物质，可以用直接法配制标准溶液。先用天平准确称取一定质量在 140～150℃ 烘干后冷却干燥的基准物质 $K_2Cr_2O_7$ 晶体，加入少量蒸馏水溶解，定量转移到容量瓶，定容，摇匀，移入试剂瓶。

若称取的 $K_2Cr_2O_7$ 质量为 $m(g)$、定容体积为 $V(mL)$、$K_2Cr_2O_7$ 摩尔质量为 $M(g/mol)$，则重铬酸钾溶液浓度 $c(mol/L)$ 的计算式如下：

$$c(K_2Cr_2O_7) = \frac{m(K_2Cr_2O_7)}{5M(K_2Cr_2O_7)V(K_2Cr_2O_7) \times 10^{-3}}$$

（4）重铬酸钾法应用实例

① 含铁试样中铁的测定。重铬酸钾法主要用于测定铁的含量：如果试样为亚铁盐，将试样制成溶液，然后在 H_2SO_4-H_3PO_4 混合酸介质中，以二苯胺磺酸钠为指示剂，用重铬酸钾标准溶液滴定至溶液由浅绿变为紫红色；如果是含有三价铁的固体试样（如测定铁矿石中全铁量），应先用 HCl 溶解试样，$SnCl_2$ 将 Fe^{3+} 还原为 Fe^{2+}，过量 $SnCl_2$ 用 $HgCl_2$ 氧化，然后在 H_2SO_4-H_3PO_4 混合酸介质中，以二苯胺磺酸钠为指示剂，用重铬酸钾标准溶液滴定。滴定反应式为：

$$Cr_2O_7^{2-} + 6Fe^{2+} + 14H^+ == 2Cr^{3+} + 6Fe^{3+} + 7H_2O$$

加入 H_3PO_4 的目的是生成无色的配合物 $Fe(HPO_4)_2^-$，消除 Fe^{3+} 的黄色，并降低溶液中 Fe^{3+}/Fe^{2+} 电对的电极电位，使指示剂变色的电位范围较好落在滴定的电位突跃内，避免指示剂引起的终点误差。

【例 4-1】称取铁矿石试样 0.2000g，用 $c(\frac{1}{6}K_2Cr_2O_7) = 0.05040mol/L$ 的 $K_2Cr_2O_7$ 标准溶液滴定，达到终点时消耗 $K_2Cr_2O_7$ 标准溶液 26.78mL，计算 Fe_2O_3 的质量分数 $[M(Fe_2O_3) = 159.69g/mol]$。

解：

$$w(Fe_2O_3) = \frac{0.05040 \times 26.78 \times 10^{-3} \times \frac{1}{2} \times 159.69}{0.2000} \times 100\% = 53.88\%$$

即铁矿石中 Fe_2O_3 的质量分数为 53.88%。

② 土壤中有机质含量的测定。测定土壤有机质是了解土壤肥力的重要手段之一，土壤有机质组成极为复杂，为简便起见，通常用 C 表示。

准确称取一定量土壤试样，准确加入过量重铬酸钾标准溶液，在浓 H_2SO_4 存在下与土壤共热（170～180℃），使土壤有机质被氧化为 CO_2 逸出，而重铬酸根离子被还原成三价铬离子，剩余的重铬酸钾以二苯胺磺酸钠为指示剂，用二价铁的标准溶液回滴。根据有机碳被氧化前后重铬酸钾量的变化，即可算出有机碳或有机质的含量，有机碳与重铬酸钾反应的物质的量关系为：

$$n(C) = \frac{3}{2}n(K_2Cr_2O_7)$$

反应式为：
$$2Cr_2O_7^{2-} + 16H^+ + 3C == 4Cr^{3+} + 3CO_2\uparrow + 8H_2O$$
$$Cr_2O_7^{2-} + 6Fe^{2+} + 14H^+ == 2Cr^{3+} + 6Fe^{3+} + 7H_2O$$

③ 水中化学耗氧量(COD)的测定。在一定条件下，用强氧化剂氧化水中含有的还原性物质（主要是有机物）时所消耗的氧化剂的量[以 $O_2(mg/L)$ 表示]，是衡量水体被还原性

物质污染的主要指标之一，是环境分析中的一个重要测定项目。

化学耗氧量测定的方法是在酸性溶液中准确加入过量的重铬酸钾溶液，以硫酸银为催化剂，加热煮沸，重铬酸钾完全氧化水中还原性物质（以有机物为主）。过量的重铬酸钾以邻二氮菲亚铁为指示剂，用硫酸亚铁铵标准溶液回滴。计算试样中还原性物质所消耗的重铬酸钾量，即可换算出试样的化学耗氧量[以 O_2(mg/L)表示]。反应式同前文中有机质含量测定。

 实验 4-2：重铬酸钾标准溶液的配制及亚铁盐中铁含量的测定

【实验目的】

1. 掌握直接法配制 $K_2Cr_2O_7$ 标准溶液的方法。
2. 学习重铬酸钾法测定亚铁盐中铁含量的原理和方法。
3. 进一步熟练氧化还原滴定操作。

【仪器及试剂】

仪器和器皿：容量瓶、分析天平、移液管、酸式滴定管。

试剂：重铬酸钾（分析纯）、硫酸亚铁样品、3mol/L H_2SO_4 溶液、85% H_3PO_4 溶液、二苯胺磺酸钠指示剂（0.5%水溶液）等。

【实验原理】

重铬酸钾法是氧化还原滴定的一种重要方法。它是以重铬酸钾作为氧化剂，配成标准溶液，用来测定还原性物质的一种氧化还原滴定方法，在分析化学中有着广泛而重要的应用。重铬酸钾容易提纯，性质稳定，可以用直接法配制成标准溶液，应用较为方便。但是，由于重铬酸钾的氧化性不如高锰酸钾，所以在应用上有一定的限制。

重铬酸钾法一般在酸性介质溶液中进行。在酸性溶液中，重铬酸钾氧化还原性物质，本身被还原成绿色的 Cr^{3+}。

重铬酸钾法测铁，是铁矿石中亚铁含量测定的标准方法。

在酸性溶液中，Fe^{2+} 可以定量地被 $K_2Cr_2O_7$ 氧化成 Fe^{3+}，反应式为：

$$6Fe^{2+}+Cr_2O_7^{2-}+14H^+ === 6Fe^{3+}+2Cr^{3+}+7H_2O$$

滴定指示剂为二苯胺磺酸钠，其还原态为无色，氧化态为紫红色。

必须加入磷酸或氟化钠等，目的有两个：一是与生成地 Fe^{3+} 形成配离子$[Fe(HPO_4)]^+$，降低 Fe^{3+}/Fe^{2+} 电对的电极电势，扩大滴定突跃范围，使指示剂的变色范围在滴定突跃范围之内；二是生成的配离子为无色，消除了溶液中 Fe^{3+} 黄色干扰，利于终点观察。

【操作步骤】

用分析天平称取约 1.3g $K_2Cr_2O_7$（准确至小数点后四位）置于 100mL 烧杯中，加适量水溶解，于 250mL 容量瓶中定容，摇匀备用。

再准确称取 5g 硫酸亚铁试样（准确至 0.0001g）于小烧杯中，加入 8mL 3mol/L 硫酸，再加少量蒸馏水使之溶解，然后在 250mL 容量瓶中定容，充分摇匀后备用。用 25mL 移液管准确吸取硫酸亚铁于大烧杯中，加蒸馏水 100mL 及 3mol/L 硫酸 20mL，再加二苯胺磺酸钠指示剂 6~8 滴（加指示剂前后溶液均为无色，需特别注意）。用 $K_2Cr_2O_7$ 标准溶液滴定，至溶液呈深绿色时，加入 85%的 H_3PO_4 5mL，继续滴加，由绿色突变为紫色或蓝紫色时为终点。记录读数，平行测定两次。

【计算】

根据下式计算硫酸亚铁样品中亚铁离子的质量分数：

$$w(Fe^{2+}) = \frac{\dfrac{m(K_2Cr_2O_7)}{M(K_2Cr_2O_7)} \times \dfrac{1000}{250} \times V(K_2Cr_2O_7) \times 6 \times \dfrac{M(Fe^{2+})}{1000}}{m(FeSO_4) \times \dfrac{25}{250}} \times 100\%$$

式中　$w(Fe^{2+})$——硫酸亚铁样品中亚铁离子的质量分数，%；

$m(K_2Cr_2O_7)$——重铬酸钾的质量，g；

$M(K_2Cr_2O_7)$——重铬酸钾的摩尔质量，294g/mol；

$V(K_2Cr_2O_7)$——滴定消耗重铬酸钾的体积，mL；

$M(Fe^{2+})$——亚铁离子的摩尔质量，56g/mol；

$m(FeSO_4)$——硫酸亚铁样品的质量，g。

【数据记录及处理】

重铬酸钾标准溶液的配制

重铬酸钾和称量瓶的质量/g	
倾倒后重铬酸钾和称量瓶的质量/g	
重铬酸钾的质量/g	
配制成重铬酸钾的体积/mL	
重铬酸钾的物质的量浓度/(mol/L)	

重铬酸钾法测定亚铁盐中铁含量

测定次数	1	2
硫酸亚铁盐和称量瓶的质量/g		
倾倒后硫酸亚铁盐和称量瓶的质量/g		
硫酸亚铁盐的质量/g		
定容总体积/mL		
取用硫酸亚铁溶液的体积/mL		
重铬酸钾溶液的初读数/mL		
重铬酸钾溶液的终读数/mL		
重铬酸钾溶液的体积/mL		
铁的质量分数/%		
铁的质量分数平均值/%		
相对平均偏差		

【操作要点与注意事项】

1. 重铬酸钾法测铁可以使用 HCl 介质，因为重铬酸钾的氧化能力比高锰酸钾弱，室温下不与 Cl⁻反应。但当盐酸浓度较大或溶液煮沸时，也能发生反应。

2. 实验中添加 100mL 蒸馏水是作为稀释溶液，三价铬离子（Cr^{3+}）颜色太深，影响终点的观察。

【实验思考题】

1. 为什么可用直接法配制 $K_2Cr_2O_7$ 标准溶液？

2. 加入硫酸和磷酸的目的是什么？

3. 加有硫酸的亚铁离子待测溶液在空气中放置 1h 后再滴定，对测定结果有何影响？

3. 碘量法及其应用

（1）碘量法基本原理　碘量法是以 I_2 的氧化性和 I^- 的还原性为基础的氧化还原滴定法。碘量法的基本反应为：

$$I_2 + 2e^- \Longleftrightarrow 2I^-$$

I_2 是一种较弱的氧化剂，只能与较强的还原剂作用；I^- 是一种中等强度的还原剂，能与许多氧化剂作用。碘量法可以分为直接碘量法（碘滴定法）和间接碘量法（滴定碘法）两种。

① 直接碘量法。又称碘滴定法，对于 S^{2-}、SO_3^{2-}、$S_2O_3^{2-}$、As_2O_3、Sn^{2+}、维生素 C 等还原性较强的物质，可以在酸性或中性溶液中，直接用碘标准溶液滴定。反应式为：

$$I_2 + 2e^- \Longleftrightarrow 2I^-$$

直接碘量法用淀粉作指示剂，化学计量点前滴加的 I_2 全部转化为 I^-，待测溶液保持无色，达到计量点时，稍过量的 I_2 使溶液呈现明显的蓝色，指示到达滴定终点。

直接碘量法不能在强碱性溶液中进行，当溶液 pH>8 时，部分 I_2 发生歧化反应：

$$3I_2 + 6OH^- \Longrightarrow IO_3^- + 5I^- + 3H_2O$$

I_2 能氧化的物质不多，因此直接碘量法在应用上受到一定限制。

② 间接碘量法。又称滴定碘法，首先利用 I^- 的还原作用，使具有氧化性的被测物质如 ClO_3^-、ClO^-、CrO_4^{2-}、IO_3^-、BrO_3^-、MnO_4^-、MnO_2、AsO_4^{3-}、NO_3^-、NO_2^-、Cu^{2+}、H_2O_2 等与过量的 KI 反应，定量生成 I_2，然后用 $Na_2S_2O_3$ 标准溶液滴定生成的 I_2。基本反应式为：

$$I_2 + 2S_2O_3^{2-} \Longrightarrow 2I^- + S_4O_6^{2-}$$

间接碘量法仍用淀粉作指示剂，以溶液的蓝色恰好消失作为滴定终点。

间接碘量法需在中性或微酸性溶液中进行。因为在碱性溶液中，会发生如下副反应：

$$3I_2 + 6OH^- \Longrightarrow IO_3^- + 5I^- + 3H_2O$$

$$4I_2 + S_2O_3^{2-} + 10OH^- \Longrightarrow 8I^- + 2SO_4^{2-} + 5H_2O$$

在强酸性溶液中，$Na_2S_2O_3$ 会分解，而 I^- 易被空气中的 O_2 氧化：

$$S_2O_3^{2-} + 2H^+ \Longrightarrow SO_2\uparrow + S\downarrow + H_2O$$

$$4I^- + 4H^+ + O_2 \Longrightarrow 2I_2 + 2H_2O$$

与直接碘量法相比，间接碘量法应用范围更广。

（2）碘量法误差来源及减免办法　碘量法的误差主要有两个来源：其一，I_2 具有挥发性，容易挥发损失；其二，I^- 容易被空气中的 O_2 氧化。为了减免误差，可以采取以下方法：为了防止 I_2 挥发，应加入过量 KI，使 I_2 形成 I_3^- 配离子，增大 I_2 在水中的溶解度；控制反应温度，一般在室温下进行，避免阳光直射；间接碘量法尽量在碘量瓶中进行，待 I_2 析出完毕立即快速滴定，且避免剧烈摇动；为了防止 I^- 被空气中的 O_2 氧化，滴定前调节好溶液酸度。

另外，应用间接碘量法时太早加入淀粉指示剂会吸附 I_2，给滴定带来误差，为减免此类误差，要求在滴定接近终点前才加入淀粉指示剂。

（3）碘和硫代硫酸钠标准溶液的配制与标定

① 碘标准溶液的配制与标定。市售的 I_2 含有杂质，通常采用间接法配制碘标准溶液。I_2 在水中的溶解度很小，且易挥发，常将之溶解在较浓的 KI 溶液中以提高溶解度。配好的 I_2 应贮存于棕色瓶避光保存，并避免遇热和与橡皮等有机物质接触，否则可能引起浓度变化。

一般用已知准确浓度的 $Na_2S_2O_3$ 标准溶液来确定 I_2 的准确浓度，也可以用升华法精制的 As_2O_3（俗称砒霜，剧毒）作基准物质标定。

$Na_2S_2O_3$ 与 I_2 的反应式为：

$$I_2 + 2S_2O_3^{2-} == 2I^- + S_4O_6^{2-}$$

若硫代硫酸钠的浓度为 $c(\text{mol/L})$、消耗体积为 $V_1(\text{mL})$、I_2 消耗体积为 $V_2(\text{mL})$，则 I_2 的浓度 $c(\text{mol/L})$ 为：

$$c(I_2) = \frac{c(Na_2S_2O_3) \cdot V_1(Na_2S_2O_3)}{2V_2(I_2)}$$

 实验 4-3：碘标准滴定溶液的配制及标定

【实验目的】

1. 掌握碘标准滴定溶液的配制和保存方法。

2. 掌握碘标准滴定溶液的标定和计算方法。

【仪器及试剂】

仪器和器皿：碘量瓶、碱式滴定管、烧杯、移液管、量筒。

试剂：固体 I_2（分析纯）、HCl(0.1mol/L)、淀粉指示剂（1%）、硫代硫酸钠标准滴定溶液（0.1000mol/L）。

【实验原理】

单质碘易升华，难以准确称量，不易直接配制标准溶液而采用间接法配制。

碘微溶于水，易溶于 KI 溶液中形成 I_3^-：

$$I_2 + I^- == I_3^-$$

实际工作中常用比较法进行标定，用已知浓度的硫代硫酸钠标准滴定溶液标定碘溶液（即用 $Na_2S_2O_3$ 标准溶液"比较 I_2"）。反应式为：

$$2Na_2S_2O_3 + I_2 == Na_2S_4O_6 + 2NaI$$

以淀粉为指示剂，终点由无色变为蓝色。

【操作步骤】

1. 0.05mol/L 碘溶液的配制

称取 1.3g 碘单质于小烧杯，研细，加入 3.5g 碘化钾，充分混匀，加入 10mL（量筒）蒸馏水搅拌研磨，使碘逐渐全部溶解，转移到 100mL 容量瓶，加蒸馏水，定容，转入棕色试剂瓶保存，待标定。

2. 碘溶液的标定

用移液管吸取 20.00mL 的 I_2 溶液于锥形瓶中，加入 150mL 蒸馏水，加入 5mL0.1mol/L HCl，用 $Na_2S_2O_3$ 标准溶液滴定至浅黄色时，加入 2mL1% 的淀粉指示剂，继续用 $Na_2S_2O_3$ 标准溶液滴定至蓝色刚好消失即为终点。记录所消耗 $Na_2S_2O_3$ 标准滴定溶液的体积 V_1，平行测定 3 次。

【计算】

碘标准滴定溶液浓度的计算：

$$c(I_2) = \frac{c(Na_2S_2O_3)V_1(Na_2S_2O_3)}{2V_2}$$

式中　$c(Na_2S_2O_3)$——硫代硫酸钠标准溶液的浓度，mol/L；

$V_1(Na_2S_2O_3)$——硫代硫酸钠标准溶液的体积，mL；

V_2——碘溶液的体积，mL。

【数据记录及处理】

项目	第一次	第二次	第三次
碘标液体积 V_2/mL			
$c(Na_2S_2O_3)$/(mol/L)			
$Na_2S_2O_3$ 初读数/mL			
$Na_2S_2O_3$ 终读数/mL			
V_1/mL			
$c(I_2)$/(mol/L)			
平均值			
相对平均偏差			

【操作要点与注意事项】

1. 配制碘溶液时，必须碘和 KI 先溶解完全后，再进行稀释。

2. 在滴定过程中，振动要轻，以免碘挥发，快到终点时，要摇动剧烈点。

【实验思考题】

1. 配制 I_2 溶液时为什么要加 KI?

2. 配制 I_2 溶液时，为什么要在溶液非常浓的情况下将 I_2 与 KI 一起研磨，当 I_2 和 KI 溶解后才能用水稀释？如果过早稀释会发生什么情况？

② 硫代硫酸钠标准溶液的配制与标定。结晶的 $Na_2S_2O_3 \cdot 5H_2O$ 一般含有少量杂质（如 S、Na_2SO_3、Na_2CO_3、NaCl 等），且 $Na_2S_2O_3$ 溶液不稳定，易与水中 CO_2、空气中 O_2 作用及被微生物分解析出硫而使浓度变化。因此，配制 $Na_2S_2O_3$ 标准溶液应按以下步骤进行：先煮沸蒸馏水除去水中 CO_2 并杀死微生物，加入少量 Na_2CO_3 使溶液呈微碱性防止 $Na_2S_2O_3$ 分解（$Na_2S_2O_3$ 在酸性溶液中会缓慢分解），然后贮存于棕色瓶避光保存以防止 $Na_2S_2O_3$ 见光分解，1～2 周后再进行标定。长期保存的溶液在使用时应重新标定，溶液如变浑浊，

应弃去重配。

标定 $Na_2S_2O_3$ 溶液可以用 $K_2Cr_2O_7$、KIO_3、Cu^{2+}、$KBrO_3$ 等基准物质，并用间接碘量法进行标定。以 $K_2Cr_2O_7$ 为例，在酸性溶液中，$K_2Cr_2O_7$ 与足量 KI 作用析出与 $K_2Cr_2O_7$ 相当（3 倍）物质的量的 I_2，析出的 I_2 以淀粉为指示剂，用待标定的 $Na_2S_2O_3$ 溶液滴定。反应式如下：

$$Cr_2O_7^{2-} + 6I^- + 14H^+ \Longleftrightarrow 2Cr^{3+} + 3I_2 + 7H_2O$$

$$I_2 + 2S_2O_3^{2-} \Longleftrightarrow 2I^- + S_4O_6^{2-}$$

根据其物质的量的关系：$n(Na_2S_2O_3) = 6n(K_2Cr_2O_7)$

若参加反应的 $K_2Cr_2O_7$ 质量为 $m(g)$、摩尔质量为 $M(g/mol)$、消耗 $Na_2S_2O_3$ 溶液的体积为 $V(mL)$，则 $Na_2S_2O_3$ 的浓度 $c(mol/L)$ 为：

$$c(Na_2S_2O_3) = \frac{6m(K_2Cr_2O_7)}{M(K_2Cr_2O_7)V(Na_2S_2O_3) \times 10^{-3}}$$

（4）碘量法应用实例

① 药片中维生素 C 的测定。维生素 C 又称为抗坏血酸，分子式为 $C_6H_8O_6$，该分子中的烯二醇基具有还原性，能被 I_2 定量氧化为二酮基，可以用直接碘量法测定药片中维生素 C 的含量。

准确称取待测试样，溶解在新煮沸并冷却的蒸馏水中，加入淀粉指示剂，然后迅速用 I_2 标准溶液滴定至溶液呈现稳定的蓝色。其反应式为：

$$C_6H_8O_6(烯醇式) + I_2 \Longrightarrow C_6H_6O_6(酮式) + 2HI$$

维生素 C 的还原能力很强，在空气中或碱性介质中易被氧化，所以滴定时应加醋酸酸化，使溶液呈弱酸性。

若称取样品质量为 $m(g)$、碘标准溶液浓度为 $c(mol/L)$、消耗碘液体积为 $V(mL)$、维生素 C 摩尔质量为 $M(g/mol)$，则该试样中维生素 C 质量分数为：

$$w(C_6H_8O_6) = \frac{c(I_2)V(I_2)M(C_6H_8O_6) \times 10^{-3}}{m(试样)} \times 100\%$$

② 胆矾中铜的测定。胆矾分子式为 $CuSO_4 \cdot 5H_2O$，是农药波尔多液的主要原料，可以用间接碘量法测定铜的含量。

在弱酸性的试样溶液中加入过量 KI，则 Cu^{2+} 和 KI 反应生成 CuI 和 I_2，再用 $Na_2S_2O_3$ 标准溶液滴定析出的 I_2，反应式如下：

$$2Cu^{2+} + 4I^- \Longrightarrow 2CuI\downarrow + I_2$$

$$I_2 + 2S_2O_3^{2-} \Longrightarrow 2I^- + S_4O_6^{2-}$$

因 CuI 溶解度较大并且会吸附 I_2 而使终点不明显，因此在滴定接近终点前加入 KSCN，使 CuI 沉淀转化为溶解度较小并不会吸附 I_2 的 CuSCN 沉淀。

$$CuI + SCN^- \Longrightarrow CuSCN\downarrow + I^-$$

酸度过低会使 Cu^{2+} 水解，而酸度太高则 I^- 被空气中 O_2 氧化，所以反应需控制在 pH = 3～4 的弱酸性溶液中进行，由于 Cu^{2+} 易与 Cl^- 形成配离子，所以酸化时不能用 HCl。

若试样中含有 Fe^{3+}，因其氧化性会干扰测定，可分离除去或者加入 NaF 使其生成 $[FeF_6]^{3-}$ 配离子而消除干扰。

若称取样品质量为 m(g)、$Na_2S_2O_3$ 标准溶液浓度为 c(mol/L)、消耗 $Na_2S_2O_3$ 体积为 V(mL)、Cu 摩尔质量为 M(g/mol)，则样品中 Cu 的质量分数为：

$$w(Cu) = \frac{c(Na_2S_2O_3) \cdot V(Na_2S_2O_3) \cdot M(Cu) \times 10^{-3}}{m(\text{试样})} \times 100\%$$

▽【习题】

4-1 什么是氧化值，计算 H_2SO_4、$Na_2S_2O_3$ 和 $S_4O_6^{2-}$ 中 S 的氧化数。

4-2 常用的氧化还原滴定法有哪些，说出各种方法的原理和特点。

4-3 用草酸标定高锰酸钾溶液时，应如何控制滴定条件？

4-4 在直接碘量法和间接碘量法中，淀粉指示剂的加入时间和终点颜色变化有何不同？

4-5 准确称取 1.4280g 经烘干冷却的 $Na_2C_2O_4$ 溶解于硫酸溶液中，于 200mL 容量瓶中定容，再移取 20.00mL 于锥形瓶中，然后用 $KMnO_4$ 标准溶液滴定，到滴定终点时，消耗体积为 22.20mL，计算 $KMnO_4$ 标准溶液的浓度。

4-6 草酸钠标定高锰酸钾溶液时应注意哪些滴定条件？

4-7 配平 $K_2Cr_2O_7$ 与 HCl 反应的化学方程式：

$$K_2Cr_2O_7 + HCl \longrightarrow KCl + CrCl_3 + Cl_2 + H_2O$$

4-8 称取 0.8300g 基准物质 $K_2Cr_2O_7$，溶解后定容于 100mL 容量瓶配成 $K_2Cr_2O_7$ 标准溶液备用，称取含铁样品 0.5235g，溶解，并经处理将 Fe^{3+} 还原成 Fe^{2+}，用上述 $K_2Cr_2O_7$ 标准溶液滴定至终点，消耗 $K_2Cr_2O_7$ 标准溶液 28.56mL。求样品中 Fe_2O_3 的质量分数。

4-9 在 250mL 容量瓶中将 1.0028g H_2O_2 溶液配制成 250mL 试液。准确移取此试液 25.00mL，用 $c(\frac{1}{5}KMnO_4) = 0.1000$mol/L $KMnO_4$ 溶液滴定，消耗 17.38mL，求 H_2O_2 试样中 H_2O_2 质量分数[$M(H_2O_2) = 34.01$g/mol]。

4-10 称取 0.2000g 饲料添加剂（内含维生素 C），加新煮沸过的冷水 100mL，用 6% 的冰醋酸 10mL 溶解样品，加淀粉指示剂 1mL，立即用 0.1000mol/L 的 I_2 标准溶液滴定，滴定时消耗 I_2 标准溶液 11.10mL，求添加剂中维生素 C 的质量分数。

第五章
沉淀溶解平衡和沉淀滴定法

知识目标

1. 掌握溶度积与溶解度的换算，运用溶度积规则判断沉淀的生成及溶解，掌握沉淀溶解平衡的有关简单计算。

2. 掌握用于沉淀滴定的沉淀反应应该具备的条件。

3. 掌握莫尔法的基本原理及滴定条件。

4. 掌握佛尔哈德法的基本原理及滴定条件。

5. 掌握法扬司法的基本原理及滴定条件。

技能目标

1. 能运用溶度积规则判断沉淀的生成与溶解，会进行与有关沉淀平衡的简单计算。

2. 能根据滴定分析对滴定反应的要求选择合适的实验方法。

3. 会运用莫尔法、佛尔哈德法、法扬司法测定物质含量。

以沉淀反应为基础的滴定分析方法为沉淀滴定法。沉淀反应的种类很多，但受限于反应的完全度、反应速率和共沉淀等问题，能用于滴定分析的沉淀反应很少，目前应用最广泛的是生成难溶银盐的反应。这种利用生成难溶银盐反应的测量方法称为银量法，银量法主要用来测定卤素相关的离子，也可用于银离子和硫氰根离子的测量。本章节需要重点掌握的内容是沉淀滴定的条件和滴定范围的选择。

第一节　溶度积与溶解度

在食品、土壤等分析中，常常要利用沉淀反应鉴定和分离某些离子，其中涉及一些难溶电解质。在水中绝对不溶的物质是不存在的，通常把溶解度小于 0.01g 的电解质，称为难溶电解质。由于难溶电解质在溶液中的浓度很小，因此在溶液中的电离度接近 100%。在含有难溶电解质的饱和溶液中，存在固体与溶液中离子间的多相离子平衡——沉淀溶解平衡。

一、溶度积常数

在一定温度下，难溶电解质在水中存在溶解和沉淀两个过程。如难溶电解质 $AgCl$ 在水中，一方面，$AgCl$ 表面上的 Ag^+ 和 Cl^- 在 H_2O 分子作用下，脱离晶体表面以水合离子形式进入水中，这个过程叫作溶解；另一方面，水中的水合 Ag^+ 与水合 Cl^- 在运动过程中相互碰撞，又可能聚集在固体表面上，从溶液中析出，这个过程叫沉淀。沉淀与溶解是两个相反的过程，在一定温度下，当沉淀溶解的速率和沉淀生成的速率相等时，形成溶质的饱和溶液，达到平衡状态，这种平衡称为沉淀溶解平衡。上例用式子可表示为：

$$AgCl(s) \rightleftharpoons Ag^+ + Cl^-$$

该沉淀溶解平衡的常数为：

$$K_{SP} = c(Ag^+) \cdot c(Cl^-)$$

对任意难溶电解质 A_mB_n，在一定温度下，其沉淀溶解达到平衡时：

$$A_mB_n(s) \rightleftharpoons mA^{n+} + nB^{m-}$$

$$K_{SP} = [A^{n+}]^m \cdot [B^{m-}]^n$$

式中，K_{SP} 为溶度积常数，简称溶度积。在一定温度下，溶度积为平衡溶液中各离子浓度以其计量数为指数的乘积是常数。表 5-1 列出了部分难溶电解质的 K_{SP}。

表 5-1 部分难溶电解质的 K_{SP}

化学式	K_{SP}	化学式	K_{SP}
AgCl	1.77×10^{-10}	FeS	1.59×10^{-19}
AgBr	5.53×10^{-13}	Hg_2Cl_2	1.45×10^{-18}
AgI	8.51×10^{-17}	Hg_2Br_2	6.41×10^{-23}
Ag_2CrO_4	1.12×10^{-12}	Hg_2I_2	5.33×10^{-29}
$BaSO_4$	1.07×10^{-10}	$MgCO_3$	6.82×10^{-6}
CaC_2O_4	2.34×10^{-9}	$Mg(OH)_2$	5.61×10^{-12}
CdS	1.40×10^{-29}	$Mn(OH)_2$	2.06×10^{-13}
CuS	1.27×10^{-36}	MnS	4.65×10^{-14}
Cu_2S	2.26×10^{-48}	$PbCO_3$	1.46×10^{-13}
$Fe(OH)_2$	4.87×10^{-17}	$ZnCO_3$	1.19×10^{-10}
$Fe(OH)_3$	2.64×10^{-39}	ZnS	2.93×10^{-25}

溶度积常数与溶液中离子浓度的改变无关，是温度的函数，但随温度的变化较小。溶度积常数的大小反映了难溶电解质的溶解能力，同类电解质，溶度积常数越大，溶解度越大。不同类型的难溶电解质不能用溶度积常数比较其溶解度的大小，必须利用溶度积常数计算其溶解度。

二、溶度积常数和溶解度的计算

溶解度是达到沉淀溶解平衡时，即物质在溶剂中达饱和时所溶解的量，本书用物质的量浓度表示溶解度。溶度积常数是平衡常数，而溶解度是浓度的一种形式，溶度积和溶解度均可表示难溶电解质的溶解能力，二者之间存在着必然联系。

【例 5-1】 在 298.15K 时，每升氯化银的饱和溶液中 AgCl 为 1.91×10^{-9}g，已知 AgCl 摩尔质量为 143.4g/mol，求其溶度积常数。

解： 因为 $M_{AgCl} = 143.4$g/mol，先将每升氯化银的饱和溶液中 AgCl 为 1.91×10^{-9}g 换算成以 mol/L 为单位的溶解度。

$$s = \frac{1.91 \times 10^{-3} \text{g/L}}{143.4 \text{g/mol}} = 1.33 \times 10^{-5} (\text{mol/L})$$

难溶电解质 AgCl 饱和溶液溶解沉淀平衡式为：

$$AgCl(s) \rightleftharpoons Ag^+ + Cl^-$$

可知 1mol AgCl 溶解产生 1mol Ag^+，同时产生 1mol Cl^-，所以 $c(Ag^+) = c(Cl^-) = 1.33 \times 10^{-5}$mol/L

$$K_{SP} = c(Ag^+) \cdot c(Cl^-) = 1.33 \times 10^{-5} \times 1.33 \times 10^{-5} = 1.77 \times 10^{-10}$$

所以 AgCl 的溶度积常数是 1.77×10^{-10}。

【例 5-2】 已知在 298.15K 时，Ag_2CrO_4 的溶度积为 1.12×10^{-12}，求其溶解度。

解： 设在 Ag_2CrO_4 的饱和溶液中，Ag_2CrO_4 的溶解度为 smol/L。Ag_2CrO_4 的沉淀溶解平衡式为：

$$Ag_2CrO_4(s) \rightleftharpoons 2Ag^+ + CrO_4^{2-}$$

平衡时的浓度/(mol/L)　　　　　s　　　　　$2s$　　　　　s

则有：

$$K_{SP} = c(Ag^+)^2 \cdot c(CrO_4^{2-}) = (2s)^2 \times s = 4s^3$$

$$s = \sqrt[3]{\frac{K_{SP}}{4}} = \sqrt[3]{\frac{1.12 \times 10^{-12}}{4}} = 6.54 \times 10^{-5} (\text{mol/L})$$

即 Ag_2CrO_4 的溶解度为 6.54×10^{-5}mol/L。

三、溶度积规则

在某难溶电解质溶液中，其离子浓度的乘积称为离子积（Q）。例如，某 $PbCl_2$ 溶液，其离子积 $Q = c(Pb^{2+})c^2(Cl^-)$，可见 Q 与 K_{SP} 的表达式相同，但意义和数值是不同的。难溶电解质的沉淀溶解过程是一动态平衡，可用溶度积常数与沉淀溶解过程离子浓度乘积的相对大小判断沉淀溶解过程的反应方向。根据平衡移动原理，对难溶电解质 A_mB_n 的沉淀溶解，存在以下关系：

$$\begin{cases} Q > K_{SP} \text{时沉淀生成} \\ Q = K_{SP} \text{时平衡，饱和溶液} \\ Q < K_{SP} \text{时沉淀溶解} \end{cases}$$

以上规则为溶度积规则，它是难溶电解质沉淀平衡规律的总结，只要控制离子浓度，可以使沉淀的生成和溶解这两个方向相反的过程，向我们需要的方向转化。

使用溶度积规则时应注意：从理论上讲，当 $Q>K_{SP}$ 时，就有沉淀产生，但是，极少的沉淀，人的肉眼不能察觉，当固体含量大于 10^{-5}g/mL 时，人眼才能感觉到有沉淀析出，因此实际上能察觉沉淀时往往比理论值要大一些。

第二节　沉淀的生成和转化

一、沉淀生成的方法

根据溶度积规则，当 $Q>K_{SP}$ 时，沉淀溶解平衡体系向生成沉淀的方向移动，沉淀析出。因此，欲使沉淀生成，只需使 $Q>K_{SP}$ 即可，通常可采用加沉淀剂或调节溶液酸度等方法生成沉淀。

1. 加入沉淀剂

如在 Na_2SO_4 中加入沉淀剂 $BaCl_2$，使 $Q>K_{SP}$ 时，就会有沉淀析出。

【例5-3】浓度分别为 0.004mol/L 的 Na_2SO_4 和 $BaCl_2$ 等体积混合，问能否有白色沉淀析出？已知 $BaSO_4$ 的 $K_{SP}=1.07 \times 10^{-10}$。

解： 浓度为 0.004mol/L 的 Na_2SO_4 和 $BaCl_2$ 等体积混合后，体积增大一倍，浓度为原来的一半。所以 SO_4^{2-} 和 Ba^{2+} 的浓度分别为 0.002mol/L。

$$Q = c(SO_4^{2-}) \cdot c(Ba^{2+}) = 0.002 \times 0.002 = 4 \times 10^{-6} > 1.07 \times 10^{-10}$$

即 $Q>K_{SP}$，所以有沉淀析出。

2. 同离子效应

在难溶电解质的溶液中，加入与难溶电解质具有相同离子的易溶强电解质时，难溶电解质的溶解度降低，此效应称为同离子效应。

【例5-4】已知 Ag_2CrO_4 的 $K_{SP}=1.12 \times 10^{-12}$，试计算 Ag_2CrO_4 在：

（1）0.10mol/L $AgNO_3$ 中的溶解度；

（2）0.10mol/L K_2CrO_4 中的溶解度。

解：（1）难溶电解质 Ag_2CrO_4 的沉淀溶解平衡式为

$$Ag_2CrO_4(s) \Longrightarrow 2Ag^+ + CrO_4^{2-}$$

平衡时的浓度/（mol/L）　　　　　　　　　 $0.10+2s$　 s

则有：　　　　　$K_{SP}=[c(Ag^+)]^2 \cdot c(CrO_4^{2-})=(0.10+2s)^2 s$

由于溶解度 s 远远小于 0.10mol/L，所以 $0.10+2s \approx 0.10$，上式变为：

$$K_{SP}=0.10^2 s$$

代入数据：　　　　　　 $1.12 \times 10^{-12}=0.10^2 s$

$$s=1.12 \times 10^{-10}(mol/L)$$

Ag_2CrO_4 在 0.10mol/L $AgNO_3$ 中的溶解度远远小于在水中的溶解度(6.54×10^{-5}mol/L)。

（2）难溶电解质 Ag_2CrO_4 的沉淀溶解平衡式为

$$Ag_2CrO_4(s) \rightleftharpoons 2\,Ag^+ + CrO_4^{2-}$$

平衡时的浓度/（mol/L）　　　　　　　　　　　　$2s$　　　$0.10 + s \approx 0.10$

则有：

$$K_{SP} = [c(Ag^+)]^2 \cdot c(CrO_4^{2-}) = (2s)^2 \times 0.10$$

$$s = \sqrt{\frac{1.12 \times 10^{-12}}{0.4}} = 1.7 \times 10^{-6}\,(mol/L)$$

显然，由于同离子效应的存在，使 Ag_2CrO_4 在 0.10mol/L K_2CrO_4 及在 0.10mol/L $AgNO_3$ 中的溶解度远小于其在水中的溶解度。

分析化学中，若被沉淀离子的浓度小于 10^{-5}mol/L 时，即认为该离子沉淀完全。在实际操作中，常加入过量的沉淀剂，产生同离子效应，使被沉淀的离子沉淀更完全。沉淀剂一般以过量50%左右为宜，太多将产生盐效应，使溶解度增大。在难溶电解质的溶液中，加入易溶强电解质，而使难溶电解质的溶解度增大的现象，称为盐效应。原因是，加入易溶强电解质，增大了溶液中的离子浓度，使离子活度降低，结果使沉淀溶解平衡向溶解的方向移动，溶解度增大。

【例 5-5】 10mL 0.001mol/L $AgNO_3$ 溶液与 10mL 0.01mol/L NaCl 溶液混合，是否有沉淀析出？并判断 Ag^+ 是否沉淀完全？

解： 混合溶液的体积为 10 + 10 = 20（mL）

$$c(Ag^+) = \frac{0.001 \times 10}{20} = 0.0005\,(mol/L)$$

$$c(Cl^-) = \frac{0.01 \times 10}{20} = 0.005\,(mol/L)$$

$$Q = c(Ag^+) \cdot c(Cl^-) = 0.0005 \times 0.005 = 2.5 \times 10^{-6}$$

查表得 $K_{SP} = 1.77 \times 10^{-10}$。比较得 $Q_1 > K_{SP}$，所以有 AgCl 沉淀产生。由于 Cl^- 在沉淀 Ag^+ 时是过量的，产生 AgCl 沉淀后，沉淀溶解平衡体系达到平衡时，Cl^- 剩余的浓度为

$$c(Cl^-) = 0.005 - 0.0005 = 0.0045\,(mol/L)$$

由 $K_{SP} = c(Ag^+) \cdot c(Cl^-)$ 得

$$c(Ag^+) = \frac{K_{SP}}{c(Cl^-)} = \frac{1.77 \times 10^{-10}}{0.0045} = 3.93 \times 10^{-8}$$

因为溶液中 Ag^+ 的浓度小于 10^{-5}mol/L，所以加入 10mL 0.01mol/L NaCl 溶液后，Ag^+ 已经沉淀完全。

3. 控制溶液的 pH

以弱碱沉淀的生成为例，来讨论如何控制沉淀平衡体系中的 pH，以得到较多的沉淀。

【例 5-6】 已知 $Fe(OH)_3$ 的 K_{SP} 为 2.64×10^{-39}，计算 0.01mol/L Fe^{3+} 从开始沉淀到完全沉淀时的 pH。

解： 计算开始沉淀时的 pH，$Fe(OH)_3$ 的沉淀溶解平衡式为：

$$Fe(OH)_3(s) \rightleftharpoons Fe^{3+} + 3OH^-$$

$$K_{SP} = c(Fe^{3+}) \cdot c(OH^-)^3$$

$$c(OH^-) = \sqrt[3]{\frac{K_{SP}}{c(Fe^{3+})}} = \sqrt[3]{\frac{2.64 \times 10^{-39}}{0.01}} = 2.98 \times 10^{-12} (mol/L)$$

$$pOH = -lg(2.98 \times 10^{-12}) = 12 - lg2.98 = 11.68$$

$$pH = 14 - 11.68 = 2.32$$

难溶电解质沉淀溶解平衡体系中被沉淀的离子小于 10^{-5}mol/L 时，认为已沉淀完全：

$$K_{SP} = c(Fe^{3+}) \cdot c(OH^-)^3 = 10^{-5} c(OH^-)^3$$

$$c(OH^-) = \sqrt[3]{\frac{K_{SP}}{c(Fe^{3+})}} = \sqrt[3]{\frac{2.64 \times 10^{-39}}{10^{-5}}} = 2.98 \times 10^{-11} (mol/L)$$

$$pOH = -lg(2.98 \times 10^{-11}) = 11 - lg2.98 = 10.68$$

$$pH = 14 - 10.68 = 3.32$$

所以 0.01mol/L Fe^{3+} 开始沉淀时的 pH 为 2.32，完全沉淀时的 pH 为 3.32。

通过以上计算可以看出，弱碱在开始沉淀到沉淀完全所需要的 pH 不一定是碱性条件；不同难溶电解质（弱碱或弱酸盐)的化学式不同，K_{SP} 不同，沉淀所需的 pH 也不同。因此，可以通过控制溶液 pH 达到难溶电解质的分离。

二、分步沉淀

当溶液中有几种离子时，加入某种沉淀剂，可能与溶液中的几种离子都发生反应，生成难溶电解质。此时，离子积先达到溶度积者，先沉淀；后达到的，后沉淀。这种加入同一种试剂使溶液中不同离子先后沉淀的过程，称为分步沉淀。

【例 5-7】在离子浓度分别为 0.01mol/L Cl^- 和 I^- 混合溶液中，逐滴加入 $AgNO_3$ 溶液时，能观察到什么现象？通过计算加以说明。

解：实验现象是先出现黄色 AgI 沉淀，然后又出现白色 AgCl 沉淀，下面通过计算加以说明。

查表得：AgI 的 $K_{SP} = 8.51 \times 10^{-17}$；AgCl 的 $K_{SP} = 1.77 \times 10^{-10}$。

AgI 开始析出沉淀时，需要的 $c(Ag^+)$ 为

$$c(Ag^+) = \frac{K_{SP}}{c(I^-)} = \frac{8.51 \times 10^{-17}}{0.01} = 8.51 \times 10^{-15} (mol/L)$$

AgCl 开始析出沉淀时，需要的 $c(Ag^+)$ 为

$$c(Ag^+) = \frac{K_{SP}}{c(Cl^-)} = \frac{1.77 \times 10^{-10}}{0.01} = 1.77 \times 10^{-8} (mol/L)$$

由于 AgI 析出沉淀时所需要 $c(Ag^+)$ 的浓度远远小于 AgCl，所以先出现黄色的 AgI 沉淀，然后才出现白色的 AgCl 沉淀。

那么，出现白色的沉淀时，黄色沉淀是否已经沉淀完全了呢？如果不考虑沉淀试剂所引起的体积变化，可以认为溶液中 $c(Ag^+)$ 的浓度为 1.77×10^{-8}mol/L，则：

$$c(\mathrm{I}^-) = \frac{K_{SP}}{c(\mathrm{Ag}^+)} = \frac{8.51 \times 10^{-17}}{1.77 \times 10^{-8}} = 4.8 \times 10^{-9} (\mathrm{mol/L})$$

这个数值远远小于 10^{-5}mol/L，所以可以认为 Cl^- 沉淀时，I^- 已经被完全沉淀出来。

通过上面的例题，可以得出这样的结论：利用分步沉淀，可以使混合溶液中的共存离子进行分离。

值得注意的是：分步沉淀的顺序不仅与溶度积有关，而且与被沉淀的离子浓度有关。在分步沉淀过程中，如果溶液中某种被沉淀的离子浓度很高，尽管溶度积大，也有可能先将其沉淀出来。如在海水中 $c(\mathrm{Cl}^-) > 2.2 \times 10c(\mathrm{I}^-)$，这样，开始析出 AgCl 沉淀所需要的 Ag^+ 浓度比开始析出 AgI 沉淀所需要的 Ag^+ 浓度小，当加入 $AgNO_3$ 溶液时，先达到溶度积而出现沉淀的是 AgCl。因此，适当改变被沉淀离子的浓度，可以使分步沉淀的顺序发生变化。

第三节　沉淀滴定法

一般把两种溶液反应生成难溶电解质的固相沉淀过程叫作沉淀反应。沉淀滴定法是以沉淀反应为基础的滴定分析法。沉淀反应很多，但能用作沉淀滴定的反应却并不多，就是因为用于沉淀滴定的反应需具备以下条件：

① 反应能定量、迅速进行，无共沉淀等副反应。

② 生成的沉淀溶解度要小。

③ 有适当方法确定终点。

④ 沉淀的吸附现象不影响滴定终点的确定。

由于受上述条件的限制，目前应用较广泛的是生成难溶性银盐的反应，如

$$\mathrm{Ag}^+ + \mathrm{Cl}^- \rightleftharpoons \mathrm{AgCl} \downarrow$$
$$\mathrm{Ag}^+ + \mathrm{SCN}^- \rightleftharpoons \mathrm{AgSCN} \downarrow$$

由于测定时主要用 $AgNO_3$ 作标准溶液，所以这类沉淀滴定法称为银量法。银量法主要用于 Cl^-、Br^-、I^-、Ag^+、CN^- 及 SCN^- 等离子的测定。

银量法根据指示剂的不同，按创立者的名字命名，有以下三种方法：莫尔法、佛尔哈德法和法扬司法。

一、莫尔法

1. 基本原理

莫尔法是以铬酸钾（K_2CrO_4）作指示剂，在中性或弱碱性溶液中用 $AgNO_3$ 标准溶液直接测定含 Cl^-（或 Br^-）溶液的银量法。现以滴定 Cl^- 说明其工作原理。

用 $AgNO_3$ 标准溶液滴定加少量 K_2CrO_4 指示剂的 Cl^- 被测溶液时，滴定过程中，由于 CrO_4^{2-} 与 Ag^+ 形成的沉淀溶解度较大，且 CrO_4^{2-} 浓度较小，故首先析出 AgCl 沉淀，当 AgCl 定量沉淀后，过量的 Ag^+ 与 CrO_4^{2-} 生成砖红色的 Ag_2CrO_4 沉淀，从而指示滴定到达终点。滴定反应和指示剂的反应分别为：

$$Ag^+ + Cl^- \Longrightarrow AgCl\downarrow \text{（白色）}$$

$$2Ag^+ + CrO_4^{2-} \Longrightarrow Ag_2CrO_4\downarrow \text{（砖红色）}$$

2. 滴定条件和应用范围

① 指示剂用量。为了使溶液中的 Cl^- 完全沉淀为 AgCl 以后，立即析出 Ag_2CrO_4 沉淀，并使滴定终点与理论点相符合，关键在于溶液中 K_2CrO_4 的浓度是否恰当。若溶液中 CrO_4^{2-} 浓度过高，溶液颜色过深，则终点出现过早，会影响终点的观察。如果溶液中 CrO_4^{2-} 浓度过低，则终点出现过迟，也会影响滴定的准确度。K_2CrO_4 的浓度一般采用 5×10^{-3} mol/L 为宜。

② 溶液酸度。滴定适宜在中性或弱碱性（pH 6.5～10.5）溶液中进行，在酸性溶液中，CrO_4^{2-} 与 H^+ 发生如下反应：

$$2H^+ + 2CrO_4^{2-} \Longrightarrow Cr_2O_7^{2-} + H_2O$$

降低了 CrO_4^{2-} 浓度，出现终点拖后的现象，影响滴定分析。因此，滴定时溶液的 pH 不能小于 6.5。

如果溶液的碱性太强，Ag^+ 将以 Ag_2O 沉淀析出，因此滴定时溶液的 pH 不能大于 10.5。通常莫尔法测定要求的 pH 为 6.5～10.5。若溶液碱性过强，可先用稀 HNO_3 中和至甲基红变橙，再滴加稀 NaOH 至橙色变黄；若溶液酸性过强，则用 $NaHCO_3$、$CaCO_3$ 或硼砂中和。

③ 滴定中不应含有氨。因为 NH_3 易与 Ag^+ 生成 $[Ag(NH_3)_2]^+$ 配离子，而使 AgCl 和 Ag_2CrO_4 溶解。如果溶液中有氨存在时，必须用酸中和成铵盐并且使溶液的 pH 控制在 6.5～7.2。

④ 莫尔法不能用 NaCl 标准溶液反过来滴定 Ag^+，因为在 Ag^+ 试液中加入指示剂 K_2CrO_4 后，会立即析出 Ag_2CrO_4 沉淀，影响滴定结果。如果要测定 Ag^+，可先加过量的 NaCl 溶液，再用 $AgNO_3$ 返滴定过量的 Cl^-。

⑤ 莫尔法的选择性较差，凡能与 Ag^+ 或 CrO_4^{2-} 生成沉淀的离子均可干扰测定，如 PO_4^{3-}、AsO_4^{3-}、S^{2-}、$C_2O_4^{2-}$、Ba^{2+}、Pb^{2+}、Hg^{2+} 等。大量存在的有色离子如 MnO_4^-、Fe^{3+}、Cu^{2+}、Ni^{2+}、Co^{2+} 等也干扰终点的观察，应预先分离。

⑥ 反应中生成的 AgCl 易吸附 Cl^-，使被测离子浓度降低，因此测定过程中应剧烈摇动溶液，以破坏吸附过程，在用莫尔法测定 Br^- 时更要如此，否则会使终点提前到达而产生误差。AgI 和 AgSCN 沉淀对 I^- 和 SCN^- 的吸附更为严重，不能通过剧烈摇动溶液来解吸，否则会造成较大的误差，所以该法不适合于测定 I^- 和 SCN^-。

【例 5-8】称取基准物质 KCl 1.9221g，加水溶解后，在 250mL 容量瓶中定容，取出 20.00mL，然后用 $AgNO_3$ 滴定，以铬酸钾为指示剂，终点时用去 18.30mL $AgNO_3$ 溶液，求 $AgNO_3$ 溶液的浓度。

解：$AgNO_3$ 溶液的浓度是以莫尔法来标定的。发生的反应是：

$$Ag^+ + Cl^- \Longrightarrow AgCl\downarrow \text{（主反应）}$$

$$2Ag^+ + CrO_4^{2-} \Longrightarrow Ag_2CrO_4\downarrow \text{（指示剂反应）}$$

$$c(AgNO_3) = \frac{\dfrac{m(KCl)}{M(KCl)} \times \dfrac{20}{250}}{18.30 \times 10^{-3}} = 0.1169(\text{mol/L})$$

即 $AgNO_3$ 溶液的浓度为 0.1169mol/L。

二、佛尔哈德法

用铁铵矾$[NH_4Fe(SO_4)_2 \cdot 12H_2O]$作指示剂的银量法称为佛尔哈德法。本法可分为直接滴定法和返滴定法。

1. 基本原理

（1）直接滴定法　在含有 Ag^+ 的硝酸溶液中，以铁铵矾作指示剂，用 NH_4SCN（或 $KSCN$、$NaSCN$）的标准溶液滴定。滴定过程中溶液首先析出 $AgSCN$ 的白色沉淀。当 Ag^+ 沉淀完全后，稍过量的 SCN^- 与 Fe^{3+} 生成红色配合物 $FeSCN^{2+}$，指示终点到达。

$$Ag^+ + SCN^- \Longrightarrow AgSCN \downarrow (白色)$$
$$Fe^{3+} + SCN^- \Longrightarrow FeSCN^{2+}(红色)$$

（2）返滴定法　在含有卤化物的酸性溶液中，先加入过量的 $AgNO_3$ 标准溶液，将待测阴离子定量沉淀后，再用 $KSCN$ 标准溶液返滴定剩余的 Ag^+。例如，测定 Cl^- 时的有关反应为：

$$Cl^- + Ag^+ (过量) \Longrightarrow AgCl \downarrow + Ag^+ (剩余)$$
$$Ag^+ (剩余) + SCN \Longrightarrow AgSCN \downarrow (白色)$$
$$SCN^- + Fe^{3+} \Longrightarrow FeSCN^{2+} （红色）$$

此时，两种标准溶液所用量的差值与被测试液中 Cl^- 的物质的量相对应，从而计算出被测物质的浓度（或含量）。

应注意的是，由于 $AgCl$ 的溶解度较大，易转化为 $AgSCN$ 沉淀，从而产生很大的误差，需采用一些措施避免已沉淀的 $AgCl$ 转化。例如，可在沉淀后加入数毫升硝基苯，用力振摇，使硝基苯包裹在 $AgCl$ 沉淀表面，减少与 SCN^- 的接触，防止沉淀转化，或将 $AgCl$ 沉淀滤去后再滴定溶液中剩余的 Ag^+。

返滴定 I^-、Br^- 时，由于 AgI、$AgBr$ 的溶解度比 $AgSCN$ 小，不会发生沉淀转化，所以不必加入硝基苯。

2. 滴定条件和应用范围

① 溶液的酸度。滴定一般在硝酸溶液中进行，酸度控制在 $0.1 \sim 1mol/L$。这时，Fe^{3+} 主要以 $Fe(H_2O)_6^{3+}$ 的形式存在，颜色较浅。酸度较低时 Fe^{3+} 水解，形成颜色较深的棕色物质，影响终点的观察。酸度更低时，则可能析出氢氧化铁沉淀。

② 铁铵矾的用量。在滴定分析中指示剂的用量是保证滴定分析准确的重要条件。Fe^{3+} 的浓度应保持在 0.015mol/L，科学计算表明，这时引起的误差很小，滴定误差不会超过 0.1%，可以忽略不计。

③ 直接滴定法时应充分摇动溶液。滴定中生成的 $AgSCN$ 沉淀，具有强烈的吸附作用，吸附溶液中的 Ag^+，而使 Ag^+ 浓度降低，造成未到化学计量点，指示剂提前显色，使结果偏低。因此，滴定时，需剧烈摇动溶液使吸附的 Ag^+ 及时释放出来。

④ 强氧化剂和氮的低价氧化物以及铜盐、汞盐都可与 SCN^- 作用，因而干扰测定，必须预先除去。

⑤ 用返滴定法测定 I^- 时，应先加入过量 $AgNO_3$，再加铁铵矾指示剂，否则 Fe^{3+} 将氧化 I^- 为 I_2，影响分析结果的准确度。

⑥ 滴定不宜在高温条件下进行，否则会使 $[Fe(SCN)]^{2+}$ 的红色褪去。

⑦ 佛尔哈德法的最大优点是在酸性溶液中进行滴定，许多弱酸根离子，如 PO_4^{3-}、AsO_4^{3-}、CrO_4^{2-}、S^{2-} 等与 Ag^+ 不生成沉淀，不干扰测定，故此法的选择性较高。该法比莫尔法应用广泛，但莫尔法具有操作简便和准确度较高的优点。

【例 5-9】 准确称取含 ZnS 的试样 0.2000g，加入 50mL 0.1004mol/L 的 $AgNO_3$ 标准溶液溶解，将生成的沉淀过滤，收集滤液，以 $c(KSCN) = 0.1000mol/L$ 硫氰酸钾标准溶液滴定过量的 $AgNO_3$，用铁铵矾 $[NH_4Fe(SO_4)_2 \cdot 12H_2O]$ 作指示剂，终点时消耗硫氰酸钾溶液 15.50mL，求试样中 ZnS 的质量分数 $[M(ZnS) = 97.44mol/L]$。

解： 与 ZnS 反应后，溶液中剩余 $AgNO_3$ 物质的量为：

$$n(AgNO_3) = c(KSCN) \cdot V(KSCN)$$

则试样中 ZnS 物质的量为：

$$n(ZnS) = \frac{1}{2} \times [c(AgNO_3) \cdot V(AgNO_3) - c(KSCN) \cdot V(KSCN)]$$

试样中 ZnS 的质量分数为：

$$w(ZnS) = \frac{\frac{1}{2} \times [c(AgNO_3) \cdot V(AgNO_3) - c(KSCN) \cdot V(KSCN)] \times M(ZnS)}{m(\text{试样})} \times 100\%$$

$$= \frac{\frac{1}{2} \times [0.1004 \times 50 - 0.1000 \times 15.50] \times 10^{-3} \times 97.44}{0.2000} \times 100\%$$

$$= 84.53\%$$

即试样中 ZnS 的质量分数为 84.53%。

三、法扬司法

利用吸附指示剂指示终点的银量法称为法扬司法。吸附指示剂是一些有机染料，它们的阴离子在溶液中很容易被带正电荷的胶粒沉淀吸附，使结构变形引起颜色变化，从而指示终点。例如，用 $AgNO_3$ 滴定 Cl^- 时，用荧光黄（以 HFln 表示）作指示剂，它在水溶液中离解为黄绿色的阴离子：

$$HFln \rightleftharpoons H^+ + Fln^-(\text{黄绿色})$$

在理论终点前，溶液中的 Cl^- 剩余，滴定反应产物 AgCl 沉淀胶粒优先吸附 Cl^- 而带负电荷：

$$AgCl + Cl^- \rightleftharpoons AgCl \cdot Cl^-$$

由于静电排斥作用，Fln^- 不被沉淀吸附，溶液仍显现 Fln^- 的黄绿色。稍滴过理论终点，溶液中就有过量的 Ag^+，根据吸附规律，沉淀胶粒将吸附 Ag^+：

$$AgCl + Ag^+ \rightleftharpoons AgCl \cdot Ag^+$$

使 AgCl 沉淀带正电荷，因静电引力而立即吸附指示剂的阴离子 Fln^-，使结构变形而呈现粉红色，指示终点的到达。

$$AgCl \cdot Ag^+ + Fln^- \Longrightarrow AgCl \cdot Ag^+ \cdot Fln^- （粉红色）$$

这就是利用荧光黄指示理论终点的原理。若用 Cl⁻ 返滴定上述终点溶液，则溶液的颜色又可变为 Fln⁻ 的黄绿色，说明在理论终点时荧光黄颜色的转变是可逆的。

第四节　沉淀滴定法在食品理化分析中的应用

一、罐头食品（或调味品如味精）中氯化钠的测定（莫尔法）

将一定量的罐头样品捣碎均匀（颜色深的要炭化），用蒸馏水溶解后移入 250mL 容量瓶中，加蒸馏水定容、摇匀，用干燥的滤纸滤入干燥的烧杯，用移液管吸取 50mL 滤液，加酚酞指示剂 3～5 滴，用 NaOH 中和到呈淡红色，调节溶液近中性，加入铬酸钾指示剂，用硝酸银标准溶液滴定至砖红色，摇动后不褪色为终点。

用沉淀滴定法测定罐头食品中氯化钠的含量时，样品的预处理好坏对测定结果有重要的影响。一般来讲，样品的质量应大于 200g，且样品在捣碎和转移的过程中应注意减少样品的流失。

 实验 5-1：味精中食盐（氯化钠）含量的测定

【实验目的】

1. 学习银量法测定氯化钠的原理和方法。

2. 掌握 AgNO₃ 标准溶液的标定方法。

3. 掌握沉淀滴定法中以 K₂CrO₄ 为指示剂测定氯离子的方法。

4. 进一步掌握溶液配制、移液、定容和滴定等化学分析操作。

【仪器及试剂】

仪器和器皿：滴定台、酸式滴定管、移液管、容量瓶、锥形瓶若干、烧杯、电子天平等。

试剂：NaCl 基准试剂、5%K₂CrO₄ 溶液、AgNO₃ 溶液（浓度约为 0.1mol/L）、味精。

【实验原理】

莫尔法是沉淀滴定法最为重要的一种滴定方法，一般在中性或弱碱性溶液中，以 K₂CrO₄ 为指示剂，用 AgNO₃ 标准溶液对待测溶液进行滴定。

AgCl 的溶解度比 Ag₂CrO₄ 小（AgCl 的溶解度为 1.9×10^{-3} g/L，Ag₂CrO₄ 的溶解度为 2.6×10^{-2} g/L），根据分步沉淀的原理，在溶液中首先析出 AgCl 沉淀，当 AgCl 定量沉淀后，过量 AgNO₃ 溶液即与 CrO₄²⁻ 离子生成砖红色 Ag₂CrO₄ 沉淀，指示终点的到达。反应式如下：

$$Ag^+ + Cl^- \Longrightarrow AgCl\downarrow（白色）$$
$$2Ag^+ + CrO_4^{2-} \Longrightarrow Ag_2CrO_4\downarrow（砖红色）$$

此滴定最适宜的 pH 范围是 6.5～10.5，酸度过高（有 NH₄⁺ 存在时 pH 则缩小为 6.5～7.2）会因 CrO₄²⁻ 质子化而不产生 Ag₂CrO₄ 沉淀；酸度过低，则形成 Ag₂O 沉淀。指示剂的用量不当，对滴定终点的准确判断有影响，一般用量以 5×10^{-3} mol/L 为宜。

【操作步骤】

利用差减称量法准确称取 0.05~0.10g 基准试剂 NaCl（精确至 0.0001g）于锥形瓶中，用蒸馏水溶解后，加入 30mL 水，加 1mL K_2CrO_4 溶液，在不断摇动条件下，用 $AgNO_3$ 溶液滴定至呈现砖红色即为终点。平行测定 3 次，计算 $AgNO_3$ 标准溶液的浓度。

利用差减称量法准确称取味精 5~10g 在烧杯中用水溶解，定量转移至 250mL 容量瓶中定容，摇匀。用 25mL 移液管移取该试液于锥形瓶中，加入 25mL 蒸馏水和 5%K_2CrO_4 溶液 1mL，然后在剧烈摇动下用 $AgNO_3$ 标准溶液滴定。当接近终点时，溶液呈浅砖红色，但经摇动后即消失。继续滴定至溶液刚显浅砖红色，虽经剧烈摇动 30s 仍不消失即为终点。平行测定 2 次，计算试样中氯化钠的质量分数。

【计算】

1. $AgNO_3$ 标准溶液的浓度 $c(AgNO_3)$（单位：mol/L）

$$c(AgNO_3) = \frac{m(NaCl)}{M(NaCl) \times V \times 10^{-3}}$$

式中　$m(NaCl)$——NaCl 基准试剂的质量，g；

　　　$M(NaCl)$——NaCl 的摩尔质量，58.5g/mol；

　　　$V(AgNO_3)$——标定过程中消耗的 $AgNO_3$ 体积，mL。

2. 计算味精中食盐的质量分数 $w(NaCl)$，用百分数表示

计算公式为：

$$w(NaCl) = \frac{c(AgNO_3) \cdot V(AgNO_3) \cdot M(NaCl)}{m \times 1000} \times \frac{250}{25} \times 100\%$$

式中　$V(AgNO_3)$——滴定过程中消耗 $AgNO_3$ 的体积，mL；

　　　$c(AgNO_3)$—— $AgNO_3$ 标准溶液的浓度，mol/L；

　　　$M(NaCl)$——NaCl 的摩尔质量，58.5g/mol；

　　　m——味精试样的质量，g。

【数据记录及处理】

1. $AgNO_3$ 标准溶液的标定

滴定序号	1	2	3
NaCl 质量/g			
滴定前滴定管内液面读数/mL			
滴定后滴定管内液面读数/mL			
$AgNO_3$ 溶液的浓度/(mol/L)			
$AgNO_3$ 溶液的浓度平均值/(mol/L)			
相对平均偏差			

2. 味精中食盐含量的测定

滴定序号	1	2
倾倒前味精和称量瓶的质量/g		
倾倒后味精和称量瓶的质量/g		

滴定序号	1	2
味精试样的质量/g		
味精溶解后的体积/mL		
滴定时量取试液的体积/mL		
滴定前滴定管内液面读数/mL		
滴定后滴定管内液面读数/mL		
AgNO₃ 溶液的用量/mL		
食盐的质量分数/%		
食盐质量分数平均值		
相对平均偏差		

【操作要点与注意事项】

1. $AgNO_3$ 溶液不稳定，见光易分解，需要用棕色的滴定管进行滴定。

2. 指示剂的用量如果过少，会使滴定终点判断推后，导致结果偏高。

【实验思考题】

1. 滴定时酸度应该控制在什么范围为宜？为什么？

2. 滴定过程中为什么要充分振荡？

二、蔬菜产品中氯化物含量的测定（佛尔哈德法）

蔬菜在生长过程中常会遇到喷施含有氯化物的农药和化肥等，可采用佛尔哈德法测定氯化物含量。样品磨碎或捣碎均匀，准确称取适量样品于烧杯中，加入 100mL 蒸馏水混匀，加热至沸并保持 1min，冷却后转入 250mL 容量瓶中加硝酸定容，静置 15min 过滤去渣，用移液管吸取滤液，加入 5mL 硝酸和 5mL 硫酸，加入铁铵矾指示剂，加入过量的硝酸银标准溶液，再加入 3mL 硝基苯并用力摇动，促使沉淀凝聚，再用 NH_4SCN 标准溶液滴定至出现红色保持 5min 不褪色即为终点。

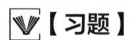

【习题】

5-1 简述莫尔法指示剂的作用原理。

5-2 适用于滴定分析的沉淀反应必须符合什么条件？

5-3 简述吸附指示剂的作用原理。

5-4 称取纯 NaCl 0.1169g，加水溶解后，以 K_2CrO_4 为指示剂，用 $AgNO_3$ 溶液滴定，共用去 20.00mL，求该 $AgNO_3$ 溶液的浓度[$M(NaCl)$ = 58.44g/mol]。

5-5 称取银合金试样 0.3000g，用酸溶解后，加铁铵矾指示剂，用 0.1000mol/L NH_4SCN 标准溶液滴定，用去 23.80mL，计算样品中银的百分含量[$M(Ag)$ = 107.87g/mol]。

5-6 用佛尔哈德法标定 $AgNO_3$ 和 NH_4SCN 溶液的浓度，称取基准氯化物 0.2000g，加入 50.00mL 的 $AgNO_3$ 溶液，用 NH_4SCN 溶液回滴过量的 $AgNO_3$ 溶液，消耗

25.02mL。现已知 1.20mL 的 AgNO₃ 溶液相当于 1.00mL 的 NH₄SCN 溶液。求 AgNO₃ 溶液的物质的量浓度[M(NaCl) = 58.44g/mol]。

5-7 NaCl 试液 20.00mL，用 0.1023mol/L AgNO₃ 标准滴定溶液滴定至终点，消耗了 27.00mL。求 NaCl 溶液中含 NaCl 多少[M(NaCl) = 58.44g/mol]?

5-8 在含有相同 Cl⁻和 I⁻的溶液中，逐滴加入 AgNO₃ 溶液，哪一种离子先沉淀？第二种离子开始沉淀时，Cl⁻和 I⁻的浓度比是多少？其中，K_{sp}(AgCl) = 1.8×10^{-10}，K_{sp}(AgI)= 8.5×10^{-17}。

5-9 称取烧碱样品 0.5038g，溶于水中，用硝酸调节 pH 后，溶于 250mL 容量瓶中，摇匀。吸取 25.00mL 置于锥形瓶中，加入 25.00mL 0.1041mol/L 的 AgNO₃ 溶液，剩余的 AgNO₃ 溶液用 0.1041mol/L NH₄SCN 溶液 21.45mL 返滴定，计算烧碱中 NaCl 的质量分数[M(NaCl) = 58.44g/mol]。

第六章

配位平衡和配位滴定法

 知识目标

1. 了解配位化合物的概念、结构和命名等基础知识。

2. 掌握配位滴定法原理与方法。

3. 掌握金属指示剂的变色原理以及常见金属指示剂的使用。

4. 理解配位化合物稳定常数的意义。

5. 掌握 EDTA 与金属离子形成配合物的特点以及酸度对形成配合物稳定性的影响。

 技能目标

1. 能够配制与标定 EDTA 标准溶液。

2. 能够应用配位滴定分析方法进行金属离子的检验分析。

配位化合物简称配合物（过去称络合物），它是一类组成复杂的化合物，在自然界中广泛存在。例如，大多数金属离子在水溶液或土壤中，都是以复杂的水合配离子或配合物的形式存在。配位化合物具备许多优良和奇特的性质，因而在工农业生产上具有十分广泛而且重要的应用，尤其是在食品加工领域，开发了许多基于配位化合物的保健食品和营养强化剂。也可以以配位反应为基础，进行配位滴定分析。EDTA 是配位滴定分析法中最广泛使用的一种滴定剂，具有计量关系明确、生成物稳定和显色变化明显等优点，目前基于 EDTA 配位滴定法在食品的理化分析、食品的快速检验、环境质量检验等方面都有着十分重要的应用。

第一节　配位化合物

一、配位化合物的基本概念

用 $CuSO_4$ 和 $[Cu(NH_3)_4]SO_4$ 水溶液进行试验，结果列于表 6-1。

表 6-1　$CuSO_4$ 和 $[Cu(NH_3)_4]SO_4$ 水溶液的性质比较

加入试剂	$CuSO_4$ 水溶液	$[Cu(NH_3)_4]SO_4$ 水溶液
$BaCl_2$	有 $BaSO_4$ 沉淀析出	有 $BaSO_4$ 沉淀析出
$NaOH$，加热	有 $Cu(OH)_2$ 沉淀析出	无 $Cu(OH)_2$ 沉淀析出， 无 NH_3 气体产生

结果表明，两种溶液中 SO_4^{2-} 的化学行为是一样的，均自由存在于水溶液中，能与 Ba^{2+} 结合成 $BaSO_4$ 沉淀；而 Cu^{2+} 的化学行为却不一样，$CuSO_4$ 水溶液中 Cu^{2+} 是以简单离子形式存在，能与 OH^- 形成 $Cu(OH)_2$ 沉淀；$[Cu(NH_3)_4]SO_4$ 水溶液中几乎没有自由的 Cu^{2+} 离子和 NH_3 分子存在，Cu^{2+} 与 NH_3 结合成了复杂的离子 $[Cu(NH_3)_4]^{2+}$，基本上不显 Cu^{2+} 和 NH_3 的性质。组成 $[Cu(NH_3)_4]^{2+}$ 时，既没有电子转移，也没有成键电子间相互提供单电子形成共用电子对，它们是通过配位键结合的。通常把由形成体（离子或原子）和一定数目的中性分子或离子以配位键结合，形成具有一定特征的离子叫配离子（或配位分子）。带正电荷的称为配阳离子，如 $[Cu(NH_3)_4]^{2+}$ 和 $[Ag(NH_3)_2]^+$；带负电荷的称为配阴离子，如 $[Fe(CN)_6]^{4-}$ 和 $[Ag(CN)_2]^-$，它们是配合物的特征部分。中性配位个体称为配位分子，由金属原子和中性分子组成，如 $[Ni(CO)_4]$、$[Fe(CO)_5]$。配离子与带有相反电荷的离子组成的电中性化合物称为配位化合物，如 $K_4[Fe(CN)_6]$、$[Ag(NH_3)_2]Cl$。配离子的化合物或电中性配合物，统称为配位化合物，简称配合物。

配合物与复盐不同，如铝钾矾 $[KAl(SO_4)_2 \cdot 12H_2O]$、铁铵矾 $[NH_4Fe(SO_4)_2 \cdot 12H_2O]$ 等。铝钾矾 $[KAl(SO_4)_2 \cdot 12H_2O]$ 俗称明矾，是由 K_2SO_4 与 $Al_2(SO_4)_3$ 作用生成的。将它溶解在水中几乎全部电离成简单的 K^+、Al^{3+}、SO_4^{2-}。而配合物则不然，它在水溶液中不能完全离解成简单离子。不过配合物与复盐之间并无明显界限，有些复盐也可以看成极不稳定的配合物，如明矾的水溶液中也有极少量的 $[Al(SO_4)_2]^-$ 配离子存在。

二、配位化合物的组成

配合物一般分为内界和外界两部分，内界为配合物的特征部分，由形成体和配位体所组成。在配合物的化学式中，一般方括号内（包括配离子的电荷）表示内界，方括号以外的部分为外界。但在中性配合物中，如 $[Ni(CO)_4]$ 没有外界只有内界。下面以 $[Cu(NH_3)_4]SO_4$ 为例，介绍配合物的组成，如图 6-1 所示。

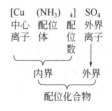

图 6-1　配位化合物的组成

1. 形成体

形成体是配合物的核心部分，位于配离子（或分子）的中心，一般多是带正电荷的过渡金属离子，称为中心离子，如 Ag^+、Fe^{2+}、Fe^{3+}、Cu^{2+}、Co^{2+}、Ni^{2+}、Zn^{2+}、Cr^{3+} 等；少数是中性原子，称为中心原子，如[$Ni(CO)_4$]中的 Ni 就是中性原子。

2. 配位体和配位原子

在配离子中与中心原子或离子结合的中性分子或离子，叫作配位体。配位体中提供孤对电子的原子称为配位原子。例如，在[$Cu(NH_3)_4$]$^{2+}$中，NH_3 分子为配位体，而 NH_3 中 N 原子为配位原子。只含有一个配位原子的配位体为单齿配位体，如 NH_3、OH^-、Cl^- 等。含有两个或两个以上配位原子的配位体称为多齿配位体。例如，乙二胺 $NH_2—CH_2—CH_2—NH_2$（简写 en）、乙二胺四乙酸（简称 EDTA），乙二胺与金属离子形成的配合物结构式如图 6-2 所示。

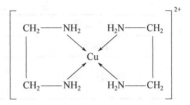

图6-2　乙二胺与金属离子形成的配合物

3. 配位数

与中心原子或离子以配位键结合的配位原子总数称中心原子或离子的配位数。在[$Cu(NH_3)_4$]$^{2+}$配离子中，配位体是 4 个氨分子，每个 NH_3 分子提供一个氮原子，配位体的数目就是中心原子或离子的配位数，所以 Cu^{2+} 的配位数为 4。对于多齿配位体，配位体的数目显然不等于中心原子或离子的配位数，例如[$Cu(en)_2$]$^{2+}$中，Cu^{2+} 的配位数是 $2 \times 2 = 4$，而不是 2。配位体数目的多少，与形成体的电荷、半径、结构等因素有关。

4. 配离子的电荷

配离子的电荷等于形成体和配位体电荷的代数和。例如，[$Fe(CN)_6$]$^{3-}$中，6 个配位体的电荷为-6，中心离子的氧化数为 $+3$，所以配离子的电荷为：$(-1) \times 6 + (+3) = -3$。再如：[$Cu(NH_3)_4$]$^{2+}$的电荷是$(+2) + (0 \times 4) = +2$。有时，形成体和配位体电荷的代数和为零，其本身就是配合物，如[$Ni(H_2O)_4Cl_2$]的电荷总数为：$(+2) + (0 \times 4) + 2 \times (-1) = +2-2 = 0$。

由于整个配合物是电中性的，因此也可以从外界离子的电荷来推知配离子的电荷。例如：$K_2[Co(SO_4)_2]$配合物中，它的外界有 2 个 K^+，所以[$Co(SO_4)_2$]$^{2-}$配离子的电荷是-2，从而可以推知中心离子是 Co^{2+} 而不是 Co^{3+}。

三、配位化合物的命名

配合物的命名仍然服从一般无机化合物命名原则，即负离子名称在前，正离子名称在后。如果配合物的外界是一个简单的阴离子，称"某化某"；若是一个复杂的阴离子，称"某酸某"。内界命名的顺序为：配位体数（以数字一、二、三……表示）→配位体名称（不同配位体名称间用小圆点"·"分开）→合→形成体名称→形成体氧化数（加圆括号，用罗马数字表示）。例如[$Cu(NH_3)_4$]$^{2+}$配离子命名为：四氨合铜（Ⅱ）配离子。

如果内界有多种配位体时，先命名配位离子，后中性分子。酸根离子顺序为：简单离子→复杂离子→有机酸根离子。中性分子顺序为：NH_3→H_2O→有机分子。一些配合物的命名示例如表 6-2 所示。

表 6-2　典型配合物命名示例

化学式	命名
$[Ag(NH_3)_2]Cl$	氯化二氨合银（Ⅰ）
$[PtCl_2(NH_3)_2]$	二氯·二氨合铂（Ⅱ）
$[Cu(en_2)]SO_4$	硫酸二乙二胺合铜（Ⅱ）
$[Fe(CO_5)]$	五羰基合铁（0）
$K_2[SiF_6]$	六氟合硅（Ⅳ）酸钾
$[Co(NH_3)_5 \cdot H_2O]Cl_3$	三氯化五氨·一水合钴（Ⅲ）
$[PtCl(NO_2)(NH_3)_4]CO_3$	碳酸一氯·一硝基·四氨合铂（Ⅳ）
$[PtCl_4(NH_3)_2]$	四氯·二氨合铂（Ⅳ）
$K_3[Fe(CN)_6]$	六氰合铁（Ⅲ）酸钾
$K_4[Fe(CN)_6]$	六氰合铁（Ⅱ）酸钾
$Na_2[Zn(OH)_4]$	四羟合锌（Ⅱ）酸钠
$H_2[PtCl_6]$	六氯合铂（Ⅳ）酸
$[Ni(CO_4)]$	四羰基合镍（0）

　　某些配位体具有相同的化学式，但由于配位原子不同，须按配位原子不同分别命名。例如：—NO_2 硝基（氮原子为配位原子）；—ONO 亚硝酸根（氧原子为配位原子）；—SCN 硫氰酸根（硫原子为配位原子）；—NCS 异硫氰酸根（氮原子为配位原子）。

　　除了系统命名外，有些配合物至今仍沿用习惯名称。如 $K_3[Fe(CN)_6]$ 叫铁氰化钾（俗称赤血盐），$[Cu(NH_3)_4]^{2+}$ 叫铜氨配离子等。

第二节　配位离解平衡

一、配位离解平衡及平衡常数

1. 配位离解平衡

　　含有配离子的配合物内界与外界之间是以离子键相结合的，在水溶液中完全离解为配离子和外界离子。配离子或配位分子的形成体与配位体之间是以配位键相结合的（即配位体的配位原子提供的孤对电子进入形成体的空轨道），因而在水溶液中比较稳定，仅部分离解。例如，在蓝色的硫酸铜溶液中加入过量氨水，生成深蓝色铜氨配离子$[Cu(NH_3)_4]^{2+}$，反应式为：

$$Cu^{2+} + 4NH_3 \longrightarrow [Cu(NH_3)_4]^{2+}$$

生成配离子的反应称为配位反应。

　　在$[Cu(NH_3)_4]^{2+}$溶液中加硫化钠溶液，即有黑色硫化铜沉淀生成。说明$[Cu(NH_3)_4]^{2+}$仍能离解，生成 Cu^{2+}，反应式为：

$$[Cu(NH_3)_4]^{2+} \longrightarrow Cu^{2+} + 4NH_3$$
$$Cu^{2+} + S^{2-} \longrightarrow CuS\downarrow$$

当配位反应的速率和离解反应的速率相等时，体系达到平衡状态，这种平衡称为配位离解平衡。

$$Cu^{2+} + 4NH_3 \rightleftharpoons [Cu(NH_3)_4]^{2+}$$

2. 配合物的稳定常数

配位离解平衡是化学平衡的一种类型。通常把配离子（或配合物）的生成常数称为配离子（或配合物）的稳定常数，用 $K_稳$ 表示：

$$K_稳 = \frac{c[Cu(NH_3)_4^{2+}]}{c(Cu^{2+})c^4(NH_3)}$$

稳定常数的大小反映了配离子的稳定性大小。同类型配离子相比较，$K_稳$ 越大，配离子越稳定。例如，$K_稳(CuY^{2-}) > K_稳(CaY^{2-})$，配离子的稳定性 $CuY^{2-} > CaY^{2-}$。不同类型配离子的稳定性不能简单利用 $K_稳$ 值比较，应通过计算说明。例如，$[Cu(en)_2]^{2+}$ 和 CuY^{2-} 的 $K_稳$ 值分别为 4.0×10^{19} 和 6.3×10^{18}，由 $K_稳$ 值看，似乎前者比后者稳定，然而事实恰好相反。

二、配位离解平衡的移动

Cu^{2+} 和 NH_3 分子发生反应，其溶液中存在如下平衡：

$$Cu^{2+} + 4NH_3 \rightleftharpoons [Cu(NH_3)_4]^{2+}$$

根据平衡移动原理，改变溶液中 Cu^{2+} 或 NH_3 分子的浓度，将导致上述平衡发生移动。例如，向上述溶液中加入盐酸时，使 H^+ 与 NH_3 分子结合成稳定的 NH_4^+，导致深蓝色变浅，表明上述平衡向左移动。酸碱反应、沉淀反应和氧化还原反应，都能影响配位平衡的移动。

1. 溶液酸度对配位离解平衡的影响

根据化学平衡移动原理，常见的配位体如 F^-、CN^-、NH_3 等，都可与 H^+ 结合生成弱酸，如 HF、HCN、NH_4^+ 等。当酸度增大时，引起配位体浓度下降，使配离子稳定性降低，这种现象称为配位体的酸效应。而当酸度减小时，形成体则可能发生水解，甚至生成氢氧化物沉淀，从而使配离子离解程度增大、稳定性降低，这种现象称为水解效应。

例如，在酸性介质中配位反应：

$$Fe^{3+} + 6F^- \rightleftharpoons [FeF_6]^{3-}$$
$$+$$
$$6H^+$$
$$\upharpoonleft\downharpoonright$$
$$6HF$$

达到平衡后，若增大酸度，当 $c(H^+) > 0.5mol/L$ 时，由于 H^+ 与 F^- 结合成弱电解质 HF，溶液中 F^- 浓度降低，配位平衡将向离解方向移动，大部分 $[FeF_6]^{3-}$ 离解成 Fe^{3+}。

当酸度减小，$c(OH^-)$ 增大到一定程度时，Fe^{3+} 将发生水解，配位平衡向水解方向移动：

$$\text{Fe}^{3+} + 6\text{F}^- \rightleftharpoons [\text{FeF}_6]^{3-}$$
$$+$$
$$3\text{OH}^-$$
$$\Updownarrow$$
$$\text{Fe(OH)}_3\downarrow$$

酸度对配位平衡的影响是多方面的，既要考虑配位体的酸效应，又要考虑形成体的水解效应。一般每种配合物的生成均有其最适宜的酸度范围，调节溶液的 pH 可导致配合物的形成或破坏，在实际工作中有重要意义。

2. 两种配离子之间的转化

配离子溶液中，加入一种能与形成体生成更稳定配合物的配位剂，可使原有的配位平衡发生移动，建立新的配位平衡。例如：

$$\text{Cu}^{2+} + 4\text{NH}_3 \rightleftharpoons [\text{Cu(NH}_3)_4]^{2+}$$

反应中，加入 NaCN，溶液深蓝色消失。两者存在如下平衡关系：

$$\text{Cu}^{2+} + 4\text{NH}_3 \rightleftharpoons [\text{Cu(NH}_3)_4]^{2+}$$
$$+$$
$$4\text{CN}^-$$
$$\Updownarrow$$
$$[\text{Cu(CN)}_4]^{2-}$$

因$[\text{Cu(CN)}_4]^{2-}$比$[\text{Cu(NH}_3)_4]^{2+}$更稳定（$K_{稳}[\text{Cu(CN)}_4]^{2-}=5.0\times10^{30}$，$K_{稳}[\text{Cu(NH}_3)_4]^{2+}=1.38\times10^{12}$），平衡时$[\text{Cu(NH}_3)_4]^{2+}$离解为 Cu^{2+}的浓度大于$[\text{Cu(CN)}_4]^{2-}$离解为 Cu^{2+}的浓度，所以平衡向生成$[\text{Cu(CN)}_4]^{2-}$的方向移动。

3. 沉淀反应对配位离解平衡的影响

在一配位离解平衡中，若加入强的沉淀剂，使金属离子生成沉淀，将引起配位平衡左移，配离子被破坏。在$[\text{Ag(CN)}_2]^-$溶液中分别加入硫化钠和氯化钠溶液，会出现不同的现象：前者生成 Ag_2S 沉淀，而后者并无 AgCl 沉淀析出。我们可从不同反应的平衡常数大小来理解。

$$2\text{Ag}^+ + 4\text{CN}^- \rightleftharpoons 2[\text{Ag(CN)}_2]^-$$
$$+$$
$$\text{S}^{2-}$$
$$\Updownarrow$$
$$\text{Ag}_2\text{S}\downarrow$$

总反应为：
$$2[\text{Ag(CN)}_2]^- + \text{S}^{2-} \rightleftharpoons \text{Ag}_2\text{S}\downarrow + 4\text{CN}^-$$

利用前面学过的知识可以导出，该反应的平衡常数

$$K=\frac{1}{K_{稳}^2 K_{sp}}=\frac{1}{(1.0\times10^{21})^2\times1.6\times10^{-49}}=6.3\times10^6$$

该反应的平衡常数很大，说明正反应进行较完全，所以有黑色的 Ag_2S 沉淀生成。

如果将 $AgNO_3$ 与 $NaCl$ 两种溶液相混合，则有白色的 $AgCl$ 沉淀析出。加浓氨水后，$AgCl$ 沉淀消失，有$[Ag(NH_3)_2]^+$生成。然后向该平衡体系中再加入 KBr 溶液，则又有淡黄色的 $AgBr$ 沉淀产生。接着再加入 $Na_2S_2O_3$ 溶液，则 $AgBr$ 沉淀被溶解，生成$[Ag(S_2O_3)_2]^{3-}$。再加入 KI 溶液，则又有黄色的 AgI 沉淀生成。接着加入 KCN 溶液，AgI 沉淀便消失，生成$[Ag(CN)_2]^-$。最后加入 Na_2S 溶液，又会有黑色的 Ag_2S 沉淀生成。

总之，沉淀的转化方向是由 K_{sp} 大的向 K_{sp} 小的方向转化；配离子的转化方向是由 $K_稳$ 小的向 $K_稳$ 大的方向转化，两类物质转化的共同规律是向游离的金属离子浓度变小的方向转化。那么，向同一种金属离子中同时加入配位剂和沉淀剂，金属离子是选择生成配合物还是生成沉淀，从实验事实中两类平衡常数的变化规律及两类物质的转化规律可以看出，在平衡体系中，哪一种试剂能使游离的金属离子浓度降得更低，金属离子就与哪种试剂发生反应。

4. 氧化还原反应对配位离解平衡的影响

在配位平衡体系中若加入可与形成体或配位体发生氧化还原反应的氧化剂或还原剂，则会使形成体浓度改变，配位平衡发生移动。例如：

$$Fe^{3+} + 3SCN^- \rightleftharpoons Fe(SCN)_3$$

在反应中，加入还原剂 $SnCl_2$，即可使平衡左移，溶液的血红色消失，这是因为发生了下列反应：

$$2Fe^{3+} + 6SCN^- \rightleftharpoons 2Fe(SCN)_3$$
$$+$$
$$Sn^{2+}$$
$$\updownarrow$$
$$2Fe^{2+} + Sn^{4+}$$

总反应为： $2Fe(SCN)_3 + Sn^{2+} \rightleftharpoons 2Fe^{2+} + 6SCN^- + Sn^{4+}$

反之，若在氧化还原平衡体系中加入配位剂，如果它能与氧化剂或还原剂生成稳定配合物，则氧化还原反应方向也可能改变。已知：$E^0(Fe^{3+}/Fe^{2+}) = 0.77V$、$E^0(I_2/I^-) = 0.54V$，在下列反应中：

$$2Fe^{3+} + 2I^- \rightleftharpoons 2Fe^{2+} + I_2$$

加入 NaF、F^- 与 Fe^{3+} 生成较稳定的$[FeF_6]^{3-}$配离子，降低了 Fe^{3+} 的浓度，故降低了 Fe^{3+}/Fe^{2+}电对的电极电势，当 Fe^{3+}/Fe^{2+}电对的电极电势降低到 0.45V 以下时，反应则逆向进行，改变了氧化还原反应的方向。

$$2Fe^{3+} + 2I^- \rightleftharpoons 2Fe^{2+} + I_2$$
$$+$$
$$12F^-$$
$$\updownarrow$$
$$2[FeF_6]^{3-}$$

总反应为： $2Fe^{2+} + I_2 + 12F^- \rightleftharpoons 2[FeF_6]^{3-} + 2I^-$

又如，金和铂不溶于硝酸，而溶解于王水中，这与形成配离子有关。反应式为：

$$Au + HNO_3 + 4HCl \rightleftharpoons H[AuCl_4] + NO\uparrow + 2H_2O$$

$$3Pt + 4HNO_3 + 18HCl \rightleftharpoons 3H_2[PtCl_6] + 4NO\uparrow + 8H_2O$$

第三节 配位滴定法

配位滴定法是以配位反应为基础的滴定分析方法。用于配位滴定的反应除应能满足一般滴定分析对反应的要求外，还必须具备以下条件：①配位反应必须迅速且有适当的指示剂指示终点；②配位反应严格按一定的反应式定量进行，只生成一种配位比的配位化合物；③生成的配位化合物要相当稳定，以保证反应进行完全。

单齿配位体与金属离子形成的简单配位化合物稳定性较差，且化学计量关系不易确定，大多不能用于配位滴定。而多齿配位体与金属离子可形成具有环状的螯合物，稳定性很强，符合配位滴定反应的要求。螯合物是由中心离子和多齿配位体形成的具有环状结构的配合物，也称内配合物。螯合表示成环的意思，它形象地把配位体中两个配位原子比作螃蟹的两只螯把中心离子钳起来。大多数螯合物具有五原子环或六原子环。螯环的生成，使螯合物比无螯环的配合物具有特殊的稳定性，这种效应称为螯合效应。能与形成体形成螯合物的配位体称为螯合剂，一般常见的螯合剂是含有 N、O、S、P 等配位原子的有机化合物，常用的螯合剂是乙二胺四乙酸（EDTA），EDTA 能与 Ca^{2+} 等多种金属离子形成 1∶1 立体结构的螯合物。

螯合物稳定性高，而且一般有特征颜色等。这些特征被广泛用于金属离子的沉淀、溶剂萃取分离和定性、定量分析中，在医疗上被用作解毒剂。

目前应用最广泛的是以 EDTA 作为配位滴定剂的滴定法，用 EDTA 标准溶液可以滴定几十种金属离子，因此通常所谓的配位滴定法，主要是指 EDTA 滴定法。

一、EDTA 的性质及其配合物

1. EDTA 的性质

乙二胺四乙酸简称 EDTA 或 EDTA 酸（以 H_4Y 表示），EDTA 溶解度较小（在 22℃时每 100mL 水中能溶解 0.2g），难溶于酸和一般有机溶剂，易溶于氨水和氢氧化钠溶液，并生成相应的盐。EDTA 结构式如下（图 6-3）：

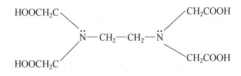

图 6-3 EDTA 的结构

通常都用它的二钠盐（可用符号 $Na_2H_2Y \cdot 2H_2O$ 表示），习惯上仍称为 EDTA，它在水中溶解度较大，22℃时每 100mL 水中可溶解 11.1g，此时溶液浓度约为 0.3mol/L，pH 约为 4.5。它的两个氨基氮可再接受 H^+，形成 H_6Y^{2+}，因此相当于六元酸，有六级离解平衡。因此，EDTA 在溶液中可能以 H_6Y^{2+}、H_5Y^+、H_4Y、H_3Y^-、H_2Y^{2-}、HY^{3-}、Y^{4-} 7 种形式存在。在不同的 pH 条件下，7 种形式所占的比例不同。例如，在 pH<2 的强酸性溶液中，EDTA 主要以 H_4Y 形式存在；在 pH = 2.67~6.16 的溶液中，主要以 H_2Y^{2-} 形式存在；

在 pH = 6.2～10.2 的溶液中，主要以 HY^{3-} 形式存在；在 pH>10.2 的碱性溶液中，主要以 Y^{4-} 形式存在。在这 7 种形式中只有 Y^{4-} 能与金属离子直接配合。溶液的酸度越低，Y^{4-} 的浓度越大。因此，EDTA 在碱性溶液中配位能力越强。

2. EDTA 与金属离子形成配合物的特点

在 EDTA 分子中，2 个氨基氮和 4 个羧基氧均可给出电子对而与金属离子形成配位键。该配合物有如下特点：

（1）普遍性　EDTA 能与许多金属离子配位形成螯合物。

（2）组成一定　除极少数的金属离子外，EDTA 与任何价态的金属离子均生成 1∶1 的配合物，即 1mol 金属离子总是作用于 1mol EDTA。

（3）稳定性强　EDTA 与金属离子形成的螯合物中包含了多个五元环，具有高度的稳定性。

（4）易溶性　EDTA 与金属离子形成的配合物大多易溶于水。由于这一特点才使配位滴定法在水溶液中进行，不至于形成沉淀干扰滴定。

（5）颜色特征　若水合离子无色，则 MY 无色；若水合离子有色，则 MY 就在原来颜色的基础上加深。

3. 配位滴定中的酸效应

在配位滴定中，使用的滴定剂 Y 与金属离子 M 之间反应是主反应：

$$M + Y \rightleftharpoons MY$$

$$K_稳 = \frac{c(MY)}{c(M) \cdot c(Y)}$$

式中，$c(Y)$ 表示平衡时游离的 Y^{4-} 浓度。所以说 $K_稳$ 是未考虑酸度等因素的影响，认为平衡时 EDTA 全部转变为 Y^{4-} 情况下的稳定常数，称为绝对稳定常数。即 $K_稳$ 的大小与溶液的酸度等因素无关。显然，这只有在 pH≥12 时才适用。

实际上，当溶液中有其他离子存在时，导致副反应发生，常常会干扰主反应的进行。能引起副反应发生的物质有 H^+、OH^-、共存的其他金属离子或其他配位剂等，在这里主要讨论 H^+ 对主反应的影响。

通常，配位体 Y 能与 H^+ 反应，当与 M 发生配位反应时，H^+ 的存在就会促进 MY 的离解，降低 MY 的稳定性。

$$M + Y \rightleftharpoons MY$$

这种因 H^+ 存在，使配位体 Y 参加主反应能力降低的现象称为酸效应。若用 c_Y 表示 EDTA 的总浓度，则有

$$c_Y = c(H_6Y^{2+}) + c(H_5Y^+) + c(H_4Y) + c(H_3Y^-) + c(H_2Y^{2-}) + c(HY^{3-}) + c(Y^{4-})$$

$c(Y)$ 即为能与金属离子配位的 Y 的浓度，称为有效浓度。c_Y 与 $c(Y)$ 浓度之比表示如下：

$$\frac{c_Y}{c(Y)} = \alpha_{Y(H)}$$

式中，$\alpha_{Y(H)}$ 即为配位剂的酸效应系数。因 $\alpha_{Y(H)}$ 在数值上随酸度变化而变化的范围很大，故取其对数较为方便。EDTA 在不同 pH 时的 $\lg \alpha_{Y(H)}$ 列于表 6-3。

表 6-3　EDTA 在不同 pH 时的 $\lg \alpha_{Y(H)}$

pH	0	1	2	3	4	5	6	7
$\lg \alpha_{Y(H)}$	21.18	17.20	13.51	10.60	8.44	6.45	4.65	3.32
pH	8	9	10	11	12	13	14	
$\lg \alpha_{Y(H)}$	2.26	1.28	0.45	0.07	0.00	0.00	0.00	

由此可见，只有在 pH≥12 时，酸效应系数才等于 1，此时 EDTA 的总浓度 c_Y 等于有效浓度 $c(Y^{4-})$，形成的配合物也最稳定。随着酸度的升高，$\lg \alpha_{Y(H)}$ 增加很快，即 $c(Y)$ 所占的百分数下降很快，EDTA 与金属离子生成的配合物稳定性也随之显著下降。

若用 c_Y 代替 $c(Y)$ 代入 $K_稳 = \dfrac{c(MY)}{c(M) \cdot c(Y)}$，则

$$K'_稳 = \frac{c(MY)}{c(M) \cdot c_Y} = \frac{c(MY)}{c(M) \cdot \alpha_{Y(H)} \cdot c(Y)} = \frac{K_稳}{\alpha_{Y(H)}}$$

式中，$K'_稳$ 是考虑了酸效应的影响后，在一定 pH 下，EDTA 配合物的实际稳定常数，称为条件稳定常数或表观稳定常数。它表示游离金属离子浓度 $c(M)$、未配位的 EDTA 总浓度 c_Y 和生成的配合物浓度 $c(MY)$ 三者之间的平衡关系。其数值大小随溶液酸度升高而减小。用对数表示则：

$$\lg K'_稳 = \lg K_稳 - \lg \alpha_{Y(H)}$$

除 pH≥12 时，$\alpha_{Y(H)} = 1$，$K'_稳 = K_稳$ 外，其他情况下，$K'_稳$ 总小于 $K_稳$。表观稳定常数 $K'_稳$ 越大，说明在这一定条件下配合物的实际稳定程度越大，对判断配合物的稳定性具有重要意义。在配位滴定中，一般只要 $\lg K'_稳 \geq 8$，就能控制滴定误差在±0.1%以内，滴定突跃也比较明显，即可进行配位滴定。

二、金属指示剂

确定配位滴定终点的方法有多种，但最常用的还是指示剂法。配位滴定中的指示剂用来指示被滴定溶液中金属离子浓度变化，故称为金属离子指示剂，简称金属指示剂。

1. 金属指示剂的变色原理

金属指示剂也是一种配位剂，它能与被滴定的金属离子形成与本身有显著不同颜色的配合物，借以指示滴定的终点。如果用 In 表示金属指示剂，M 表示金属离子，则有：

$$M + In \Longleftrightarrow MIn$$
$$（甲色）　　（乙色）$$

由于滴定溶液中加入指示剂的量是有限的，溶液中只有极少的金属离子形成 MIn(乙色)配合物，而绝大部分仍呈游离状态。随着 EDTA 的滴入，M 不断反应生成无色的配合物 M-EDTA，故溶液仍显乙色（MIn）的颜色。待全部游离的 M 被滴定后，再滴加 EDTA

时，则 EDTA 就开始夺取和指示剂结合的 M 离子，从而把指示剂 In(甲色)置换出来，反应如下：

$$MIn + EDTA \rightleftharpoons M\text{-}EDTA + In$$
（乙色） （甲色）

此时，溶液由原来的 MIn（乙色）颜色变为 In（甲色）颜色，以指示终点的到达。

例如，EDTA 滴定 Mg^{2+}（pH = 10 时），用铬黑 T（EBT）作指示剂，开始时 Mg^{2+} 先与 EBT 反应：

$$Mg^{2+} + EBT \rightleftharpoons Mg\text{-}EBT$$
（蓝色） （酒红色）

到达化学计量点时，EDTA 开始置换 Mg-EBT 中的 Mg^{2+}，并结合为 Mg-EDTA，使 EBT 游离出来，溶液由原来的酒红色变为蓝色，说明终点到达。

$$Mg\text{-}EBT + EDTA \rightleftharpoons Mg\text{-}EDTA + EBT$$
（酒红色） （蓝色）

从以上分析可以看出，金属指示剂应具备下列条件：

① 指示剂形成的配位离子（MIn）与指示剂（In）的颜色应显著不同。

② 显色反应应灵敏、迅速，有良好的变色可逆性。

③ 指示剂形成的配合物稳定性要适当。它既要有足够的稳定性，又要比该金属离子 EDTA 配合物的稳定性小。如果稳定性太低，就会提前出现终点，而且变色不敏锐。如果稳定性太高，就会使终点拖后，而且有可能使 EDTA 不能夺取其中的金属离子，导致即使过了化学计量点也不变色，这种现象称为指示剂的封闭作用。

④ 金属指示剂应比较稳定，便于贮藏和使用。

⑤ 形成的显色配合物应易溶于水。若溶解度小，会使 EDTA 与 MIn 的交换反应进行缓慢，而使终点拖长，这种现象称为指示剂的僵化。

2. 常用的金属指示剂

（1）铬黑 T（简称 EBT） 化学名称：1-(1-羟基-2-萘偶氮)-6-硝基-2-萘酚-4-磺酸钠。铬黑 T 属偶氮染料，为黑褐色，具有金属光泽。溶于水后与磺酸根结合的 Na^+ 可离解，其阴离子部分可用 H_2In^- 表示。H_2In^- 可视为二元酸，在溶液中有如下两步电离：

$$H_2In^- \rightleftharpoons HIn^{2-} \rightleftharpoons In^{3-}$$
紫红色 蓝色 橙色

pH<6 pH = 7～11 pH>12

铬黑 T 与许多金属离子，如 Ca^{2+}、Mg^{2+}、Zn^{2+}、Mn^{2+}、Cd^{2+}、Pb^{2+} 等可形成酒红色配合物。显然，铬黑 T 只能在 pH = 7～11 的范围内使用。因为在 pH<6 或 pH>12 的溶液中，指示剂本身接近于红色，与其金属配合物的颜色就难于区分了。实验表明，最适宜的酸度为 pH = 9～11。

在 pH = 10 的缓冲溶液中，用 EDTA 滴定 Mg^{2+}、Zn^{2+}、Cd^{2+}、Pb^{2+} 和 Hg^{2+} 等时，铬黑 T 是良好的指示剂。

铬黑 T 的水溶液易发生分子聚合而变质，尤其在 pH<6.3 时最为严重，加入三乙醇胺

可防止聚合。

在碱性溶液中，铬黑 T 易被空气中的氧或氧化性离子氧化而褪色，可加入盐酸羟胺或抗坏血酸等防止氧化。

铬黑 T 在水溶液或乙醇溶液中不稳定，只能保存数天。因此，常将铬黑 T 与干燥的 NaCl 按 1∶100 混合研细，密闭保存备用。

（2）钙指示剂（简称 NN）　化学名称：2-羟基-1-（2-羟基-4-磺酸基-1-萘偶氮）-3-萘甲酸。钙指示剂属偶氮染料，为黑紫色粉末。与磺酸根结合的 Na^+ 和羧基（—COOH）上的 H^+ 离解后，其阴离子部分可用 H_2In^- 表示，H_2In^- 在水溶液中有如下离解：

$$H_2In^- \rightleftharpoons HIn^{2-} \rightleftharpoons In^{3-}$$

酒红色　　　　蓝色　　　　酒红色

pH<8　　　　pH = 8~13　　　pH>13

在 pH = 12~13 时呈蓝色，而与 Ca^{2+} 形成酒红色配合物。常在大量 Mg^{2+} 存在下，调节 pH>12，用 EDTA 滴定 Ca^{2+}。此时 Mg^{2+} 转变成 $Mg(OH)_2$ 沉淀而不干扰。但沉淀易吸附指示剂，故应用时，应在用 NaOH 调节酸度后再加入指示剂。

指示剂在水溶液或乙醇溶液中均不稳定，常用干燥的 NaCl、KNO_3 或 K_2SO_4（1∶100 或 1∶200）混合研细，作固体指示剂。

三、提高配位滴定选择性的方法

由于 EDTA 的配位能力相当强，致使它能与许多金属离子形成稳定的配合物，而得到十分广泛的应用。同时，也正因为如此，当用 EDTA 滴定一种离子时，溶液中若存在其他离子，就可能干扰滴定。所以，怎样设法降低 EDTA 与干扰离子形成配合物的稳定性，或者是降低溶液中干扰离子的浓度（以减小 EDTA 与干扰离子生成配合物的表观稳定常数），有效消除共存离子的干扰，是提高配位滴定选择性的首要问题。

1. 控制酸度消除干扰

溶液的酸度对 EDTA 配合物的稳定性有很大的影响，因此控制酸度常常可以提高滴定的选择性。例如 Zn^{2+} 和 Mg^{2+} 共存时，可在 pH 为 5~6 时用二甲酚橙作指示剂直接滴定 Zn^{2+}，Mg^{2+} 此时不与 Y^{4-} 形成稳定的配合物。一般两种离子的平衡稳定常数相差 6 以上，就可以用控制酸度的方法来达到选择性测定某一离子的目的。

2. 利用掩藏消除干扰

为了提高配位滴定的选择性和避免对金属离子指示剂的封闭，常加入某些掩蔽剂，以降低干扰离子的浓度，使之不与 EDTA 配位。现介绍几种常用的方法。

（1）配位掩蔽法　利用配位反应降低干扰离子的浓度，以消除干扰的方法，称配位掩蔽法，这是一种应用最广泛的方法。例如，用 EDTA 测定水中 Ca^{2+} 与 Mg^{2+} 时，Fe^{3+} 和 Al^{3+} 等的存在会发生干扰，滴定前可先加入三乙醇胺，使其与 Fe^{3+}、Al^{3+} 生成更稳定的配合物，由于 Fe^{3+}、Al^{3+} 在 pH = 2~4 之间即能发生氢氧化物沉淀，故必须先将溶液调至酸性后加入三乙醇胺，然后再调至 pH = 10~12，方可滴定 Ca^{2+} 与 Mg^{2+}。

（2）沉淀掩蔽法　利用沉淀反应降低干扰离子的浓度，以消除干扰的方法，称沉淀掩蔽法。例如，在 Ca^{2+} 与 Mg^{2+} 共存时用 EDTA 测定 Ca^{2+}，可先用 NaOH 调溶液 pH 大于 12，Mg^{2+} 生成 $Mg(OH)_2$ 沉淀，即可消除干扰。此处的 OH^- 就是 Mg^{2+} 沉淀掩蔽剂。但由于沉淀反应掩蔽效率低，又易发生"共沉淀现象"等，妨碍终点的观察，故应用较少。

（3）氧化还原掩蔽法　利用氧化还原反应来改变干扰离子的价态，以消除干扰的方法，称氧化还原掩蔽法。如 Fe^{3+} 与 Fe^{2+} 的 EDTA 配合物稳定常数有很大差别，$lgK_{FeY^-} = 25.1$、$lgK_{FeY^{2-}} = 14.32$，可见 $[FeY]^-$ 要比 $[FeY]^{2-}$ 稳定得多。在用 EDTA 滴定 Zr^{4+}、Bi^{3+} 等时，若有 Fe^{3+} 存在将干扰滴定，为消除 Fe^{3+} 的干扰，可加入抗坏血酸或盐酸羟胺使之还原为 Fe^{2+}，以此消除其干扰。还原反应为：

$$4Fe^{3+} + 2NH_2OH == 4Fe^{2+} + N_2O + H_2O + 4H^+$$

常用的还原剂有抗坏血酸、盐酸、羟胺、肼、硫代硫酸钠，其中有些既是还原剂，又是配位掩蔽剂。

四、EDTA 标准溶液的配制和标定

由于 EDTA 酸不易溶于水，通常采用 EDTA 二钠盐配制标准溶液。配制方法有直接配制法和间接配制法，通常采用间接配制法。

（1）直接配制法　准确称取 EDTA 二钠盐（含两分子结晶水），溶于水后，定量转移至容量瓶中定容。

（2）间接配制法（标定法）　如 EDTA 不纯，可采用间接配制法。先配制成近似浓度的溶液，然后用金属锌、ZnO、$MgSO_4 \cdot 7H_2O$ 等基准物质进行标定，求出准确浓度。

EDTA 标准溶液的标定：准确称取金属锌（纯度在 99.9% 以上，清除表面氧化物）0.15～0.20g，置于 250mL 烧杯中，加 1：1HCl 5mL，盖好表面皿，必要时可微微加热，使锌完全溶解。用水冲洗表面皿及烧杯内壁，然后将溶液移入 250mL 容量瓶中，再加水至刻度，摇匀。用 25mL 移液管吸取此溶液 1 份置于 250mL 锥形瓶中，滴加 1：1 氨水至开始出现 $Zn(OH)_2$ 白色沉淀，再加入 pH = 10 的 $NH_3 \cdot H_2O-NH_4Cl$ 缓冲溶液 10mL，加水稀释至约 100mL，加少许（约 0.1g）铬黑 T 固体混合指示剂，用待标定的 EDTA 溶液滴定，溶液由酒红色变为纯蓝色即为终点。

EDTA 标准溶液浓度的计算见实验 6-1：EDTA 标准溶液的配制与标定。

 实验 6-1：EDTA 标准溶液的配制与标定

【实验目的】

1. 掌握 EDTA 标准溶液标定的原理。

2. 学会配制和标定 EDTA 标准溶液的方法。

3. 熟悉金属指示剂的应用。

【仪器及试剂】

仪器和器皿：酸式滴定管、25mL 移液管、250mL 容量瓶、250mL 烧杯、500mL 细口瓶、表面皿、酒精灯。

试剂：EDTA 分析纯、金属锌（先用 1：1HCl 处理数分钟，以除去表面氧化物，再用水冲洗数次除去 HCl，最后用丙酮漂洗一次，置于空气中干燥 1h，备用)；1∶1 的 HCl；铬黑 T 指示剂（将 1g 铬黑 T 指示剂与 100g 分析纯 NaCl 混合、磨细、装瓶备用)；NH$_3$·H$_2$O-NH$_4$Cl 缓冲溶液（pH≈10)。

【实验原理】

EDTA 在水中的溶解度很小，通常用其二钠盐（Na$_2$H$_2$Y·2H$_2$O ）配制。市售 EDTA 通常吸附 0.3% 水分且含有少量杂质，所以主要采用间接法配制标准溶液，即先配制粗略浓度，再用金属 Zn、ZnO、CaCO$_3$ 或 MgSO$_4$·7H$_2$O 等基准物质来标定。当用金属锌标定时，用铬黑 T 作指示剂，在 pH = 10 的缓冲溶液中进行滴定，溶液由酒红色变为纯蓝色为滴定终点。滴定反应为：

滴定前：$HIn^{2-} + Zn^{2+} = ZnIn^- + H^+$
$\qquad$ 纯蓝色 $\qquad\qquad$ 酒红色

滴定中：$H_2Y^{2-} + Zn^{2+} = ZnY^{2-} + 2H^+$

终点时：$ZnIn^- + H_2Y^{2-} = ZnY^{2-} + HIn^{2-} + H^+$
$\qquad$ 酒红色 $\qquad\qquad\qquad\qquad$ 纯蓝色

【操作步骤】

利用差减称量法称取分析纯 EDTA 二钠盐 0.95g，溶于 150～200mL 温水中，必要时过滤，冷却后，用蒸馏水稀释至 250mL，摇匀，保存在细口瓶中，待标定。

准确称取金属锌 0.15～0.20g，置于 100mL 烧杯中，加入 1∶1 HCl 5mL，盖好表面皿，必要时可微微加热，使锌完全溶解。用水冲洗烧杯及表面皿内部，然后将溶液转移至 250mL 容量瓶中，用纯水稀释至刻度后摇匀。

用 25mL 移液管吸取 25.00mL 试样溶液于 250mL 锥形瓶中，滴加 1∶1 氨水至开始出现 Zn(OH)$_2$ 沉淀，再加 10% 的缓冲溶液 10mL，加水稀释至 100mL，加入少许铬黑 T（0.1g ）作指示剂，用 EDTA 标准溶液滴定，溶液由酒红色转变为蓝色即为终点。平行测定三次，同时做空白试验。

【计算】

按下式计算 EDTA 标准溶液的浓度 c(EDTA)，单位 mol/L。

$$c(\text{EDTA}) = \frac{m(\text{Zn}) \times \dfrac{25.00}{250.0} \times 1000}{M(\text{Zn}) \times V(\text{EDTA})}$$

式中 $\quad m$(Zn)——称取样品锌的质量，g；

$\qquad M$(Zn)——锌的摩尔质量，65g/mol；

$\qquad V$(EDTA)——消耗 EDTA 的体积，mL。

【数据记录及处理】

EDTA 的称量/g	倾样前 EDTA 和瓶质量	
	倾样后 EDTA 和瓶质量	
	样品 EDTA 的质量	
定容后 EDTA 溶液体积/mL		
EDTA 溶液大致浓度/（mol/L）		

EDTA 溶液的滴定次数		1	2	3
基准物质的称量/g	倾样前锌 + 称量瓶质量			
	倾样后锌 + 称量瓶质量			
	样品锌的质量			
移取试液的体积/mL				
滴定前滴定管内液面读数/mL				
滴定后滴定管内液面读数/mL				
标准 EDTA 溶液的用量/mL				
空白试验/mL				
EDTA 溶液的浓度（测定值）/(mol/L)				
EDTA 溶液的浓度（平均值）/(mol/L)				
相对平均偏差				

【操作要点与注意事项】

1. 在 Zn^{2+} 标准溶液中，滴加 1 : 1 氨水的速度要慢，滴 1 滴，搅几下。因金属氢氧化物沉淀的形成需要时间，当颗粒小时，肉眼观察不到，往往是在不断搅拌的过程中慢慢出现白色浑浊。由于氨水既是弱碱，又是配位体 NH_3 的提供者，若氨水加快了，会造成白色沉淀尚未出现，后加的氨水已进入溶液，Zn^{2+} 与过量的氨水配位：$4NH_3 + Zn^{2+} \rightleftharpoons Zn(NH_3)_4^{2+}$。导致再加氨水沉淀不出现的现象，因此滴加时要领是慢滴、多搅。

2. 加入铬黑 T 指示剂后，溶液为酒红色，是 $ZnIn^-$ 的颜色，随着 EDTA 标准溶液的滴入，EDTA 先与游离 Zn^{2+} 配位，临近终点时，夺取部分 $ZnIn^-$ 中的 Zn^{2+}，释放出 HIn^{2-}。因此，当溶液红色中透出蓝的成分为蓝紫色时，小心滴加 1 滴或半滴，多搅动直至红色成分消失，溶液呈纯蓝色时即为终点。由于配位反应速度慢于酸碱反应，因此当滴落点出现蓝色且消失慢时，要 1 滴多搅，否则终点易过。

【实验思考题】

1. 为什么不用乙二胺四乙酸而用其二钠盐配制 EDTA 标准溶液？

2. 标定 EDTA 溶液时为什么要滴加氨水至开始出现 $Zn(OH)_2$ 沉淀再加入缓冲溶液？加 $NH_3 \cdot H_2O\text{-}NH_4Cl$ 缓冲溶液的作用是什么？

3. 金属指示剂有哪些特点？铬黑 T 指示剂适用的 pH 范围是多少？

第四节　配位滴定法的应用

一、食品中钙含量的测定

人体中含有许多元素，这些元素对人体起着至关重要的作用，每种元素都是不可缺少的，而人体中的元素就是来自食物，所以对食物中含有哪些元素，以及元素含量的测定是至关重要的一个研究。钙、镁、铁等无机元素是人体生长和新陈代谢过程中必不可少的营养元素，人体中缺少这些元素就会导致人体发生各种生长障碍，尤其对儿童和老人表现得更为突出。钙素有"生命元素"之称，除影响人体的骨骼、牙齿外，还有调节心率、控制炎症和水肿、维持酸碱平衡、调节激素分泌，激发某些酶的活性、参与神经和肌肉活动以及神经递质的释放等作用，对维持身体健康、促进身体发育十分重要。而食品中钙元素的测定，最广泛应用的方法之一就是配位滴定法。

根据钙与氨羧络合剂能定量形成金属配合物，该配合物的稳定性较钙与指示剂所形成的配合物强，在一定 pH 范围内，以氨羧络合剂 EDTA 滴定，在达到化学计量点时 EDTA 就从指示剂配合物中夺取钙离子，使溶液呈现游离指示剂的颜色，由络合剂消耗量计算出钙的含量。

食品中钙含量的测定按以下操作步骤进行：样品处理→标定 EDTA 浓度→样品测定。

将试样（如蔬菜、水果、鲜鱼、鲜肉等）用水清洗干净后，再用去离子水充分洗净。干粉类样品（如面粉、奶粉等）取样后立即装容器密封保存，防止空气中的灰尘和水分污染。然后对试样进行消化处理：精确称取均匀样品 m g（干样 $0.5\sim1.5$ g、湿样 $2.0\sim4.0$ g、饮料等液体样品 $5.0\sim10.0$ g）于 250mL 高型烧杯内，加混合酸消化液 $20\sim30$ mL。盖上表面皿，置于电热板或电沙浴上加热消化。如未消化好而酸液过少时，再补加几毫升混合酸消化液，继续加热消化，直至无色透明为止。加几毫升去离子水，加热以除去多余的硝酸。待烧杯中的液体接近 $2\sim3$ mL 时，取下冷却。用去离子水洗并转移于 10mL 刻度试管中，加 2%氧化镧溶液定容至刻度。取与消化样品相同量的混合酸消化液，按上述操作做试剂空白试验测定。

假设标定后 EDTA 的浓度为 $c(\text{EDTA})$ mol/L。

在待测的试样中加入少量的钙指示剂，然后用 EDTA 滴定。钙指示剂和溶液中的钙离子生产红色的配合物，终点时 EDTA 夺取钙指示剂结合的钙离子，使溶液由红色变成蓝色，记下消耗的体积为 V_1 mL。

假定空白试样消耗 EDTA 溶液的体积为 V_2 mL，则食品中钙元素的含量为：

$$n(\text{Ca}^{2+}) = c(\text{EDTA})V(\text{EDTA})，单位为 mol。$$

食品中钙元素的质量为：

$$m(\text{Ca}^{2+}) = n(\text{Ca}^{2+})M(\text{Ca}^{2+}) = c(\text{EDTA})V(\text{EDTA})M(\text{Ca}^{2+})，单位为 g。其中，M(\text{Ca}^{2+})$$

是指钙元素的摩尔质量。

食品中钙元素的百分含量为：

$$w(\text{Ca}^{2+}) = \frac{m(\text{Ca}^{2+})}{m(样品)} \times 100\% = \frac{c(\text{EDTA})V(\text{EDTA})M(\text{Ca}^{2+})}{m(样品)} \times 100\%$$

二、水总硬度的测定

工业中将含有较多钙、镁盐类的水称为硬水，水的硬度是将水中 Ca^{2+}、Mg^{2+} 的总量折合成 CaO 或 CaCO_3 来计算。每升水中含 1mg CaO 定为 1 度，每升水中含 10mg CaO 称为一个德国度（°）。水的硬度用德国度（°）作为标准来划分时，一般把小于 4°的水称为很软水，4°～8°的水称为软水，8°～16°的水称为中硬水，16°～32°的水称为硬水，大于 32°的水称为很硬水。水的硬度对生活及工业用水影响极大。硬水用于蒸汽锅炉，易生沉淀结成锅垢，不仅浪费燃料，又易引起爆炸；长期饮用高硬度的水，会引起心血管、神经、泌尿、造血等系统的病变；使用硬水洗涤时肥皂起沫少等。因而，很有必要对水的硬度进行监测。硬度有暂时硬度和永久硬度之分。凡水中含有钙、镁的酸式碳酸盐，遇热即成碳酸盐沉淀而失去其硬度则为暂时硬度；凡水中含有钙、镁的硫酸盐、氯化物、硝酸盐等所成的硬度称为永久硬度。暂时硬度和永久硬度的总和称为"总硬"。由 Mg^{2+} 形成的硬度称为"镁硬"，由 Ca^{2+} 形成的硬度称为"钙硬"。

测定水的硬度常采用配位滴定法，在一定条件下，以铬黑 T 为指示剂、pH = 10 的 $NH_3 \cdot H_2O$-NH_4Cl 为缓冲溶液，EDTA 与 Ca^{2+}、Mg^{2+} 形成稳定的配合物，从而测定水中钙、镁总量。具体的方法和步骤详见实验 6-2。

需要指出的是，该方法易产生指示剂加入量、指示终点与计量点、人工操作者对终点颜色的判断等误差。在分析样品时，如水的总碱度很高，滴定至终点后，蓝色很快又返回至紫红色，此现象是由钙、镁盐类的悬浮性颗粒所致，影响测定结果。可将水样用盐酸酸化、煮沸，除去碱度。冷却后用氢氧化钠溶液中和，再加入缓冲溶液和指示剂滴定，终点会更加敏锐。

 实验 6-2：水中钙、镁离子含量及总硬度的测定

【实验目的】

1. 了解水硬度的测定意义和水硬度常用表示方法。
2. 掌握 EDTA 配位滴定法测定水中 Ca^{2+}、Mg^{2+} 含量与水总硬度的原理和方法。
3. 掌握配位滴定的操作技巧。

【仪器及试剂】

仪器和器皿：50mL 酸式滴定管、50mL 移液管、250mL 锥形瓶等。

试剂：10% NaOH 溶液；pH = 10 的缓冲溶液；铬黑 T 指示剂（1g 铬黑 T 指示剂与 100g 分析纯 NaCl 混合、磨细，装瓶备用）；EDTA 标准溶液；钙指示剂（1g 钙指示剂与 100g 分析纯 NaCl 混合、磨细，装瓶备用）。

【实验原理】

用 EDTA 配位滴定法测定 Ca^{2+}、Mg^{2+} 含量的方法是：先用 EDTA 测定 Ca^{2+}、Mg^{2+} 的总量，再测定 Ca^{2+} 量，由总量与 Ca^{2+} 量的差求得 Mg^{2+} 的含量，并由 Ca^{2+}、Mg^{2+} 总量求总硬度。

Ca^{2+}、Mg^{2+} 总量的测定：用 $NH_3 \cdot H_2O$-NH_4Cl 缓冲溶液调节溶液的 pH = 10，在此条件下，Ca^{2+}、Mg^{2+} 均可被 EDTA 准确滴定。加入铬黑 T 指示剂，用 EDTA 标准溶液滴定。在滴定的过程中，将有四种配合物生成即 CaY、MgY、MgIn、CaIn，它们的稳定性次序为：CaY>MgY>MgIn>CaIn（略去电荷）。由此可见，当加入铬黑 T 后，它首先与 Mg^{2+} 结合，生成红色的配合物 MgIn，当滴入 EDTA 时，首先与之结合的是 Ca^{2+}，其次是游离态的 Mg^{2+}，最后 EDTA 夺取与铬黑 T 结合的 Mg^{2+}，使指示剂游离出来，溶液的颜色由红色变为蓝色，到达指示终点。设消耗 EDTA 的体积为 V_1。

Ca^{2+} 含量的测定：用氢氧化钠溶液调节待测水样的 pH = 12，将 Mg^{2+} 转化为 $Mg(OH)_2$ 沉淀，使其不干扰 Ca^{2+} 的测定。滴加少量的钙指示剂，溶液中的部分 Ca^{2+} 立即与之反应生成红色配合物，使溶液呈红色。当滴定开始后，随着 EDTA 不断加入，溶液中的 Ca^{2+} 逐渐被滴定，接近计量点时，游离的 Ca^{2+} 被滴定完后，EDTA 则夺取与指示剂结合的 Ca^{2+} 使指示剂游离出来，溶液的颜色由红色变为蓝色，到达指示终点。若水中含有铜、锌、锰、铁、铝等离子，则会影响测定结果。可加入 1% 的 Na_2S 溶液 1mL，使 Cu^{2+}、Zn^{2+} 等生成硫化物沉淀，过滤。铁、铝的干扰可加入三乙醇胺掩蔽，锰的干扰可加入盐酸羟胺消除。

【操作步骤】

1. 用移液管吸取水样 50.00mL 于 250mL 锥形瓶中，加 5mL pH＝10 的缓冲溶液，再加少许（约 0.1g）铬黑 T 混合指示剂，用 EDTA 标准溶液滴定至酒红色变为纯蓝色。记录 EDTA 用量 V_1（mL），平行测定 2 次（其中，EDTA 标准溶液浓度为 0.1mol/L，配制过程为 37.3g EDTA 加水定容到 1L）。

2. 另取 50.00mL 水样于 250mL 锥形瓶中，加入 5mL 10%NaOH 溶液摇匀，加入少许（约 0.1g）钙指示剂，用 EDTA 标准溶液滴定至酒红色变为纯蓝色。记录 EDTA 用量 V_2（mL），平行测定 2 次。

【计算】

1. 水中钙离子的含量 $\rho_{Ca^{2+}}$（单位：mg/L）

$$\rho_{Ca^{2+}} = \frac{c(\text{EDTA}) \times V_2 \times M(\text{Ca}) \times 1000}{50.00}$$

式中　$c(\text{EDTA})$——EDTA 标准溶液的浓度，mol/L；

　　　　V_2——钙指示剂滴定终点时消耗 EDTA 标准溶液的体积，mL；

　　　　$M(\text{Ca})$——钙的摩尔质量，40g/mol。

2. 水中镁离子的含量 $\rho_{Mg^{2+}}$（单位：mg/L）

$$\rho_{Mg^{2+}} = \frac{c(\text{EDTA}) \times (V_1 - V_2) \times M(\text{Mg}) \times 1000}{50.00}$$

式中　$c(\text{EDTA})$——EDTA 标准溶液的浓度，mol/L；

　　　　V_1——铬黑 T 滴定终点时消耗 EDTA 标准溶液的体积，mL；

　　　　V_2——钙指示剂滴定终点时消耗 EDTA 标准溶液的体积，mL；

　　　　$M(\text{Mg})$——镁的摩尔质量，24g/mol。

3. 水的总硬度 $\rho'(°)$（又称德国度）

$$\rho'(°) = \frac{c(\text{EDTA}) \times V_1 \times M(\text{CaO})}{50.00} \times 100$$

式中　$c(\text{EDTA})$——EDTA 标准溶液的浓度，mol/L；

　　　　V_1——铬黑 T 滴定终点时消耗 EDTA 标准溶液的体积，mL；

　　　　$M(\text{CaO})$——氧化钙的摩尔质量，56g/mol。

【数据记录及处理】

1. 水中钙镁离子总含量

滴定序号	1	2
EDTA 的浓度/(mol/L)		
滴定前滴定管内液面读数/mL		
滴定后滴定管内液面读数/mL		
EDTA 溶液的用量/mL		
EDTA 溶液的平均用量/mL		

2. 水中钙离子含量

滴定序号	1	2
EDTA 的浓度/(mol/L)		
滴定前滴定管内液面读数/mL		
滴定后滴定管内液面读数/mL		
EDTA 溶液的用量/mL		
EDTA 溶液的平均用量/ mL		

3. 计算结果

钙离子的含量/(mg/L)	
镁离子的含量/(mg/L)	
水的总硬度/(°)	

【操作要点与注意事项】

1. 由于指示剂铬黑 T 易被氧化，加铬黑 T 后应尽快完成滴定。

2. 临近终点时最好每隔 2～3s 滴一滴并充分振摇，滴定时水样的温度应以 20～30℃为宜。

【实验思考题】

1. EDTA、铬黑 T 分别与 Ca^{2+}、Mg^{2+} 形成的配合物稳定性顺序如何？

2. 为什么滴定 Ca^{2+}、Mg^{2+} 总量时要控制溶液 pH = 10？滴定 Ca^{2+} 时要控制 pH = 12？

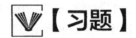

【习题】

6-1　EDTA 和金属离子形成的配合物有哪些特点？

6-2　命名下列配位化合物：

$[Pt(NH_3)_2Cl_2]$；$[Ag(NH_3)_2]OH$；$[CoClNH_3(en)_2]^{2+}$

6-3　金属离子指示剂应具备哪些条件？为什么金属离子指示剂使用时要求一定的 pH 范围？

6-4　以配制和标定 0.02mol/L 的 EDTA 标准溶液为例，写出该标准溶液配制和标定的主要步骤。

6-5　取 100mL 水样，用 $NH_3 \cdot H_2O$-NH_4Cl 缓冲溶液调节至 pH = 10，以铬黑 T 为指示剂，用 EDTA 标准溶液（0.01024mol/L）滴定至终点，其消耗 20.85mL；另取相同水样，用 NaOH 溶液调节 pH = 12，加入钙指示剂，用上述 EDTA 标准溶液滴定至终点，消耗 15.46mL，计算该水样 Ca^{2+} 和 Mg^{2+} 的含量（mg/L），并用德国度（°）表示该水样的总硬度（每升水含 10mg CaO 为一个德国度）。

6-6　用配位滴定法测定氯化锌的含量。称取 0.2500g 试样，溶于水后稀释到 250.0mL，移取溶液 25.00mL，在 pH 为 5～6 时，用二甲酚橙作指示剂，用 0.01024mol/L 的 EDTA 标准溶液滴定，用去 17.61mL。计算试样中氯化锌的质量分数

[$M(ZnCl_2) = 136.3g/mol$]。

6-7 称取含硫试样 0.3010g，处理为可溶性硫酸盐，溶于适量水中，加入 BaCl$_2$ 溶液 30.00mL，形成 BaSO$_4$ 沉淀，然后用 c(EDTA) = 0.02010mol/L 的 EDTA 标准溶液滴定过量的 Ba^{2+}，消耗 10.02mL。在相同条件下，以 30.00mL BaCl$_2$ 溶液做空白试验，消耗 25.00mL 的 EDTA 溶液。计算试样中硫的质量分数[M(S) = 32.07g/mol]。

6-8 用纯 Zn 标定 EDTA 溶液，若称取的纯 Zn 粒为 0.5942g，用 HCl 溶液溶解后转入 500mL 容量瓶中，稀释至标线。吸取该锌标准溶液 25.00mL，用 EDTA 溶液滴定，消耗 24.05mL，计算 EDTA 溶液的准确浓度[M(Zn) = 65.38g/mol]。

6-9 称取含钙试样 0.2000g，溶解后转入 100mL 容量瓶中，稀释至标线。吸取此溶液 25.00mL，加入钙指示剂，在 pH = 12.0 时用 0.02000mol/L EDTA 标准溶液滴定，消耗 EDTA 19.86mL，计算试样中 CaCO$_3$ 的质量分数[M(CaCO$_3$) = 100.09g/mol]。

第七章

吸光光度分析法

知识目标

1. 了解物质的颜色和光的关系。
2. 掌握吸光光度分析法的基本原理——朗伯-比尔定律。
3. 掌握显色反应及显色条件的选择。
4. 掌握标准曲线法的应用。
5. 熟悉分光光度计的构造，了解吸光光度法在食品理化分析中的一些应用。

技能目标

1. 能够应用标准曲线法进行样品分析。
2. 能够确定吸光光度法的最佳分析条件。

吸光光度法是基于物质对光的选择性吸收而建立的一种方法，根据物质对光的吸收程度，可以确定该物质的含量，是定性或定量分析中的一种常见方法。根据测定方式不同，吸光光度法分为比色分析法和分光光度法两大类。在分光光度法中，根据采用的光源不同，又可以分为紫外分光光度法、可见光分光光度法和红外分光光度法等。与滴定分析方法相比，分光光度法的灵敏度高，被测物质浓度的下限可以达到$10^{-6} \sim 10^{-5}$mol/L，相当于0.0001%～0.001%的微量组分，且操作简便、准确度高，在食品、医药、化工和环保等领域有着日益广泛的应用。

第一节　吸光光度法的基本原理

一、物质对光的选择性吸收

1. 光的基本性质

光是一种电磁波，它同时具有波动性和微粒性，即波粒二象性。波动性是指光以波动的形式传播，常用波长、频率及光速等参数表示，可以解释光的反射、折射、衍射及干涉等现象，满足以下关系：

$$v = \frac{c}{\lambda}$$

式中，v 为光的频率，Hz；c 为光的传播速度，在真空中约为 3.0×10^{10}cm/s；λ 为光的波长，nm。

光的微粒性是指光由大量以光速运动的粒子流（即光子）组成，可以解释光的吸收、放射、光电效应等现象。其中，光子的能量取决于光的频率或波长，满足以下光系：

$$E = hv = \frac{hc}{\lambda}$$

式中，E 为光子的能量单位为 J；h 为普朗克常数，6.626×10^{-34}J·s。从式中可知，光子的能量与其频率成正比，或与其波长成反比。将电磁辐射按波长大小排列起来可获得电磁波谱，表 7-1 列出了相关参数。

表 7-1 电磁辐射区域波谱关系表

电磁辐射区域	γ 射线区	X 射线区	紫外光区	可见光区	红外光区	微波区	射频区
波长范围	$10^{-3}\sim0.1$nm	$0.1\sim10$nm	$10\sim400$nm	$400\sim760$nm	$760\sim10^{-3}$m	$10^{-3}\sim1$m	$1\sim1000$m

其中波长范围在 400～760nm 的电磁波能被人的视觉所识别，该波段称为可见光。不同波长的光具有不同的能量，可以使人们察觉到不同的颜色。将一束白光通过三棱镜后，光被分解为红、橙、黄、绿、蓝、靛、紫七种颜色的光，这种现象称为光的色散（图 7-1）。每种颜色的光都有一定的波长范围，如表 7-2 所示。

表 7-2 不同颜色光的波长范围

颜色	波长/nm
红	620～760
橙	590～620
黄	560～590
绿	500～560
蓝	480～500
靛	430～480
紫	400～430

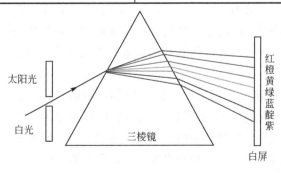

图 7-1 光的色散

实验证实，白光是由各种不同颜色的光按照一定强度和比例混合而成的，因而白光是一种复合光。不仅七种单色光混合可以成为白光，而且适当颜色的两种光，按照一定强度、比例混合，也可以成为白光。这两种单色光称为互补色光。图 7-2 中位于对角线的两种色光呈互补关系。

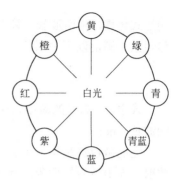

图 7-2　光的互补色光示意图

2. 物质对光的选择性吸收

当一束白光通过溶液时，如果各种色光透过的程度相同，没有吸收和反射，则溶液为无色溶液。如果溶液选择性地吸收白光中的某种单色光，则溶液呈现出透过光的颜色。例如，硫酸铜溶液因吸收了白光中的黄光而呈现出蓝色，高锰酸钾溶液因吸收了白光中的绿光而呈现出紫色，即溶液的颜色是由透过光的波长决定的。表 7-3 列出了溶液的颜色与吸收光波长之间的关系。

表 7-3　溶液的颜色与吸收光波长之间的关系

溶液的颜色	吸收光	
	颜色	波长 /nm
黄绿	紫	400～450
黄	蓝	430～480
橙	青蓝	480～490
红	青	490～500
紫红	绿	500～560
紫	黄绿	560～580
蓝	黄	580～600
青蓝	橙	600～620
青	红	620～760

实验证实，各种有色溶液，对不同波长的光都有一定程度的吸收。如果将不同波长的光依次通过待测的有色溶液，并测定吸光度，然后以波长为横坐标、吸光度为纵坐标作图，可得吸光度随波长变化的曲线，该曲线称为吸收光谱曲线，简称光吸收曲线。

光吸收曲线反映了溶液对不同波长色光的吸收能力，曲线上吸收度最大的地方为吸收峰，其对应的波长为最大吸收波长。一般而言，溶液在最大吸收波长处的吸光度随浓度的变化表现特别灵敏。图 7-3 给出了重铬酸钾和高锰酸钾两种物质的光吸收曲线。从图中可以看出物质不同，其光吸收曲线的形状和最大吸收波长均不相同，该特性可作为物质定性分析的依据。

图 7-4 给出了不同浓度高锰酸钾溶液的光吸收曲线。从下到上，$KMnO_4$ 溶液的浓度依次升高，相应吸收峰的强度也随之增大，说明溶液对光的吸收程度同溶液的浓度有关。此外，从图中还可以看出，尽管几条曲线的吸光度值不同，但是光吸收曲线的形状却是相似的，并且最大吸收波长不变。在吸光光度法中，利用吸收峰的强度与溶液浓度间的关系是定量分析的依据。

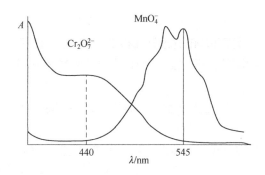

图 7-3　重铬酸钾和高锰酸钾的光吸收曲线

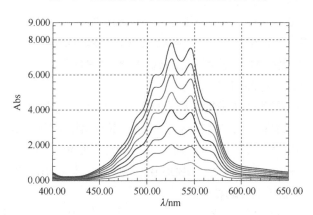

图 7-4　不同浓度高锰酸钾溶液的光吸收曲线

 实验 7-1：分光光度计的操作与高锰酸钾光吸收曲线的绘制

【实验目的】

1. 进一步掌握容量瓶、吸量管的使用。

2. 掌握分光光度计的使用。

3. 能够对光吸收曲线进行分析。

【仪器及试剂】

仪器和器皿：分光光度计、比色皿、移液管、容量瓶。

试剂：1mg/mL 高锰酸钾标准溶液。

【实验原理】

各种有色溶液，对不同波长的光都有一定程度的吸收。如果将不同波长的光依次通过待测的有色溶液，并测定吸光度，然后以波长为横坐标、吸光度为纵坐标作图，所得曲线为吸收光谱曲线，简称光吸收曲线。光吸收曲线反映了溶液对不同波长光的吸收能力。吸收程度最大时对应光的波长称为最大吸收波长，一般用 λ_{max} 表示。对于同一种物质不同浓度的溶液，浓度不同，对应光吸收曲线的高度不同，但是曲线的形状却是相似的，不同浓度的溶液对光吸收的最大波长 λ_{max} 完全相同。

【操作步骤】

1. 分光光度计的操作（UV-1800PC-DS2）

① 开机。接通电源，打开仪器后方开关，关上样品室盖，开始自检，自检后

预热约 30min。

② 测量模式选择。选择菜单项的光度测量模式，按"ENTER"进入光度测量模式。

③ 设置波长。在光度测量界面下，按"GOTO"进入设置波长，输入波长值，按"ENTER"确认。

④ 设置参数。按"SET"进入设置参数界面，选择"吸光度"，"ENTER"确认后按"RETURN"返回。

⑤ 比色皿的使用。每种溶液倒入前用该溶液润洗比色皿。装液量约为 3/4 比色皿，手拿粗糙面，观察不要有气泡，用擦镜纸吸干水珠，特别注意光玻璃面不能有水珠，放到样品室架上，并注意光玻璃面对着光路，盖好箱盖。

⑥ 校准。将参比置于光路，按"ZERO"使吸光度调零。

⑦ 测量样品。将样品置于光路，"START/STOP"测量结果。

⑧ 关机与整理。检测完毕后，关闭开关，拔掉电源；清洗比色皿，放入酒精溶液中浸泡保存。

2. 高锰酸钾光吸收曲线的绘制

① 将 1mg/mL 高锰酸钾溶液分别稀释成 0.020mg/L 和 0.040mg/L 两种浓度备用。

② 以蒸馏水作参比溶液，分别选择入射光波长 400nm、410nm、420nm、430nm、440nm、450nm、460nm、470nm、480nm、490nm、500nm、510nm、520nm、530nm、540nm、550nm、560nm、570nm、580nm、590nm、600nm，测定并记录两种不同浓度高锰酸钾溶液在每个波长相应的吸光值。

③ 以波长（λ）为横坐标、吸光度（Abs）为纵坐标，用描点法（平滑曲线）绘制光吸收曲线（铅笔），找出最大吸收波长。

【数据记录及处理】

λ/nm											
A											

【操作要点与注意事项】

1. 每换一次波长需要重新用蒸馏水进行调零。

2. 测定时手拿比色皿粗糙面，用擦镜纸小心吸尽光玻璃面上水珠，放到样品室架上，盖好箱盖。

【实验思考题】

1. 比色皿使用过程中有哪些注意事项？

2. 所绘制的两条高锰酸钾光吸收曲线形状与波长有什么特点？

3. 不同浓度的曲线在同一波长处，吸光值有何不同？

二、朗伯-比尔定律

当一束平行的单色光垂直照射到一有色、均匀、非散射的溶液时，一部分光被溶液吸收，另外一部分光透过溶液。假设入射光的强度为 I_0，透射光的强度为 I_t。当入射光的强度恒定时，如果 I_t 越大，表示有色溶液对光的吸收程度越小，反之亦然。定量分析时，可用透射光强度 I_t 与入射光强度 I_0 之比表示透光率 T，它反映了光透过溶液的强度，取值范围为 0~100%。

$$T = \frac{I_t}{I_0}$$

用透光率倒数的对数或透光率的负对数表示物质对光的吸收程度，即吸光度，用符号 A 表示。

$$A = \lg\frac{1}{T} = \lg\frac{I_0}{I_t} \text{ 或 } A = -\lg T$$

当有色溶液对光完全吸收时，I_t 为 0，A 为 100%；当光完全透过有色溶液时，I_0 为 0，T 为 100%。

实验证实，有色溶液对光的吸收程度，与溶液的浓度、液层的厚度以及入射光的强度有关。朗伯和比尔先后在 1760 年和 1852 年总结了光的吸收与液层厚度及溶液浓度之间的定量关系，称为朗伯-比尔定律，即当一束平行的单色光通过均匀、非散射的稀溶液时，溶液对光的吸收程度与溶液浓度和液层厚度的乘积成正比。光的吸收示意见图 7-5。

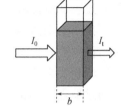

图 7-5 光的吸收示意图

其数学表达式是：

$$A = \lg\frac{I_0}{I_t} = Kbc$$

式中，A 为吸光度；K 为吸光系数，与入射光的波长、物质的性质和溶液的温度等因素有关。吸光度 A 的物理意义是：当有色物质的浓度为 1g/L、液层厚度为 1cm 时，在一定波长下该物质对特定波长的吸光值。

若溶液的浓度以 mol/L 来表示，液层的厚度以 cm 来表示，吸光系数 K 又称为摩尔吸光系数，常用符号 ε 表示，其单位为 L/（mol·cm），也可以写成下式：

$$A = \varepsilon bc$$

朗伯-比尔定律是由实验总结而来，不仅适用于可见光，也适用于紫外光和红外光区；不仅适用于均匀、非散射的液体，也适用于固体和气体。

第二节 吸光光度法的应用

一、目视比色法

比色法是通过比较或测量有色物质溶液的颜色深浅来确定待测组分含量的方法。常用的比色法有两种，分为目视比色法和吸光光度法，两种方法都是以朗伯-比尔定律为基础的。

目视比色法是向一组质料完全相同的玻璃制成的直径相等、体积相同的比色管中，按由少到多顺序依次加入待测组分标准溶液，再分别加入等量的显色剂及其他辅助试剂，然后稀释至相同体积，使之成为颜色逐渐递变的标准色阶。再取一定量的待测组分溶液于一支比色管中，用同样方法显色，再稀释至相同体积，将此样品显色溶液与标准色阶的各比色管进行比较，找出颜色深度最接近于样品显色溶液的那支标准比色管，如果样品显色溶液的颜色介于两支相邻标准比色管颜色之间,则样品溶液浓度应为两标准比色管溶液浓度的平均值。

目视比色法的主要优点是设备和操作简便,但由于观测者的眼睛对颜色的敏感程度不同,存在主观误差,所以其准确度较低。

二、标准曲线法

随着近代分析仪器的发展,目前已普遍使用分光光度计通过测量有色溶液对入射光的吸收程度进而对物质含量进行定量分析,该法称为吸光光度法。与目视比色法相比,吸光光度法消除了主观误差,提高了测量准确度,在实际样品分析中具有广泛的应用,其中标准曲线法是最常用的吸光光度法。

在朗伯-比尔定律的浓度范围内,用标准样品配制成不同浓度的标准系列,在与待测组分相同的显色条件下,测量各溶液的吸光度,用吸光度对标准系列浓度绘制关系曲线,此标准曲线应是通过原点的直线(图7-6)。若标准曲线不通过原点,则说明存在系统误差。然后在相同的测验条件下,测定样品溶液的吸光度 A_x,并从标准曲线上查待测样品的浓度,进而计算样品中待测组分的含量。该法操作简单,适合于大量样品的分析。

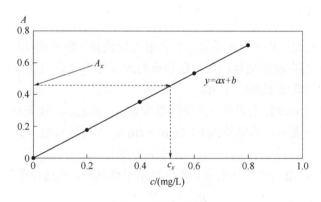

图 7-6　标准曲线法

三、显色反应及其条件的选择

1. 显色反应

有色物质具有明显的颜色,可直接用于吸光光度法。实际上,大部分的待测样品都是无色或颜色很浅,无法直接测定。在应用吸光光度法进行分析时,首先要把待测组分转变成有色化合物,然后进行吸光度测量。将待测组分转化成有色化合物的反应,称为显色反应,所加入的试剂为显色剂。显色反应可以分为两大类,包括配位反应和氧化还原反应,究竟选用何种显色反应,应遵循以下原则:

(1)选择性好　显色剂最好只与一种被测组分发生显色反应,其他组分不干扰或者干扰容易消除。

(2)灵敏度高　吸光光度法一般用于测定微量组分,应具备较高的灵敏度,要求生成的有色物质摩尔吸光系数较大,一般要求 $\varepsilon \geq 10^4$。但灵敏度高的显色反应,往往选择性不一定好，选择显色反应时须全面考虑。

（3）稳定性好　生成的有色物质组成恒定、化学性质稳定，测定的重现性就好，被测组分与有色物质之间才有定量关系。

（4）对比度大　生成的有色物质与显色剂之间的颜色差别要大，试剂空白颜色要浅。一般要求有色化合物和显色剂的最大吸收波长之差应大于 60nm。

（5）显色反应的条件要易于控制　如果要求过于严格，难以控制，测定结果的重现性差。

2. 显色剂

显色剂分为无机显色剂和有机显色剂两大类。由于无机显色剂的选择性差、生成的有色物质摩尔吸光系数小、灵敏度低等原因，使得真正具有实用价值的无机显色剂不多。常用的有：硫氰酸盐、钼酸盐及双氧水等。

许多有机试剂能与金属离子生成非常稳定的金属螯合物，显色反应的选择性和灵敏度都较无机显色剂高。此外，大多数金属螯合剂易溶于有机溶剂，可进行萃取比色，进一步提高了测定的灵敏度和选择性。因此，有机显色剂在吸光光度分析中得到了广泛应用。

3. 显色条件的选择

在实际应用中，能够完全满足要求的显色反应是比较少的。因此，在初步选定显色反应的类型后，显色反应条件的确定就特别重要。吸光光度法是测定显色反应达到平衡后溶液的吸光度，因此要得到准确结果，就需要认真研究影响显色反应的各种因素，找出显色反应的最佳条件，使显色反应完全和稳定。

（1）显色剂用量　显色反应一般可以用下式来表示：$M + R \longrightarrow MR$。

根据反应平衡原理，有色化合物的稳定常数越大，显色剂用量越多，越有利于形成有色化合物。但是过量的显色剂加入，会引起副反应，反而对测定不利。因此，在实际应用时需通过实验来确定适宜的显色剂用量。其方法是：将待测组分的浓度及其他条件固定，然后加入不同量的显色剂，测定其吸光度，绘制吸光度与显色剂用量之间的关系曲线。图 7-7 给出了常见的三种情况。

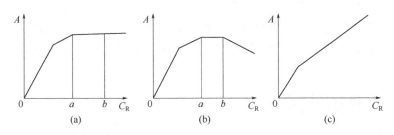

图 7-7　吸光度与显色剂浓度间的关系

图 7-7（a）表示，当显色剂的浓度在 0～a 范围时，显色剂用量不足，待测组分没有完全转化成有色化合物，随着显色剂用量的加大，吸光度值进一步增加。在 a～b 范围内，曲线趋向平稳，吸光度值出现稳定，这时对显色剂浓度要求控制不是很严格，适合吸光光度分析法。图 7-7（b）表示，显色剂的浓度只有在 a～b 这一较窄的区间范围内，吸光度值才比较稳定，因此吸光光度分析时应该控制显色剂的浓度在这一区间范围内。图 7-7（c）

表示，随着显色剂浓度的增大，吸光度值不断增大，这是因为配离子和待测离子生成了颜色越来越深的高配位体化合物，这种情况下，必须严格控制显色剂的用量。

（2）溶液的酸度　溶液的酸度对显色反应的影响很大，它不仅直接影响金属离子和显色剂的存在形式，而且影响着有色化合物的组成及稳定性。例如，Fe^{3+} 与磺基水杨酸的反应，当 pH = 1.8～2.5 时，生成 1∶1 的紫红色配合物；当 pH = 4～8 时，生成 1∶2 的红色配合物；当 pH = 8～11.5 时，生成 1∶3 的黄色配合物。因此，该显色反应一般要求在一定酸度下进行。

适宜的酸度可以通过实验来确定，其方法是：固定溶液中被测组分与显色剂的浓度，改变溶液的 pH，分别测出溶液的吸光度，将吸光度与溶液 pH 的关系绘制成曲线（图 7-8）。将曲线平坦部分所对应的 pH 区间作为测定的最适宜酸度条件。

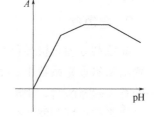

图 7-8　吸光度与 pH 间的关系

（3）显色温度　显色反应通常在室温下进行，但有些显色反应需要加热到一定温度才能完成。例如，以抗坏血酸为还原剂，通过钼蓝法测定磷时，在室温下显色需要 1h，而在沸水中显色，10min 内即可完成。但应当注意，有些显色剂在较高的温度下容易分解，不利于测定。因此，应根据不同的情况，选择合适的温度进行显色。

（4）显色时间　有些显色反应速率很快，瞬间即可完成，颜色很快达到稳定状态且在较长的时间内保持不变。但有些显色反应速率很慢，需要一段时间才能达到稳定的状态。因此，应该根据实验绘制显色时间与吸光度的关系曲线，依次确定最合适的显色时间。

（5）溶剂　溶剂的性质对显色反应也有影响。有些有色化合物的离解度，在水中比在有机溶剂中大，当溶液中加入可与水混溶的有机溶剂时，可使有色物质的颜色加深，进而提高测定的灵敏度。此外，溶剂还会影响有色化合物的稳定性。在吸光光度法中，要注意溶剂的选择。

（6）共存离子的干扰与消除　在实际分析测试时，被测样品中往往存在多种共存离子，共存离子将对吸光光度分析的结果造成影响。主要表现在：共存离子本身有颜色或与显色剂生成有色化合物；在显色条件下共存离子水解产生沉淀使溶液浑浊；与待测组分或显色剂形成更稳定的配合物，使显色反应不能进行完全等。这些影响可以通过控制酸度、加入掩蔽剂及分离干扰离子等方法加以消除，也可以通过选择适当的波长和合适的参比液来避免。

四、测定条件的选择

采用吸光光度分析样品含量时，为了使分析结果有较高的灵敏度和准确度，除了严格控制显色条件外，还必须选择合适的测量条件。吸光度测量条件主要包括测量波长的选择、参比溶液的选择和吸光度范围的控制等。

1. 测量波长的选择

入射光的波长应该根据光吸收曲线来选择，通常选择最大吸收波长 λ_{max} 作为测量波长，此时具有最高的灵敏度。如果最大吸收波长不在仪器可测波长范围内，或者干扰物质在此波长下也有较大的吸收，则应该选择灵敏度稍低且能避开干扰的入射光波长。即遵循"吸收最大、干扰最小"的原则。

2. 参比溶液的选择

采用吸光光度法测定样品时，由于入射光的吸收与反射会受到吸收池、溶液中的其他组分、溶剂和显色剂的影响，从而带来实验误差。为了消除上述影响，常用参比溶液来校正仪器，使其透光率为100%（或吸光度为0）。参比溶液一般从以下几个方面考虑：

① 当被测试液、显色剂、所用其他试剂均为无色时，可选择蒸馏水作为参比溶液，来消除吸收池和溶剂的影响。

② 若显色剂有颜色而被测试液无颜色时，可用不加被测试液的溶液作为参比溶液，即"试剂空白"。

③ 如果显色剂为无色，而被测试液中存在其他有色离子，可用不加显色剂的样品溶液作为参比溶液，即"样品空白"。

④ 如果显色剂和被测试液均有颜色，可将一份试液加入适当的掩蔽剂，将被测组分掩蔽起来，使之不再与显色剂作用，而显色剂和其他试剂均按照操作步骤加入，依此作为参比溶液，可以消除显色剂和一些共存组分的干扰。

总之，测量时选用的参比溶液，应尽量使被测试液的吸光度值能真正反映待测物质的浓度。

3. 吸光度范围的控制

受光源不稳定、光电池不够灵敏、光电流测量不准、透光率和吸光度的标尺不准等因素的影响，任何光度分析仪器都存在一定的测量误差。为了减少仪器误差，提高测定结果的准确度，一般将标准溶液和待测溶液的吸光度控制在0.2～0.8。根据朗伯-比尔定律，可采取以下措施：

① 通过控制试样的质量、萃取以及富集等手段，调整标准溶液和被测溶液的浓度，进而调节吸光度的大小。

② 通过改变比色皿的厚度，调节溶液吸光度的大小。

第三节　分光光度计的介绍

分光光度计是通过测定被测物质在特定波长处或一定波长范围内光的吸收度，进而对该物质进行定性和定量分析的一种光学仪器。分光光度计按波长及应用领域的不同可以分为可见光分光光度计、紫外-可见光分光光度计、红外分光光度计、荧光分光光度计、原子吸收分光光度计。尽管分光光度计的种类和型号繁多，但它们基本构件相似，都是由光源、单色器、吸收池、检测器和信号处理及显示系统五个基本部件组成。

一、光源

分光光度计的光源能够提供足够强度且稳定的连续光谱，常见的光源有热辐射光源和气体放电光源两类。

热辐射光源用于可见光区，如钨丝灯和卤钨灯，可使用范围在 320～1000nm，在使用时需配置稳压装置。气体放电光源用于紫外光区，如氢灯和氙灯，可在 180～375nm 范围内产生连续光源，同样需要配置稳压装置，且氙灯的光强度比氢灯要大 3～5 倍。

二、单色器

单色器是一种能将光源发出的光分离成所需要单色光的器件，通常由狭缝、色散元件和透镜系统组成。其关键部分为色散元件，它可将复合光色散为谱线或单色光，是起分光作用的元件。

常见的单色器有棱镜和光栅两种。棱镜一般由玻璃或石英制成，石英棱镜适用于可见光分光光度计，玻璃棱镜适用于紫外分光光度计。光栅是利用光的衍射和干涉原理进行光的色散，可用于紫外光、可见光和近红外光区，具有分辨率高、波长范围窄、制造简单等特点。狭缝用于调节光的强度并选择性的让单色光通过，决定单色器的分辨率，在一定范围内对单色光的纯度起调节作用。透镜系统则用于控制光的方向。目前，大多数紫外-可见光分光光度计采用光栅作为色散元件。

三、吸收池

吸收池，也称比色皿，用于盛放分析试液。在可见光区域测定时，可采用无色、透明、耐腐蚀的玻璃制品，大多数仪器都配有液层厚度为 0.5cm、1.0cm、2.0cm 和 3.0cm 等一套长方形或圆柱形的洗手池。洗手池的底面及两侧为磨毛玻璃，另外两侧为光学玻璃制成的透光面，要求同样厚度的比色皿之间透光率相差应小于 0.5%。使用洗手池时，应使其透光面垂直于光束通过方向，及时擦除指纹、油腻或皿壁上其他沉积物，以免影响其投射特性，造成分析误差。

四、检测器

检测器是一种光电转换器件，将接收到的光信号转变为电信号输出，其输出的电信号大小与投射光的强度成正比。常用的检测器有光电管、光电池和光电倍增管等。

五、信号处理及显示系统

信号处理及显示系统也称读出装置，系统的仪器面板上显示的是吸光度或透射比。其作用是把放大的电信号，以适当方式显示或记录下来。检测器将光信号转变为电信号后，可以用检流计、微安表、数字显示器或计算机显示和记录测量结果。

六、分光光度计的分类

分光光度计的种类繁多，根据仪器结构可分为单光束分光光度计、双光束分光光度计和双波长分光光度计三种，其中单光束分光光度计和双光束分光光度计为单波长分光光度计。

1. 单光束分光光度计

单光束分光光度计，采用钨灯和氢灯作光源，从光源发出的光经单色器分光后得到一束单色光，通过吸收池后，最后照射在检测器上始终为一束光，如图 7-9 所示。该类型的分光光度计结构简单、价格便宜，但由于其杂散光、光源波动等影响很大，所以准确度较差。国产 721 型、722 型、751 型等分光光度计都属于单光束分光光度计。

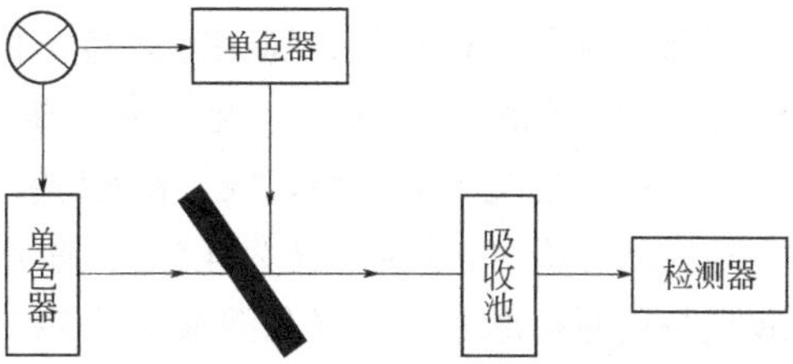

2. 双光束分光光度计

图 7-9　单光束分光光度计的结构示意图

从光源发出的复合光经单色器分光后的单色光被反射镜（切光器）分为强度相等的两束光，分别通过参比溶液和样品溶液。由于两束光同时通过参比溶液和样品溶液，因此能够自动消除光源强度变化所引起的误差。双光束分光光度计一般能自动记录吸收光谱曲线，其灵敏度较好，但结构较复杂、价格较贵。日本的 UV-2450 型及我国的 UV-2100 型、UV-763 型等均属于此类型。

3. 双波长分光光度计

由同一光源发出的光被分成两束，分别经过两个单色器，得到两束不同波长的单色光，再利用切光器使两束不同波长的单色光以一定频率交替照射同一溶液，然后再经过光电倍增管和电子控制系统，经过信息处理最后得到两波长处吸光度的差值，如图 7-10 所示。双波长分光光度法在一定程度上消除了背景及共存组分的干扰，提高了分析的灵敏度。双波长分光光度计不仅可用于多组分混合试样的分析，还可以用于一般分光光度计不能测定浑浊试样（如生物组织液）的分析。

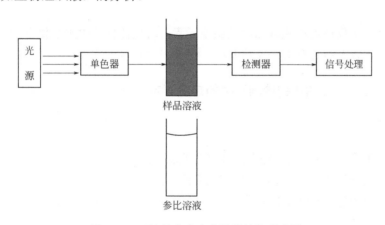

图 7-10　双波长分光光度计的结构示意图

第四节　吸光光度法在食品理化分析中的应用

一、测定食品中微量的铁元素

铁是人体所必需的元素之一，具有造血功能，是维持人体正常功能的重要元素。人体的铁元素主要来自食品，因此测定食品中铁元素的含量有着重要的意义。微量铁的测定根据所用显色剂的不同，有邻二氮菲法、磺基水杨酸法和硫氰酸盐法。最常用的是邻二氮菲法，该法准确度高、重现性好。

邻二氮菲（1,10-邻二氮杂菲）是一种有机配位剂，在 pH 为 3～9 范围内，可与 Fe^{2+} 快速形成红色配位离子。该配位离子在 510nm 波长附近有一吸收峰，摩尔吸收系数为 1.1×10^{-4}，反应十分灵敏，Fe^{2+} 浓度与吸光度符合光吸收定律，适合于微量铁的测定。在实际样品分析时，采用 pH 为 4.5～5 的缓冲溶液控制标准系列及样品溶液的酸度，通过盐酸羟胺还原标准系列及样品溶液中的 Fe^{3+} 并防止在测定过程中 Fe^{2+} 被空气氧化。

二、吸光光度法测定磷元素

食品加工过程中，会经常使用各种含磷的添加剂，如焦磷酸盐和磷酸盐等。磷在食品中属于微量元素，其测定方法一般也采用吸光光度法。

在一定酸度和锑离子存在的情况下，磷酸根能与钼酸铵形成锑磷钼混合杂多酸，它在常温下可迅速被还原剂还原为钼蓝，在 650nm 波长下测定。实验的适宜酸度为 0.28～0.38mol/L H_2SO_4，适宜温度为 20～60℃，显色时间为 30～60min，磷含量在 0.05～20pg/mL 范围内符合线性关系。

常用的还原剂有 $SnCl_2$ 和抗坏血酸。用 $SnCl_2$ 作为还原剂，反应的灵敏度高、显色快，但锑磷钼混合杂多酸的稳定性差，对酸度等反应条件有严格的要求。而采用抗坏血酸时，显色稳定，反应灵敏度高，但是反应速度较慢。为了加快显色反应，往往加入酒石酸锑钾，组成钼锑抗混合显色剂，因此本法又称为钼锑抗法。由于 SiO_3^{2-} 会与 $(NH_4)_2MoO_4$ 生成黄色化合物，并被还原成硅钼蓝，故在实际操作时需加入酒石酸控制 MoO_4^{2-} 的浓度，使其不与 SiO_3^{2-} 发生反应。

吸光光度法不仅能够检测食品中的微量元素，而且在食品中碳水化合物、脂肪、维生素、食品添加剂以及有毒有害物质检测时，也能发挥重要的作用。

 实验 7-2：标准曲线的绘制及磷的定量测定

【实验目的】

1. 理解利用吸光光度法测定物质含量的工作原理。

2. 掌握吸光光度法测定物质含量的方法和步骤。

3. 进一步熟悉分光光度计的使用。

【仪器及试剂】

仪器和器皿：分光光度计、移液管、烧杯、容量瓶、玻璃棒。

试剂：含 PO_4^{3-} 5μg/mL 标准溶液、$SnCl_2$-甘油溶液、钼酸铵-硫酸混合液、含磷试液。

【实验原理】

酸性条件下，磷酸根与钼酸铵形成黄色的锑磷钼混合杂多酸，用还原剂（$SnCl_2$、抗坏血酸等）还原为钼蓝，在含磷量为 0.05～20μg/mL 时，服从朗伯-比尔定律，在最大吸收波长处测量吸光值即可计算磷的含量。

【操作步骤】

1. 标准曲线的绘制

分别取 0.00mL、2.00mL、4.00mL、6.00mL、8.00mL、10.00mL 5mg/L 磷标准溶液于编号后的 6 个 50mL 容量瓶中，各加入约 25mL H_2O，然后再加入 2.5mL $(NH_4)_2MoO_4$-

H₂SO₄混合试剂摇匀。然后加入 4 滴 SnCl₂-甘油溶液用水稀释至刻度充分摇匀，静置 10～12min。于 690nm 波长处用 1.5cm 比色皿以空白溶液作参比，调节分光光度计的透光度为 100（吸光度为 0），测定各标准溶液的吸光度。以吸光度 A 为纵坐标、磷的质量浓度 ρ 为横坐标绘制标准曲线。

2. 试液中磷含量的测定

取 10.00mL 试液于 50mL 容量瓶中，与标准溶液在相同条件下显色，并测定其吸光度。从标准曲线上查出相应磷的含量，并计算原试液的质量浓度（单位为 mg/L）。1、2 步骤可按下表的顺序同时进行。

项目	1	2	3	4	5	6	7
加入磷标准溶液的体积/mL	0	2	4	6	8	10	0
加入磷试液的体积/mL	0	0	0	0	0	0	10
加入蒸馏水的体积/mL	25	23	21	19	17	15	15
加入钼酸铵指示剂的体积/mL	2.5	2.5	2.5	2.5	2.5	2.5	2.5
加入还原剂的滴数/滴	4	4	4	4	4	4	4
余下步骤	定容，摇匀，静置 10～12min，测定						

【数据记录及处理】

数值量	标 1	标 2	标 3	标 4	标 5	标 6
吸光度 A						
$\rho/$（mg/L）						

标准曲线

相关系数：__ $R^2 =$ _____   标准曲线方程：

【实验思考题】

1. 测定吸光度时，应根据什么原则来选择某一厚度的比色皿？

2. 空白溶液中为何要加入同标准溶液及试样同样量的钼酸铵指示剂[$(NH_4)_2MoO_4$-H_2SO_4]和还原剂（$SnCl_2$-甘油溶液）？

3. 本实验使用钼酸铵指示剂的用量是否需要准确加入？

▽【习题】

7-1 一有色化合物的 0.0010%水溶液在 2cm 比色皿中测得透射比为 52.2%。已知它在 520nm 处的摩尔吸光系数为 2.24×10^3L/(mol·cm)。求此化合物的摩尔质量。

7-2 用丁二酮肟分光光度法测定 Ni^{2+}，已知 50mL 溶液中含 Ni^{2+}0.080mg，用 2.0cm 吸收池于波长 470nm 处测得 $T = 53\%$，则质量吸光系数 α、摩尔吸光系数为多少？

7-3 称取维生素 C 0.05g，溶于 100mL 的稀硫酸溶液中，再量取此溶液 2mL 准确稀释至 100mL，取此溶液在 1cm 厚的石英池中，用 245nm 波长测定其吸光度为 0.551，求维生素 C 的质量分数[$\alpha = 56$L/(g·cm)]。

7-4 已知某化合物的最大吸收波长 $\lambda_{max} = 280$nm，将浓度为 1.0×10^{-5}mol/L 的该化合物溶液置于 2cm 吸收池中，通过吸光光度法测得其透射比为 50%，求该化合物在 280nm 处的摩尔吸光系数。

7-5 用磷钼蓝比色法测定钢中磷的含量。

① 标准曲线绘制：准确移取 0.01000mol/L 的 Na_2HPO_4标准溶液 12.50mL 置于 250mL 容量瓶中，加水稀释至刻度，然后分别取 V mL 此溶液注入 100mL 容量瓶中，用钼酸铵显色后加水稀释至刻度，分别测定如下：

V/mL	0	1.00	2.00	3.00	4.00	5.00
T/%	0.000	0.119	0.237	0.357	0.485	0.602

根据表中数据绘制 A-c(mg/mL)标准曲线。

② 称取钢样 1.31g，溶于酸，移入 250mL 容量瓶中，加水稀释至刻度。取此溶液 5.0mL 于 100mL 容量瓶中，显色后用水稀释至刻度测得 $T = 50.0\%$，求试样中 P 的百分含量[$M(P) = 30.97$g/mol]。

7-6 以丁二酮肟法测定微量镍，若配合物 $NiDx_2$ 的浓度为 1.70×10^{-5}mol/L，用 2.0cm 吸收池在 470nm 波长下测得透光率为 30.0%。计算该配合物在此波长的摩尔吸光系数。

第八章
有机化合物概述

知识目标

1. 掌握有机物、有机化学、共价键的基本概念。
2. 了解有机化合物的结构特点和物理化学特性。
3. 理解共价键的形成、断裂与基本属性。
4. 掌握有机化合物的分类原则和主要官能团。

技能目标

会用价键式、结构简式和键线式表示有机化合物。

　　有机化合物在自然界中分布广泛，与人类生活密切相关。有机化合物与无机化合物的特性差异很大，这类化合物数目众多、结构复杂，需要根据其结构和性质特点进行分类研究。有机化学主要研究有机化合物的组成、结构、性质及其变化规律。

第一节　有机物和有机化学

一、有机物的概念

　　有机化合物简称有机物，广泛存在于自然界，和人类关系非常密切。人类的生产、生活都离不开有机物。动植物体内含有大量的有机物，蛋白质、淀粉、天然高分子化合物、塑料、橡胶等都是有机物。

　　最早的有机物是指"有生机之物"（即所谓的生命力学说），人们以为有机物只能从生物体内获得。17世纪中叶科学家根据物质来源将物质分为动物物质、植物物质和矿物物质；19世纪初贝采尼乌斯（Berzelius）把动物物质和植物物质合称有机化合物，把矿物物质称为无机化合物。直到1828年，德国化学家韦勒在实验室用氰酸铵合成尿素，从此否定了生命力学说。

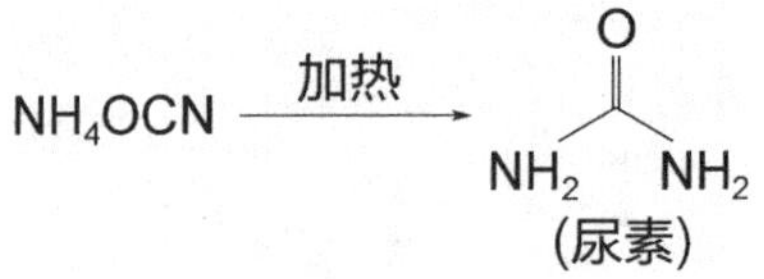

$$NH_4OCN \xrightarrow{\text{加热}} \underset{NH_2 \quad NH_2}{\overset{O}{\text{C}}}$$
(尿素)

那么现代意义上到底什么是有机物，什么是有机化学呢？现在比较接纳的含义——有机物是指碳氢化合物及其衍生物；有机化学则是研究有机物的组成、结构、性质和变化规律的科学。

二、有机物的特性

可以从组成结构、物理特性、化学特性来探讨有机物的特性。

1. 组成结构

无机物组成元素很多，而有机物组成元素简单，主要组成元素为碳、氢、氧、氮、磷、硫和卤素等，但是有机物的数目众多、结构复杂；每年新发现的有机物以几十万的速度增加。

其根本原因是碳原子的互相结合能力强，可以形成单、双、叁键，可以形成链状或环状；碳原子与其他原子结合能力也很强。此外，有机物中同分异构现象普遍存在。

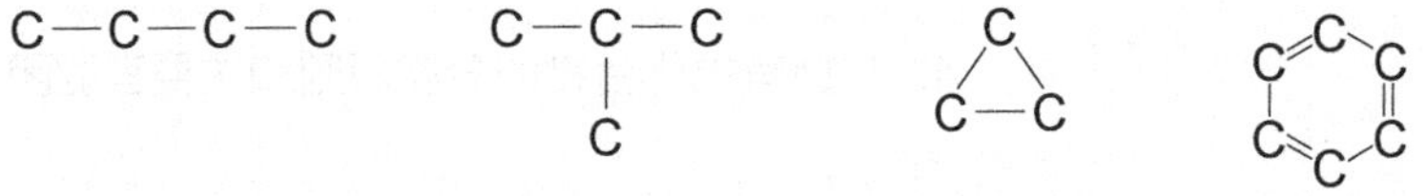

$$C-C-C-C \qquad \underset{C}{\overset{\displaystyle C-C-C}{|}} $$

有机物分子式相同而结构不同的称为同分异构体。例如：C_4H_8 可以有 5 种以上同分异构体：

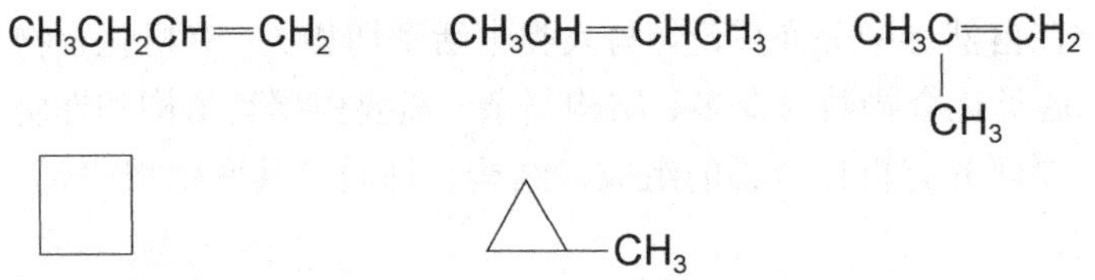

$$CH_3CH_2CH=CH_2 \qquad CH_3CH=CHCH_3 \qquad \underset{CH_3}{\overset{\displaystyle CH_3C=CH_2}{|}}$$

2. 物理特性

与无机物相比，大多数有机物的熔点、沸点较低，难溶于水，易溶于有机溶剂，导电性不良。

水是强极性化合物，大部分无机化合物是离子键型化合物，易溶于水，不易溶于有机溶剂；而有机化合物是共价键型化合物，极性小，不溶于水，易溶于有机溶剂。这就是"相似相溶"原理。

3. 化学特性

大部分有机物的热稳定性较差，受热易分解，易燃烧。有机化合物之间的是分子反应，因此速率较慢、产物复杂、副反应多。

为何有机物和无机物差别如此之大？这要从分子结构上进行分析。

第二节　有机物的结构

　　分子结构指的是分子中原子间的排列次序、原子相互间的立体位置、化学键的结合状态以及分子中电子的分布状况等各项内容的总和。分子的性质不仅取决于其元素组成，更取决于分子的结构。"结构决定性质，性质反映结构。"其中，分子中原子间相互连接的顺序叫作分子的构造。

　　有机物分子中的原子主要以共价键互相结合，掌握了共价键的形成、基本属性与断裂，就可以理解有机物的性质。

一、共价键的形成

　　有机物分子中的原子主要是以共价键互相结合的，共价键是原子间共用电子对形成的化学键。原子由带正电荷的原子核和带负电荷的核外电子组成，整体呈电中性，化学反应是原子核外电子的运动状态发生改变。碳原子的核外电子为 6 个，第一层 2 个，第二层 4 个。碳原子为四价元素，最外层的 4 个电子可以和其他原子共用电子，形成共价键，因此形成单键化合物时呈现四面体结构。此外，碳原子还可以形成双键和叁键。但是形成重键（双键和叁键），分子的稳定性会下降。

碳原子结构与共价键的形成

　　揭示共价键形成的理论非常多，包括价键理论、分子轨道理论和原子轨道杂化理论。了解碳原子的结构、理解共价键的形成，有助于理解有机物的结构和特性。

　　1. 共价键的形成

　　（1）碳原子的结构特点　电子在核外的分布就好像云雾一样，因此把这种分布形象地称为电子云。这种电子在原子核外空间可能出现的区域称为原子轨道，通常用 1s 轨道、2s 轨道、2p 轨道、3s 轨道、3p 轨道……来表示。

　　电子在原子核外的排布遵循两个原理。泡利不相容原理：每个原子轨道最多能容纳 2 个电子，而且这两个电子的自旋方向必须相反。自然界中存在一条普遍的规律是"能量越低越稳定"，原子中的电子也不例外。电子在原子轨道中所处的状态总是尽可能使整个体系的能量为最低，这样的体系最稳定。因此，电子总是优先占据可供占据能量最低的轨道，只有当能量最低的轨道占满后，电子才依次进入能量较高的轨道，这个规律称为能量最低原理。因此，碳原子核外 6 个电子排布为：$1s^2 2s^2 2p^2$。

　　（2）共价键的形成　关于共价键的形成理论很多，比如价键理论、分子轨道理论和原子轨道杂化理论，这里简单介绍一下原子轨道杂化理论，该理论很好地解释了在绝大多数有机化合物中，碳原子为什么总是四价这一事实。

　　2. 原子轨道杂化理论

　　该理论由 Pauling L 于 1931 年提出，要点为碳原子在形成化合物的时候会发生原子轨道杂化。杂化是指成键原子几种能量相近的原子轨道相互影响和混合,重新组成复杂的原子轨道;杂化前后,轨道数目不变。

碳原子最外层一共有四个电子,在激发态 2s 轨道的一个电子会跃迁到 2p 轨道,呈 $2s^1 2p^3$ 状态。

形成分子的过程中,可以发生三种不同情况的杂化。

(1) sp^3 杂化　甲烷分子中的碳原子采取 sp^3 杂化。杂化的结果如下:

① sp^3 杂化轨道具有更强的成键能力和更大的方向性。

② 四个 sp^3 杂化轨道完全相同,取最大空间距离为正四面体构型,轨道夹角 109.5°。

③ 四个 H 原子只能从四面体的四个顶点进行重叠(因顶点方向电子云密度最大),形成 4 个 σ C—H 键。

(2) sp^2 杂化　乙烯分子中的碳原子采取 sp^2 杂化。杂化的结果:杂化轨道形成三个 σ 键,与未参与杂化的 p 轨道间肩并肩重叠形成 π 键。

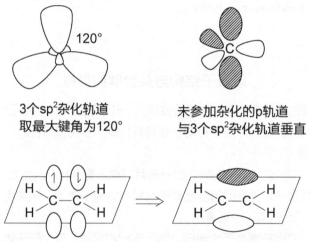

(3) sp 杂化　乙炔分子中的碳原子采取 sp 杂化。sp 杂化的结果:

① sp 杂化轨道的 s 成分更大,电子云离核更近。

② 两个 sp 杂化轨道取最大键角为 180°。所以,乙炔分子中电子云的形状为对称于 σ C—C 键的圆筒形。

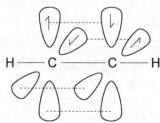

综上可见,碳原子的共价键一共有两种: σ 键和 π 键。

σ 键的成键特点：

① "头碰头"成键，电子云近似圆柱形分布。

② σ 键可以旋转。

③ σ 键较稳定，存在于一切共价键中。

因而，只含有 σ 键的化合物性质是比较稳定的（如烷烃）。

π 键的成键特点：

① "肩并肩"成键。

② 电子云重叠程度不及 σ 键，较活泼。

③ π 键必须与 σ 键共存。

④ π 键不能自由旋转。

因而，具有 π 键的化合物性质较活泼（如烯烃、炔烃等）。

【思考题】

碳原子为四价元素，氢原子为一价元素。一个碳原子可以形成几个共价键？两个碳原子形成单键，各自还可以连接几个氢原子？两个碳原子形成双键，各自还可以连接几个氢原子？

二、共价键的基本属性

1. 键长

键长为成键的两个原子核间的平均距离，以 $nm(1nm = 10^{-9}m)$表示。一般键长越短，化学键越牢固，越不容易断开。

2. 键角

键角为两个共价键在空间形成的夹角。键角与成键中心原子的杂化态有关，也受分子中其他原子的影响。

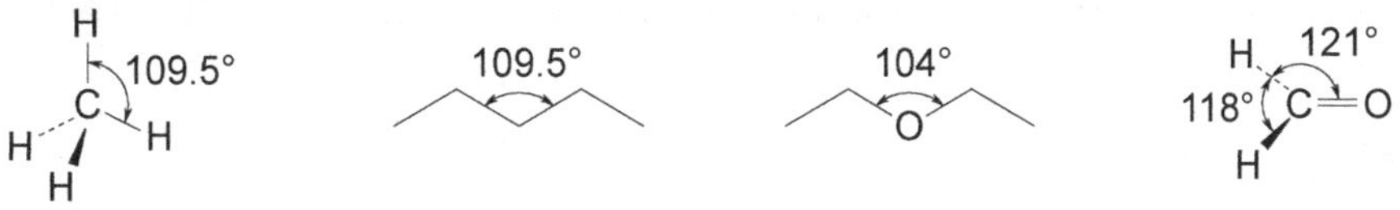

| 甲烷 | 戊烷 | 乙醚 | 甲醛 |

3. 键能

键能为气态下，断开 1mol 共价键所需能量，为衡量原子形成共价键所放出的能量。在相同类型的键中，键能越大，键越稳定。双原子分子中，键的离解能等于键能。碳碳单键、双键和叁键的键能分别为 346kJ/mol、610kJ/mol 和 835kJ/mol。

4. 键的极性

键的极性是由于成键的两个原子之间的电负性（吸引电子的能力）差异而引起的，二者差异越大，共价键的极性就越大。形成共价键的两个原子吸引电子能力不同，共用电子对偏向吸引电子能力较强的原子，该原子会带部分负电荷，吸引电子能力较弱的原子则带部分正电荷，这样的共价键被称为极性共价键，简称极性键。例如：

$$\overset{\delta^+}{H}—\overset{\delta^-}{Cl} 、 \overset{\delta^+}{CH_3}—\overset{\delta^-}{Cl} 、 \overset{\delta^+}{CH_3}—\overset{\delta^-}{OH}$$

一般成键原子电负性差大于 1.7，原子间形成离子键；成键原子电负性差为 0.5~1.6，形成极性共价键；电负性差小于 0.5，则形成非极性共价键。表 8-1 为有机化学中常见元素的电负性。

表 8-1　有机化学中常见元素的电负性

H 2.1						
Li 1.0	Be 1.5	B 2.0	C 2.5	N 3.0	O 3.5	F 4.0
Na 0.9	Mg 1.2	Al 1.5	Si 1.8	P 2.1	S 2.5	Cl 3.0
K 0.6	Ca 1.0					Br 2.8
						I 2.5

三、共价键的断裂

当有机物发生化学反应时，原来的共价键发生断裂，新的共价键生成，从而形成新的分子。共价键发生断裂时有均裂和异裂两种方式。

1. 均裂

所谓均裂，就是组成共价键的一对电子被两个成键原子各保留一个。均裂的结果是产生了具有不成对电子的原子或原子团——自由基。

$$A \overset{\cdot}{\underset{\cdot}{\vdots}} B \longrightarrow A\cdot + \cdot B$$

$$H \overset{\cdot}{\underset{\cdot}{\vdots}} CH_3 + Cl\cdot \longrightarrow \cdot CH_3 + A—Cl$$

发生均裂的反应条件是光照、辐射、加热或有过氧化物存在。有自由基参与的反应叫作自由基反应或均裂反应。

2. 异裂

所谓异裂，就是组成共价键的一对电子被其中一个成键原子保留，形成带负电荷的阴离子，另一个成键原子成为带正电荷的阳离子。

$$A \vdots B \longrightarrow A^+ + B^-$$

$$(CH_3)_3C \vdots Cl \longrightarrow (CH_3)_3C^+ + Cl^-$$

发生异裂的反应条件是有催化剂、极性试剂、极性溶剂存在。发生共价键异裂的反应，叫作离子型反应或异裂反应。

四、有机物结构的表示方法

有机物结构主要指的是分子中原子间相互连接的顺序和方式。表示分子中各原子连接顺序和方式的化学式称为结构式，主要包括电子式、价键式。用两个小黑点表示一对共用电子的结构式称为电子式。用短线表示共价键的结构式则为价键式。

只表明特征价键或者官能团的化学式为结构简式（又称示性式），结构简式更为常用。

只要把碳氢单键省略掉即可，碳碳单键、碳和氧的单键等大多数单键可以省略也可不省略。有机物的结构式范例见表8-2。

表8-2　有机物的结构式范例

物质名称	乙烷	乙烯
分子式	C_2H_6	C_2H_4
电子式	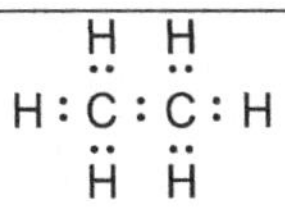 $\begin{array}{c} H \quad H \\ \cdot\cdot \quad \cdot\cdot \\ H\!:\!C\!:\!C\!:\!H \\ \cdot\cdot \quad \cdot\cdot \\ H \quad H \end{array}$	 $\begin{array}{c} H \quad H \\ \cdot\cdot \quad \cdot\cdot \\ C\!::\!C \\ \cdot\cdot \quad \cdot\cdot \\ H \quad H \end{array}$
价键式	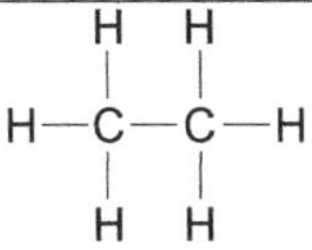 $\begin{array}{c} H \quad H \\ \mid \quad \mid \\ H\!-\!C\!-\!C\!-\!H \\ \mid \quad \mid \\ H \quad H \end{array}$	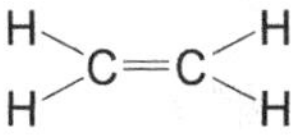 $\begin{array}{c} H \quad\quad H \\ \diagdown \quad\quad \diagup \\ C\!=\!C \\ \diagup \quad\quad \diagdown \\ H \quad\quad H \end{array}$
结构简式	CH_3-CH_3 （CH_3CH_3）	$CH_2=CH_2$

键线式也称骨架式、拓扑式、折线简式，用键线来表示碳架，在环状有机物中应用较多。分子中的碳氢键、碳原子及与碳原子相连的氢原子均省略，其他杂原子及与杂原子相连的氢原子须保留。每个端点和拐角处都代表一个碳。例如：

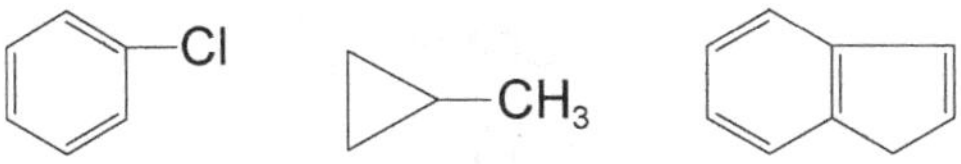

第三节　有机物的分类

有机物数量众多、结构复杂，为了便于研究和学习，常根据有机物的结构特点对有机物进行分类。常用的有以下两种。

一、按碳架分类

根据有机物的基本碳架（即碳原子的连接方式）不同，有机物分为开链化合物、碳环化合物和杂环化合物三种。

开链化合物：$CH_3CH_2CH_2CH_3$、$CH_2=CH-CH=CH_2$、$CH_3(CH_2)_{16}COOH$等

脂环族化合物：等

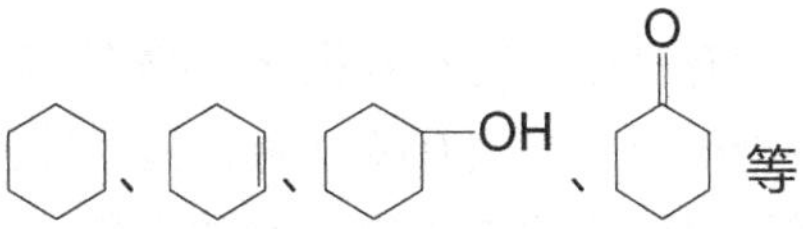

芳香族化合物：等

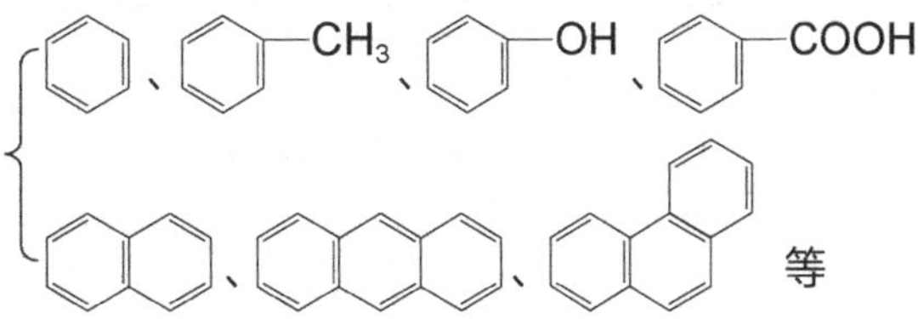

杂环化合物：等

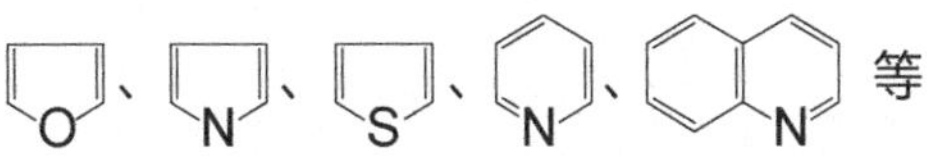

二、按官能团分类

官能团是指决定化合物典型性质的原子或原子团。含有相同官能团的化合物具有相似的化学性质，是同类化合物。常见的官能团如下：

碳碳双键	$C=C$	烯烃
碳碳叁键	$C\equiv C$	炔烃
卤素原子	$-X$	卤代烃
羟基	$-OH$	醇、酚
醚基	ROR	醚
醛基	$\overset{\displaystyle O}{\underset{\displaystyle \|}{RC}}-$	醛
羰基	$\overset{\displaystyle O}{\underset{\displaystyle \|}{-C}}-$	酮等
羧基	$-COOH$	羧酸
酰基	$-CONH_2$	酰基化合物
氨基	$-NH_2$	胺
硝基	$-NO_2$	硝基化合物
磺酸基	$-SO_3H$	磺酸
巯基	$-SH$	硫醇、硫酚
氰基	$-CN$	腈

通常将以上两种分类方法结合使用，如"开链烯烃""脂肪酸""芳香胺"等。

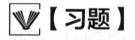

【习题】

8-1 何谓有机化合物？有机化合物有什么特点？

8-2 共价键断裂方式有哪几种？其条件是什么？

8-3 试写出丙炔的电子式、价键式和结构简式。

第九章

链烃

知识目标

1. 了解烷烃、烯烃、炔烃的结构特点及其特性。

2. 掌握烷烃、烯烃、炔烃的通式、构造异构、命名及物理性质的变化规律。

3. 掌握烷烃、烯烃、炔烃的重要化学性质及其应用。

技能目标

1. 能应用习惯命名法和系统命名法对烷烃、烯烃、炔烃进行命名。

2. 会应用马氏规则写出烯烃、炔烃的亲电加成产物。

3. 能利用化学方法鉴别烷烃、烯烃和炔烃。

烃是只含碳、氢两种元素的有机物，可分为链烃和环烃，链烃又可分为饱和烃与不饱和烃（又称饱和脂肪烃和不饱和脂肪烃）。饱和链烃分子中的共价键稳定，在一定条件下均裂产生自由基，发生自由基取代反应。不饱和链烃分子性质活泼，在一定条件下可以发生加成、氧化和聚合反应。

第一节　烷烃

一、烷烃的分子结构

分子中只含碳、氢两种元素的有机物称为烃，是最简单的有机物。其主要分类如下：

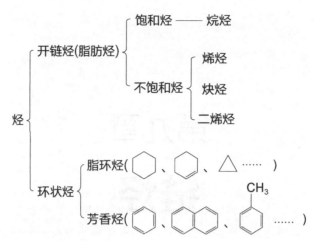

其中，只含碳碳单键和碳氢单键的开链烃为烷烃。由于分子中没有重键，不能发生加成反应，故称为饱和烃，碳原子为饱和碳原子。

1. 烷烃的通式

由于碳原子为四价原子，因此含一个碳原子的甲烷其分子式为 CH_4。每增加一个碳原子就增加两个氢原子，相邻两个烷烃分子中总是相差—CH_2—的整数倍。

	甲烷	乙烷	丙烷	丁烷
分子式	CH_4	C_2H_6	C_3H_8	C_4H_{10}
结构式	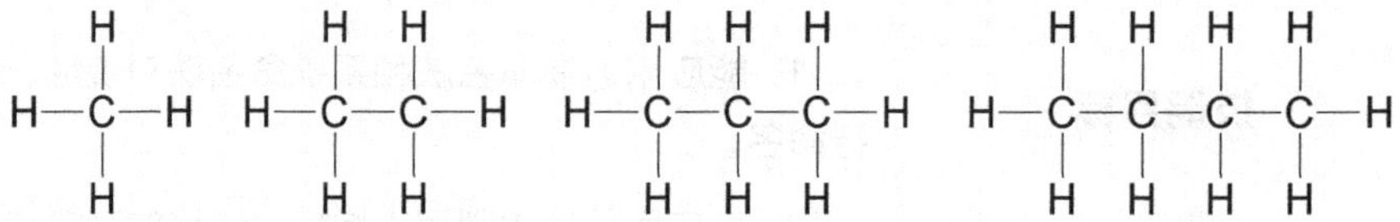 H—C—H	H—C—C—H	H—C—C—C—H	H—C—C—C—C—H
碳原子数	1	2	3	4
氢原子数	2×1+2	2×2+2	2×3+2	2×4+2

故此可以得到烷烃的通式为 C_nH_{2n+2}，而结构相似、在组成上相差—CH_2—整数倍的一系列化合物称为同系列，同系列中的各个化合物叫作同系物。例如，甲烷、乙烷、丙烷、丁烷……均属烷烃系列；乙酸、丙酸、月桂酸、硬脂酸……均属脂肪酸系列。同系物化学性质相似，物理性质随分子量增加而有规律地变化。

2. 烷烃的构造异构

丙烷中的一个氢原子被甲基取代，可得到两种不同的丁烷：

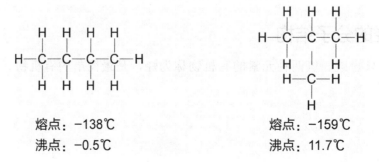

熔点：−138℃
沸点：−0.5℃

熔点：−159℃
沸点：11.7℃

这两种不同的丁烷，具有相同的分子式和不同的结构式，互为同分异构体，其熔点和沸点都不一样。分子式相同、结构式不同的现象称为同分异构现象。随着碳原子数增加，同分异构体也迅速增加。

【思考题】

分子中有五个碳原子的烷烃通式是什么？都有哪些同分异构体？

3. 碳原子类型

烷烃分子中的碳原子，依据其所连的碳原子数目不同，可以分为四类：与一个碳原子相连的碳原子，叫伯碳原子（第一碳原子、一级碳原子），通常用 1° 表示；与两个碳原子相连的碳原子，叫仲碳原子（第二碳原子、二级碳原子），用 2° 表示；与三个碳原子相连的碳原子，叫叔碳原子（第三碳原子、三级碳原子），用 3° 表示；与四个碳原子相连的碳原子，叫季碳原子（第四碳原子、四级碳原子），用 4° 表示。例如：

$$\begin{array}{c} \quad\quad\quad CH_3 \quad CH_3 \\ {\scriptstyle 1°\ 2°\quad |\quad 4°|} \\ CH_3CH_2CHCH_2CCH_3 \\ {\scriptstyle 3°\ 2°\quad 1°} \\ \quad\quad\quad\quad CH_3 \end{array}$$

连在伯碳上的氢原子叫伯氢原子（一级氢，1°H），连在仲碳上的氢原子叫仲氢原子（二级氢，2°H），连在叔碳上的氢原子叫叔氢原子（三级氢，3°H）。

4. 烷基

烃分子去掉一个氢原子称为烃基，通常可以用 R— 表示；烷烃分子去掉一个氢原子称为烷基。例如，甲烷 CH_4 去掉一个氢原子，成为甲基 CH_3—。常见的烷基：

$$CH_3CH_2— \qquad CH_3CH_2CH_2— \qquad \begin{array}{c} CH_3 \\ | \\ CH_3CH— \end{array} \qquad \begin{array}{c} \quad\quad CH_3 \\ \quad\quad | \\ CH_3C— \\ | \\ CH_3 \end{array}$$

　　乙基　　　　　　　丙基　　　　　　　异丙基　　　　　　叔丁基

二、烷烃的命名

1. 普通命名法

普通命名法又称习惯命名法，适用于简单有机物。其基本原则是根据烷烃分子中碳原子数目命名为"正（或异、新）某烷"。其中"某"字代表碳原子数目，含碳原子数目为 $C_1 \sim C_{10}$ 的用天干名称甲、乙、丙、丁、戊、己、庚、辛、壬、癸来表示，含 10 个以上碳原子用中文数字"十一、十二……"表示。

对直链烷烃，叫正某（甲、乙、丙、丁、戊、己、庚、辛、壬、癸、十一、十二……）烷。例如：

$$CH_3CH_2CH_2CH_2CH_3 \qquad\qquad CH_3CH_2CH_2CH_2CH_2CH_2CH_2CH_2CH_2CH_2CH_3$$

　　　　　正戊烷　　　　　　　　　　　　　　　　正十二烷

对有支链的烷烃该命名法只适用于链端第二个碳原子有甲基取代基的烷烃：链端第二

个碳原子有一个甲基取代基叫"异某烷"；有两个甲基取代基叫"新某烷"。例如：

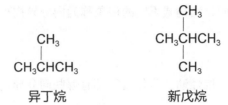

异丁烷　　　　　　　　　新戊烷

普通命名法虽然比较简单，但对于结构较复杂的化合物就无法命名，而要采用系统命名法。

2. 系统命名法

（1）直链烷烃　与普通命名法相似，省略"正"字。如：$CH_3(CH_2)_{10}CH_3$ 十二烷。

（2）有支链时

① 取最长碳链为主链，支链作为取代基。

② 对主链上的碳原子标号。从距离取代基最近的一端开始编号，用阿拉伯数字表示位次。

③ 写名称。依次写取代基位置、短横线、取代基名称、主链名称。

例如：

$$
\begin{array}{c}
CH_3 \\
| \\
CH_3CHCH_2CH_2CH_3
\end{array}
\qquad
\begin{array}{c}
CH_2CH_2CH_3 \\
| \\
CH_3CHCH_2CH_3
\end{array}
$$

2-甲基戊烷　　　　　　3-甲基己烷

（3）多支链时　合并相同的取代基，用汉字一、二、三……表示取代基的个数，用阿拉伯数字 1,2,3… 表示取代基的位次，按官能团大小次序（小的在前，大的在后）命名。

例如：

$$
\begin{array}{c}
CH_3 \\
| \\
CH_3C \!-\! CHCH_2CH_2CH_3 \\
| \quad\; | \\
CH_3 \;\; CH_2CH_3
\end{array}
$$

2,2-二甲基-3-乙基己烷

（4）其他情况

① 含多个长度相同的碳链时，选取代基最多的链为主链。

$$
\begin{array}{c}
CH_3CH_2CH \!-\! CHCH_2CH_3 \\
| \qquad\quad | \\
CH_3 \!-\! CH \;\; CHCH_3 \\
| \qquad | \\
CH_3 \;\; CH_3
\end{array}
$$
2,5-二甲基-3,4-二乙基己烷

② 在保证从距离取代基最近一端开始编号的前提下，尽量使取代基的位次最小。

$$
\begin{array}{c}
CH_3 \\
| \\
CH_3CH_2C \!-\! CHCH_2CH_3 \\
| \qquad | \\
CH_3 \;\; CH_2CH_3
\end{array}
$$
3,3-二甲基-4-乙基庚烷

多种取代基要根据次序规则比较大小，较优基团写在后。

次序规则：原子序数大的为较优基团；第一个原子相同时，比较第二个原子，依次类推。含有双键和叁键的基团，把双键和叁键的基团看作单链原子的重复，然后进行比较。

常见的烷基从小到大次序为：甲基、乙基、丙基、丁基、戊基、异戊基、异丁基、新戊基、异丙基、仲丁基、叔丁基。

三、烷烃的性质

1. 物理性质

烷烃的物理性质随碳原子数目增加呈规律性变化。在常温常压（25℃、$1.01325 \times 10^5 Pa$）下，1～4 个碳原子直链烷烃为气体，5～17 个碳原子直链烷烃为液体，18 个以上则为固体。随着 C 原子数目增加，分子量增加；沸点上升，熔点上升，相对密度增加。

烷烃为非极性或弱极性化合物，易溶于极性较弱的有机溶剂，难溶于水。这就是"相似相溶"原理。

2. 化学性质

烷烃的化学性质比较稳定，一般情况下不与强酸、强碱和氧化剂反应。但在一定条件下，可以发生碳氢键或碳碳键的断裂。

（1）取代反应　烷烃能与卤素在高温或光照条件下发生取代反应，氢原子被其他原子或原子团取代。卤素的反应速度为：$F_2 > Cl_2 > Br_2 > I_2$。其中氟代反应太剧烈，难以控制；而碘代反应太慢、难以进行，实际上广为应用的是氯代和溴代反应。

$$CH_4 + Cl_2 \xrightarrow[\text{或} hv, 25℃]{400℃} CH_3Cl + HCl$$
氯甲烷

$$CH_4 + Br_2 \xrightarrow[hv]{125℃} CH_3Br + HBr$$
溴甲烷

氯代环己烷

烷烃的卤代反应一般难以停留在一取代阶段，通常得到各卤代烃的混合物。若要得到其中某一产物，可通过控制甲烷和氯的配料比来实现。例如甲烷的氯代：

$$CH_4 + Cl_2 \xrightarrow[\text{或} hv, 25℃]{400℃} CH_3Cl + CH_2Cl_2 + CHCl_3 + CCl_4$$

氢原子类型不同，难易程度也不同，通常叔氢>仲氢>伯氢。

烷烃的卤代反应中，共价键发生均裂产生自由基，这一反应为自由基取代反应。

取代反应的机理——自由基反应

自由基取代反应是通过共价键的均裂生成自由基而进行的链反应。包括链引发、链增长和链终止三个阶段。

自由基反应的引发方式有两种，物理引发如加热、光照、辐射、激光、超声波等；化学引发主要是引发剂（受热容易生成自由基的化学物质），常用的引发剂有过氧化二苯甲酰、偶氮二异丁腈等。

自由基从无到有，浓度从小到大，当自由基的浓度增大到一定程度，反应进入链增长阶段。自由基浓度不变，RX 和 HX 浓度增大，RH 和 X_2 浓度减小，当 RH 和 X_2 的浓度减小到一定程度时，反应进入链终止阶段。

例如，光照引发自由基反应，其主要变化过程如下：

$$链引发 \quad X_2 \xrightarrow{\text{光照}} 2X\cdot$$

$$链增长 \quad X\cdot + RH \longrightarrow HX + R\cdot$$
$$X_2 + R\cdot \longrightarrow RX + X\cdot$$

$$链终止 \quad R\cdot + X\cdot \longrightarrow RX$$
$$R\cdot + R\cdot \longrightarrow R-R$$
$$X\cdot + X\cdot \longrightarrow X_2$$

（2）氧化反应　常温下烷烃不与氧化剂反应，也不和空气中的氧气发生反应，但可以在空气中燃烧，生产二氧化碳和水，并释放大量的热量。因此，烷烃是非常重要的能源。

$$CH_4 + O_2 \xrightarrow{\text{燃烧}} CO_2 + H_2O$$

控制反应条件，烷烃可以氧化成醇、醛、羧酸等含氧有机物。

四、烷烃的来源和应用

烷烃的主要来源是石油和天然气，是重要的化工原料和能源物资。尽管各地的天然气组分不同，但几乎都含有 75% 的甲烷、15% 的乙烷及 5% 的丙烷，其余的为较高级的烷烃。而含烷烃种类最多的是石油，石油中含有 1～50 个碳原子的开链烷烃及一些环状烷烃，而以环戊烷、环己烷及其衍生物为主，个别产地的石油中还含有芳香烃。我国各地产的石油，成分也不相同，但可根据需要，将其分馏成不同的馏分加以应用。烷烃不仅是燃料的重要来源，而且是现代化学工业的原料。另外，烷烃还可以作为某些细菌的食物，细菌食用烷烃后，分泌出许多很有用的化合物，也就是说烷烃经过细菌的"加工"后，可成为更有用的化合物。

生物体中也含有少量烷烃，例如洋白菜表面蜡质是正二十九烷；昆虫外激素（如蚂蚁的信息素）主要为正十一烷和正十三烷，利用这一原理可以开发出生物农药。比如雌虎蛾的"性引诱剂"为 2-甲基十七烷，目前可以人工合成性引诱剂，以捕杀雄虫。

第二节　烯烃

一、烯烃的通式与同分异构

分子中具有碳碳双键的不饱和烃叫作烯烃，分为链烯烃和环烯烃。小分子烯烃主要来自石油裂解气，环烯烃在植物精油中存在较多，许多可用作香料。烯烃是有机合成中的重要基础原料。

1. 烯烃的通式

单烯烃含有一个碳碳双键（C=C），它比同碳原子数的烷烃少两个氢，因此通式为 C_nH_{2n}（$n \geqslant 2$）。这个通式代表一系列的烯烃，例如 $CH_2=CH_2$、$CH_3CH=CH_2$、$CH_3CH_2CH=CH_2$ 等，它们都互为同系物。

2. 烯烃的同分异构

由于烯烃含有碳碳双键，碳碳双键又不能自由旋转，因此同分异构现象比烷烃复杂。

（1）烯烃的构造异构　烯烃的构造异构除碳链异构外，还由于双键在链中的位置不同，即官能团位置异构而产生。例如，在烯烃的同系物中，乙烯和丙烯都没有异构体，从丁烯开始有构造异构现象。

$$H_3C-CH_2-CH=CH_2 \qquad H_3C-CH=CH-CH_3 \qquad \begin{array}{c} H_3C-C=CH_2 \\ | \\ CH_3 \end{array}$$

　　　1-丁烯（①）　　　　　　　2-丁烯（②）　　　　　2-甲基-1-丙烯（③）

丁烯有三个构造异构体，其中①和③或②和③是碳链异构体，①和②是位置异构体。

（2）烯烃的顺反异构　烯烃的官能团是碳碳双键，由于双键两端碳原子所连接的四个原子都处于同一平面，碳碳双键又不能自由旋转，因此当双键的两个碳原子上各连有不同的原子或基团时，就可能存在两种不同的空间排列方式，形成两个不同的化合物。例如，2-丁烯有下列两种空间不同排列的异构体。

$$\begin{array}{c} H_3C \quad CH_3 \\ \diagdown C=C \diagup \\ H \qquad H \end{array} \qquad \begin{array}{c} H_3C \qquad H \\ \diagdown C=C \diagup \\ H \qquad CH_3 \end{array}$$

　　　　　顺-2-丁烯　　　　　　　　反-2-丁烯

通常把这种异构现象叫作顺反异构现象。两个相同原子或基团处于碳碳双键同侧的，叫作顺式异构体；两个相同原子或基团处于碳碳双键异侧的，叫作反式异构体。

注意：不是所有含双键的化合物都存在顺反异构现象，只有在碳碳双键的两个碳原子上分别连有不同的原子或基团时，才会产生顺反异构现象。如：

$$\begin{array}{c} a \quad\quad a \\ \diagdown C=C \diagup \\ b \quad\quad b \end{array} \qquad \begin{array}{c} a \quad\quad a \\ \diagdown C=C \diagup \\ b \quad\quad d \end{array} \qquad \begin{array}{c} a \quad\quad d \\ \diagdown C=C \diagup \\ b \quad\quad e \end{array}$$

式中，a、b、d、e 代表四个不同的原子或基团，如果任意一个双键碳原子上连有两个相同的原子或基团时，就不可能产生顺反异构现象。如：

$$\begin{array}{c} a \quad\quad a \\ \diagdown C=C \diagup \\ b \quad\quad a \end{array} \qquad \begin{array}{c} a \quad\quad d \\ \diagdown C=C \diagup \\ b \quad\quad d \end{array}$$

1-丁烯、异丁烯就属于这种情况，所以没有顺反异构体。

顺反异构体不仅在化学性质上有差异，并且其物理性质也存在很大的差异，因此可利用性质的差异进行鉴别。

二、烯烃的命名

1. 系统命名法

烯烃的命名法原则与烷烃相似，主要原则是：

① 选择含有双键的最长碳链作为主链，按照碳原子数称为某烯。

② 从靠近双键一端把主链碳原子依次编号，双键的位置用双键碳原子中编号较小的数字表示。

③ 将双键位置标在名称前，即按照取代基位置、取代基名称、双键位置、主链烯烃顺序来命名。

例如：

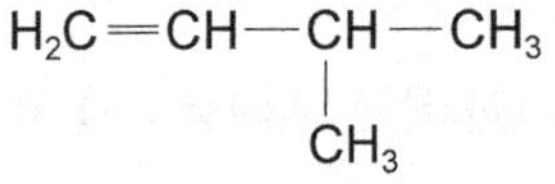

$$H_2C=CH-\underset{\underset{CH_3}{|}}{CH}-CH_3$$

3-甲基-1-丁烯

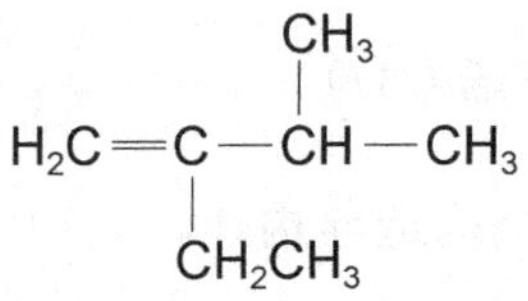

$$H_2C=\underset{\underset{CH_2CH_3}{|}}{C}-\overset{\overset{CH_3}{|}}{CH}-CH_3$$

3-甲基-2-乙基-1-丁烯

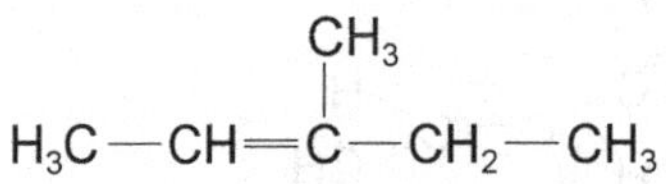

$$H_3C-CH=\underset{\underset{CH_3}{|}}{C}-CH_2-CH_3$$

3-甲基-2-戊烯

$$H_2C=\underset{\underset{\underset{CH_3}{|}}{\underset{HC-CH_3}{|}}}{C}-CH_2-\underset{\underset{CH_3}{|}}{\overset{\overset{CH_3}{|}}{C}}-CH_2-CH_3$$

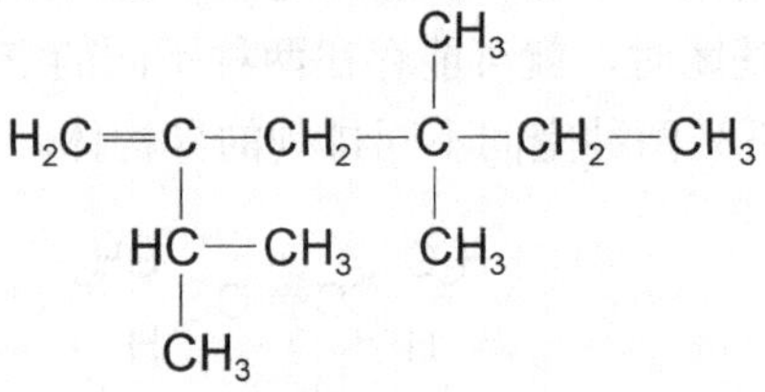

4,4-二甲基-2-异丙基-1-己烯

2. Z–E 命名法

（1）Z-E 命名法中的次序规则

① 比较与主链碳原子直接相连原子的原子序数，原子序数大的次序在前，同位素按质量大小顺序排列。例如：

$$Br>Cl>P>O>N>C>H$$

② 如果与主链碳原子直接相连的原子相同，则比较第二个原子，依次类推。

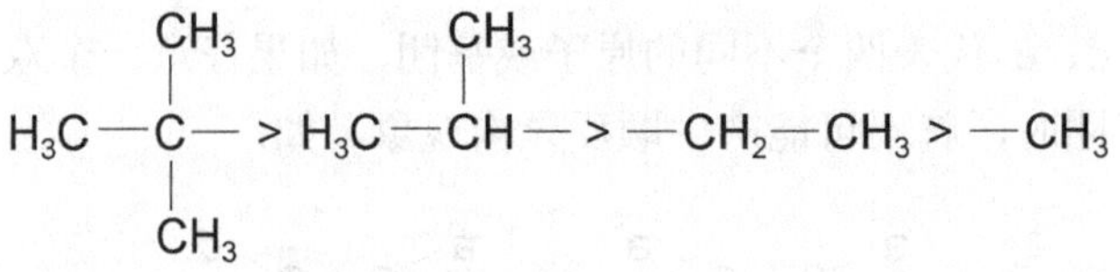

$$H_3C-\underset{\underset{CH_3}{|}}{\overset{\overset{CH_3}{|}}{C}}- \; > \; H_3C-\overset{\overset{CH_3}{|}}{CH}- \; > \; -CH_2-CH_3 \; > \; -CH_3$$

③ 如果集团中有双键或叁键，看作是以单链连接了两个或三个相同的原子，如：

$-C=CH_2$相当于 $\begin{array}{c} H \\ -C-CH_2 \\ CH_2 \end{array}$; $-C\begin{array}{c}O\\ \\H\end{array}$相当于 $-C\begin{array}{c}H\\O\\O\end{array}$

$-C\equiv H$相当于 $\begin{array}{c}H\\-C-H\\H\end{array}$; $-C\begin{array}{c}O\\ \\OH\end{array}$相当于 $-C\begin{array}{c}OH\\O\\O\end{array}$

即 $CH\equiv C——>—C(CH_3)_3>CH_2=CH—>(CH_3)_2CH—$。

（2）Z-E 命名法　用顺反异构命名法命名时，则把两个双键碳原子上所连两个相同的原子或基团在双键同侧的称为顺式，在双键异侧的称为反式。例如：

$\begin{array}{c}H_3C\\ \\H\end{array}C=C\begin{array}{c}CH_3\\ \\H\end{array}$ 　　　　 $\begin{array}{c}H_3C\\ \\H\end{array}C=C\begin{array}{c}H\\ \\CH_3\end{array}$

顺-2-丁烯　　　　　　　　反-2-丁烯

如果双键碳原子上连有四个不同的取代基，则很难用顺反异构命名法来确定构型，且容易造成混乱。国际上统一规定用 Z-E 命名法。Z 是德文 Zusammen 的字头，指在同一侧的意思；E 是德文 Entgegen 的字头，表示相反的意思。Z-E 命名法是分别比较双键两个碳原子上所连两个基团的次序大小。如果两个次序大的基团在双键同侧则称为 Z，如果两个次序大的基团在双键两侧则称为 E。有时为了清楚和方便，常常利用箭头表示双键碳原子上的两个原子或基团优先顺序的编号由大到小的方向，即大→小，当两个箭头方向一致时，是 Z 式，反之是 E 式。例如：

$\begin{array}{c}H_3C\\ \\H\end{array}C=C\begin{array}{c}CH_2CH_3\\ \\CH_3\end{array}$ 　　 $\begin{array}{c}H_3C\\ \\H\end{array}C=C\begin{array}{c}CH_3\\ \\Br\end{array}$ 　　 $\begin{array}{c}H_3C\\ \\H_3CH_2C\end{array}C=C\begin{array}{c}CH_2CH_2CH_3\\ \\CH(CH_3)_2\end{array}$

(Z)-3-甲基-2-戊烯　　　　(E)-2-溴-2-丁烯　　　　(Z)-3-甲基-4-异丙基-3-庚烯

烯烃分子中去掉一个氢原子剩下的基团称为烯基，如：
$CH_2=CH—$，乙烯基　　　　　　　$CH_2=CH—CH_2—$，烯丙基
$CH_3—CH=CH—$，丙烯基

【思考题】
根据下列名称写出相应的构造式，若发现原来的命名不正确，请予以改正。
（1）2-甲基-3-乙基-1-戊烯；
（2）2-异丙基-3-甲基-2-己烯。

三、烯烃的物理性质

　　烯烃的物理性质也是随碳原子数的增加而呈规律性变化。它们的熔点、沸点、密度随着分子量的增加而增加（熔点的规律性较差），相对密度都小于 1，难溶于水而易溶于有机溶剂。C_2～C_4 的烯烃为气体，C_5～C_{15} 的为液体，高级的烯烃为固体。反式异构体的熔点比顺式异构体高，但沸点则比顺式异构体低。部分烯烃的物理常数常见表 9-1。

表 9-1　烯烃的物理常数

名称	熔点/℃	沸点/℃	相对密度	折射率
乙烯	−169.5	−103.7	0.570	1.363（−100℃）
丙烯	−185.2	−47.7	0.610	1.3675（−70℃）
1-丁烯	−130	−6.4	0.625	1.3777（−25℃）
顺-2-丁烯	−139.3	3.5	0.621	1.3931（−25℃）
反-2-丁烯	−105.5	0.9	0.604	1.3845（−25℃）
1-戊烯	−166.2	30.11	0.641	1.3877
1-己烯	−139	63.5	0.673	1.3837
1-庚烯	−119	93.3	0.698	1.3998
1-辛烯	−107.1	121.3	0.715	1.4448

四、烯烃的化学性质

烯烃的结构特点是有碳碳双键，π 键比较活泼，容易断裂，烯烃的主要反应就发生在 π 键上。烯烃的主要反应是在碳碳双键上易发生加成、氧化和聚合反应，以及 α-氢原子易发生取代反应等。

1. 加成反应

烯烃与其他试剂反应时，π 键断裂，试剂中的两个一价原子或原子团分别加到双键两端的碳原子上，生成饱和化合物，这种反应称为加成反应。烯烃在一定的条件下可与氢气、卤素、卤化氢、硫酸、水发生加成反应。例如：

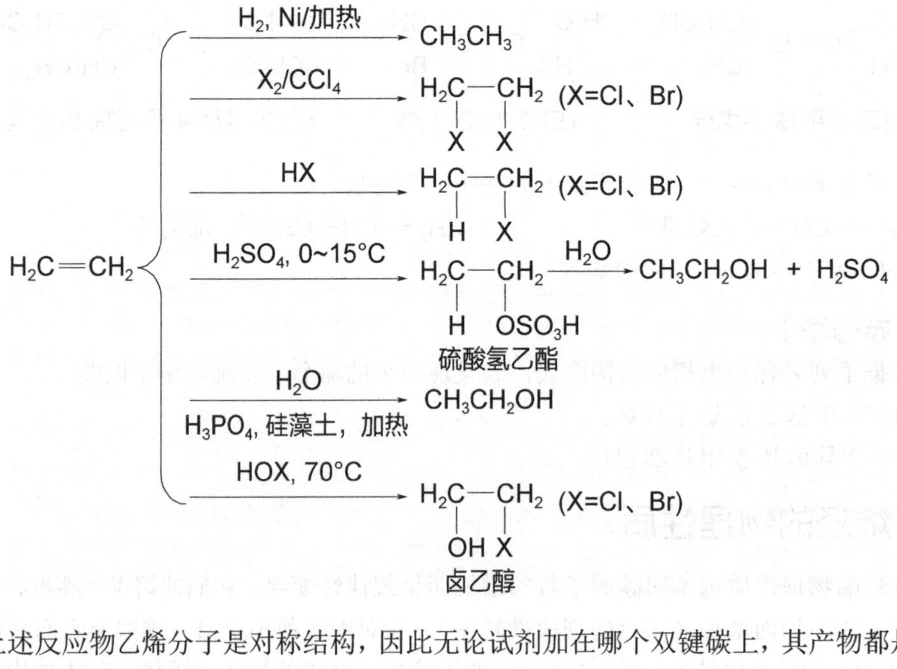

上述反应物乙烯分子是对称结构，因此无论试剂加在哪个双键碳上，其产物都是相同的。而对于不对称烯烃，如 $CH_3CH = CH_2$ 与不对称试剂如卤化氢加成时，从理论上则会生成两种产物，例如：

$$\text{H}_3\text{C}-\text{CH}=\text{CH}_2 + \text{HBr} \longrightarrow \text{H}_3\text{C}-\underset{\underset{\text{Br}}{|}}{\text{CH}}-\text{CH}_3 + \text{H}_3\text{C}-\text{CH}_2-\underset{\underset{\text{Br}}{|}}{\text{CH}_2}$$

2-溴丙烷　　　　　　1-溴丙烷

（Ⅰ）　　　　　　　（Ⅱ）

马尔科夫尼科夫（Markovnikov）研究了大量的反应后得出一条经验规律：不对称烯烃与不对称试剂加成时，氢原子总是加到含氢较多的双键碳原子上，这条经验规律称为马尔科夫尼科夫加成规则，简称马氏规则，则上述反应中（Ⅰ）为主产物。又如：

$$\text{H}_3\text{C}-\text{CH}=\text{CH}_2 \left\{ \begin{array}{l} \xrightarrow{\text{H}_2/\text{Ni}} \text{CH}_3\text{CH}_2\text{CH}_3 \\[2mm] \xrightarrow{\text{Cl}_2} \text{H}_2\text{C}-\text{CH}-\text{CH}_3 \quad \text{1,2-二氯丙烷} \\ \qquad\quad\ \ \underset{\text{Cl}}{|}\ \ \underset{\text{Cl}}{|} \\[2mm] \xrightarrow{\text{HBr}} \text{H}_3\text{C}-\text{CH}-\text{CH}_3 \quad \text{2-溴丙烷} \\ \qquad\qquad\ \ \underset{\text{Br}}{|} \\[2mm] \xrightarrow{\text{H}_2\text{SO}_4,\ 0\sim15{}^\circ\text{C}} \text{H}_3\text{C}-\text{CH}-\text{CH}_3 \xrightarrow{\text{H}_2\text{O}} \text{H}_3\text{C}-\text{CH}-\text{CH}_3 \\ \qquad\qquad\qquad\qquad\ \underset{\text{OSO}_3\text{H}}{|} \qquad\qquad\ \underset{\text{OH}}{|} \\ \qquad\qquad\qquad\qquad\qquad\qquad\qquad\qquad\quad \text{异丙醇} \\[2mm] \xrightarrow[\text{H}_3\text{PO}_4,\ 硅藻土,\ 加热]{\text{H}_2\text{O}} \text{H}_3\text{C}-\text{CH}-\text{CH}_3 \\ \qquad\qquad\qquad\quad\ \ \underset{\text{OH}}{|} \\ \qquad\qquad\qquad\qquad\ \text{异丙醇} \\[2mm] \xrightarrow{\text{HOCl}} \text{H}_2\text{C}-\text{CH}-\text{CH}_3 \quad \text{1-氯-2-丙醇} \\ \qquad\qquad\ \underset{\text{Cl}}{|}\ \ \underset{\text{OH}}{|} \end{array} \right.$$

在过氧化物存在下，烯烃的加成不符合马氏规则，即不对称烯烃与不对称试剂加成时，氢原子总是加到含氢较少的双键碳原子上，这一加成过程称为反马氏加成。

$$\text{CH}_3\text{CH}=\text{CH}_2 + \text{HBr} \xrightarrow{\text{过氧化物}} \text{CH}_3\text{CH}_2\text{CH}_2\text{Br}$$

2. 氧化反应

由于烯烃分子中双键的活泼性，易发生双键的氧化，且氧化剂和氧化条件不同时，生成的产物不同。用高锰酸钾溶液作为氧化剂时，高锰酸钾溶液的浓度、酸碱性、温度对产物的影响很大，例如：

$$\underset{\underset{\text{CH}_3}{|}}{\text{R}-\text{C}}=\text{CH}_2 \left\{ \begin{array}{l} \xrightarrow{\text{H}_2\text{O},\text{OH}^-/室温} \text{R}-\overset{\overset{\text{OH}}{|}}{\underset{\underset{\text{CH}_3}{|}}{\text{C}}}-\overset{}{\underset{\underset{\text{OH}}{|}}{\text{CH}_2}} + \text{KOH} + \text{MnO}_2 \\[4mm] \xrightarrow{\text{H}_2\text{SO}_4/加热} \text{R}-\overset{\overset{\text{O}}{\|}}{\text{C}}-\text{CH}_3 + \text{H}-\overset{\overset{\text{O}}{\|}}{\text{C}}-\text{OH} \\ \qquad\qquad\qquad\qquad\qquad\qquad\qquad \downarrow[\text{O}] \\ \qquad\qquad\qquad\qquad\qquad\qquad\ \text{CO}_2+\text{H}_2\text{O} \end{array} \right.$$

$$\text{R}^1-\text{HC}=\text{CH}-\text{R}^2 \xrightarrow[\text{H}_2\text{SO}_4/加热]{\text{KMnO}_4} \text{R}^1\text{COOH} + \text{R}^2\text{COOH}$$

经反应式表明：①当与冷的碱性高锰酸钾溶液反应时，烯烃的 π 键断裂，生成邻二醇，同时高锰酸钾的紫红色褪去，并生成棕色的二氧化锰沉淀。②烯烃在过量的、热的高锰酸钾或酸性高锰酸钾溶液中强烈氧化时，双键中的 π 键和 σ 键全部断裂，生成相应的氧化产物，$H_2C=$生成二氧化碳和水，$RHC=$生成羧酸（RCOOH），$R^2\!-\!\underset{\underset{R^1}{|}}{C}=$生成酮$R^2\!-\!\underset{\underset{R^1}{|}}{C}=O$；

而紫色的 MnO_4^- 还原为无色的 Mn^{2+}。因此，根据氧化产物，可推知原来的烯烃结构。因所得的羧酸或酮，都是烯烃经氧化后双键断裂而生成的，即把所得氧化产物分子中的氧都去掉，剩余部分经双键连接起来就是原来的烯烃。

【思考题】

推断 A、B 两个化合物的结构式：

（1）烯烃 A 经酸性高锰酸钾氧化后，获得 CH_3CH_2COOH、CO_2；

（2）烯烃 B 经酸性高锰酸钾氧化后，获得 $C_2H_5COCH_3$ 和 $(CH_3)_2CHCOOH$。

3. 聚合反应

在一定的条件下，烯烃可以彼此相互加成形成高分子化合物。这种由低分子量的化合物转变成高分子量化合物的反应称为聚合反应。参加聚合的小分子叫单体，聚合后的大分子叫聚合物。例如，乙烯在 400℃和 101.3～152MPa 下可聚合成聚乙烯，卤乙烯也可聚合成聚卤乙烯，它们都是很重要的高分子材料。

$$n\ H_2C=CH_2 \xrightarrow[101.3\sim152MPa]{400℃} \left(\!CH_2\!-\!CH_2\!\right)_n$$

同样方法丙烯也可制得聚丙烯，聚丙烯可大量做成薄膜、纤维和塑料等。

4. α-氢的取代反应

与双键相邻的碳原子称为 α-碳原子，α-碳原子上的氢原子称为 α-氢。由于 C—H 键受双键的影响较大，在一定条件下也表现出活泼性，α-氢键易断裂，在高温气相或紫外光照射下易发生自由基取代反应，例如：

$$H_3C-CH=CH_2 + Cl_2 \begin{cases} \xrightarrow{CCl_4,低温} H_3C-\underset{\underset{Cl}{|}}{CH}-\underset{\underset{Cl}{|}}{CH_2} \quad 加成 \\ \xrightarrow[500\sim600℃]{高温气相} H_2C-CH=CH_2 \quad 取代 \\ \qquad\qquad\quad \underset{Cl}{|} \end{cases}$$

高温下由丙烯生产 3-氯丙烯是工业上的重要方法，它主要用于制备烯醇、环氧氯丙烷、甘油和树脂等。与其他烷烃的卤代反应相似，反应按自由基历程进行。

五、重要的烯烃

乙烯、丙烯和异丁烯都是最重要的烯烃，是基本有机合成及三大合成材料的重要原料。石油裂解工业提供和保证了乙烯、丙烯和异丁烯的来源。

（1）乙烯　乙烯是无色、稍带甜味、可燃性的气体。工业上，乙烯主要来源于石油的裂解和裂化。实验室中，乙烯是用浓硫酸与乙醇混合加热到 160～180℃，使乙醇脱水而制得，反应方程式如下：

$$CH_3CH_2OH \xrightarrow{\text{浓硫酸, 160~180℃}} H_2C{=}CH_2 + H_2O$$

乙烯具有典型烯烃的化学性质。它是生产乙醇、乙醛、环氧乙烷、苯乙烯、氯乙烯、聚乙烯的基本原料。目前乙烯的系列产品，在国际上占全部石油化工产品产值的一半以上。此外，乙烯还用作水果催熟剂等。

（2）丙烯　丙烯是无色、易燃的气体，与空气能形成爆炸混合物。丙烯可由石油裂解而得到。目前丙烯在工业上得到广泛应用，可用于制备甘油、丙烯腈、氯丙醇、异丙醇、丙酮、聚丙烯等。这些产品可进一步制备塑料、合成纤维、合成橡胶等。

（3）异丁烯　异丁烯是制备丁基橡胶的主要原料，也可作为有机玻璃、环氧树脂和叔丁醇等原料。

六、鉴别烯烃的方法

烯烃不溶于水、稀酸和稀碱，但能溶于浓硫酸。可以用下列两种试剂鉴别烯烃。溴的四氯化碳溶液与含烯键的化合物发生加成反应，使溴的红棕色褪去，但无 HBr 放出。在室温下烷烃或芳香烃与溴试剂则不发生反应。

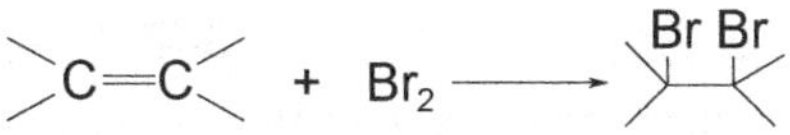

$$\ce{>C=C<} + Br_2 \longrightarrow \overset{Br\ Br}{\diagup\diagdown}$$

烯键与高锰酸钾溶液作用，紫色褪去，并有红棕色 MnO_2 沉淀生成。

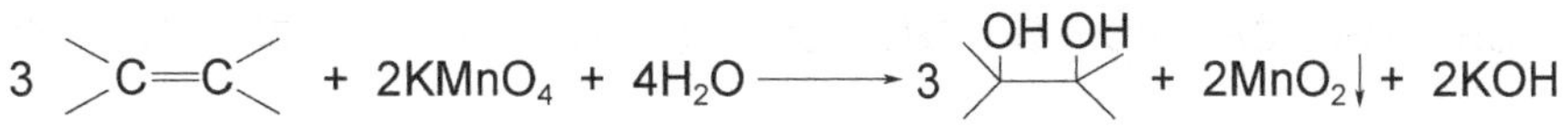

$$3\ \ce{>C=C<} + 2KMnO_4 + 4H_2O \longrightarrow 3 \overset{OH\ OH}{\diagup\diagdown} + 2MnO_2\downarrow + 2KOH$$

【思考题】
写出两种区别烯烃和烷烃的化学方法，并指出区别两者的现象。

第三节　炔烃

炔烃是一类有机化合物，属于不饱和烃，其官能团为碳碳叁键（—C≡C—）。简单的炔烃是烷烃和烯烃的不饱和衍生物。简单的炔烃化合物有乙炔（C_2H_2）、丙炔（C_3H_4）等。

一、炔烃的通式与同分异构

1. 炔烃的通式

由于炔烃含有碳碳叁键（三键），它与相同碳原子的烯烃少两个氢原子，其通式为 C_nH_{2n-2}（$n \geqslant 2$）。例如：

H₃C—H₂C—C≡CH　　　H₃C—C≡C—CH₃　　　H₃C—HC—C≡C—CH₃
　　　　　　　　　　　　　　　　　　　　　　　　　　|
　　　　　　　　　　　　　　　　　　　　　　　　CH₃

　　1-丁炔　　　　　　　　2-丁炔　　　　　　　　4-甲基-2-戊炔

【思考题】

炔烃的通式为 C_nH_{2n-2}，是否符合这个通式的化合物都是炔烃？

2. 炔烃的同分异构

乙炔（HC≡CH）和丙炔（H_3C—C≡CH）都没有异构体，从丁炔开始有构造异构现象。炔烃构造异构体的产生，也是由于碳链不同和碳碳叁键位置不同引起的，但由于碳链分支的地方不可能连有三键，炔烃不存在顺反异构。所以炔烃的构造异构体比相同碳原子数的烯烃少。例如，戊烯有五个构造异构体，而戊炔只有三个。

$$H_3CH_2C—H_2C—C≡CH \qquad H_3CH_2C—C≡C—CH_3 \qquad \begin{matrix} H_3C—HC—C≡CH \\ | \\ CH_3 \end{matrix}$$

1-戊炔   2-戊炔   3-甲基-1-丁炔

二、炔烃的命名

炔烃的命名与烯烃类似。选择包含三键在内的最长碳链作主链，从靠近三键一端开始编号，表明三键位置。例如：

$$H_3CH_2C—C≡C—CH_3 \qquad \begin{matrix} H_3C—HC—C≡CH \\ | \\ CH_3 \end{matrix}$$

2-戊炔   3-甲基-1-丁炔

如果分子中同时存在双键和三键时，称为烯炔。命名时要注意应使双键或三键位号最小，烯炔同号时优先考虑双键位号最小，并将炔放在后边。例如：

$$HC≡C—CH=CH—CH_3 \quad HC≡C—CH_2—CH=CH_2 \quad \begin{matrix} H_3C—C≡C—CH—CH=CH_2 \\ | \\ CH_2CH_3 \end{matrix}$$

2-戊烯-4-炔   1-戊烯-4-炔   4-乙基-1-庚烯-5-炔

三、炔烃的物理性质

炔烃的物理性质与烯烃、烷烃基本相似，随碳原子数增加而呈规律性变化。常温常压下，四个碳以下的炔烃是气体，$C_5 \sim C_{15}$ 的炔烃是液体，C_{16} 以上的炔烃为固体。与分子量相同的烯烃比较，炔烃的密度大、沸点高。炔烃不溶于水而易溶于大多数有机溶剂。一些炔烃的物理常数见表 9-2。

表 9-2 一些炔烃的物理常数

名称	构造式	沸点/℃	熔点/℃	相对密度
乙炔	HC≡CH	—	−82	0.168
丙炔	H_3C—C≡CH	83.4	−101.5	0.671
1-丁炔	H_3CH_2C—C≡CH	8.1	−112.5	0.668
2-丁炔	H_3C—C≡C—CH_3	27.0	−32.5	0.694
1-戊炔	$H_3CH_2CH_2C$—C≡CH	40.2	106	0.695
2-戊炔	H_3CH_2C—C≡C—CH_3	56	−101	0.713
3-甲基-1-丁炔	$\begin{matrix} H_3C—HC—C≡CH \\ \| \\ CH_3 \end{matrix}$	29.3	−89.7	0.666
正十八炔	$H_3C(H_2C)_{15}$—C≡CH	180（2kPa）	22.5	0.6896（0℃）

146   基础化学

四、炔烃的化学性质

炔烃中含有两个 π 键，能发生与烯烃类似的反应，但反应活性不同。

1. 亲电加成反应

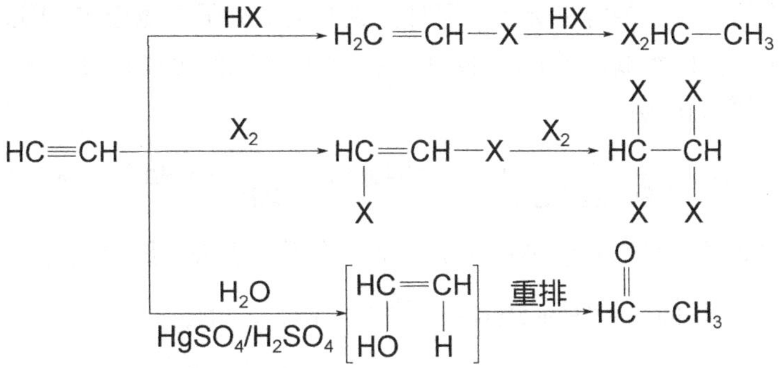

不对称炔烃与不对称试剂反应时，遵从马氏规则，例如：

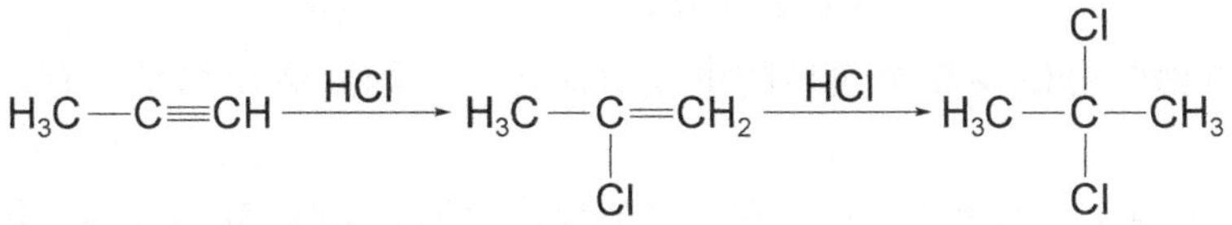

炔烃的亲电加成反应活性比烯烃弱，因此炔烃的亲电加成反应一般比烯烃更慢些，例如分子中同时含有双键和三键，加卤素时，双键优先反应：

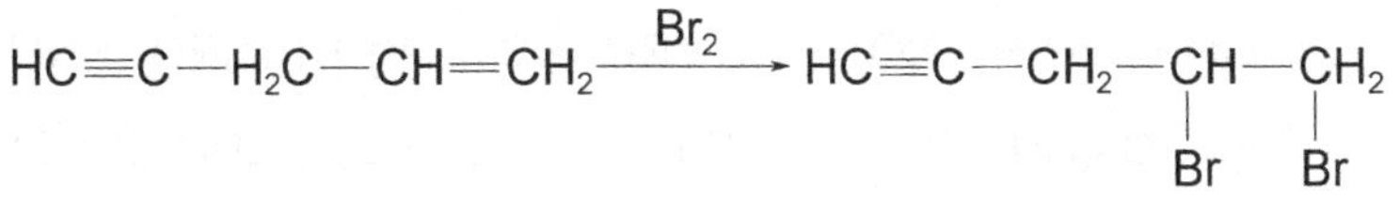

$$HC \equiv C - H_2C - CH = CH_2 \xrightarrow{Br_2} HC \equiv C - CH_2 - \underset{Br}{CH} - \underset{Br}{CH_2}$$

2. 亲核加成反应

HCN 是一个典型的亲核试剂，与烯烃不起反应，但在一定条件下可与炔烃发生加成反应生成烯腈。

$$HC \equiv CH + HCN \xrightarrow{Cu_2Cl_2, 80℃} H_2C = CH - CN$$

3. 氧化还原反应

炔烃能被高锰酸钾等氧化剂氧化，三键断裂生成两分子羧酸。

$$3HC \equiv CH + 10KMnO_4 + 2H_2O \longrightarrow 6CO_2 + 10KOH + 10MnO_2$$

$$H_3CH_2CH_2C - C \equiv C - CH_2CH_3 \xrightarrow{KMnO_4, 100℃} CH_3CH_2CH_2COOH + CH_3CH_2COOH$$

炔烃也能燃烧并放出大量的热，产生 3000℃ 的高温，可用于切割和焊接金属，例如：

$$HC \equiv CH + O_2 \longrightarrow CO_2 + H_2O$$

因炔烃对催化剂的吸附作用比烯烃强，炔烃的催化加氢比烯烃更容易进行。在铂、钯或镍的催化下，炔烃可与氢加成生成烷烃。例如：

$$\underset{\text{2-丁炔}}{H_3C - C \equiv C - CH_3} \xrightarrow{H_2, Pt} \underset{\text{正丁烷}}{CH_3CH_2CH_2CH_3}$$

4. 炔烃活泼氢的反应

（1）炔氢的酸性和碱金属炔化物的生成　炔烃三键碳原子上的氢原子被称为活泼氢，也叫炔氢。炔氢表现出一定的活泼性，与其结构有直接关系。如前所述，三键碳原子、双键碳原子和烷烃单键碳原子由于杂化状态不同，电负性大小也不同。杂化碳原子的电负性越大，与之相连的氢原子越容易离去，同时生成的碳负离子也越稳定。因此，乙炔的酸性比乙烯和乙烷强，但比水弱。例如，将乙炔通过加热熔融的金属钠时，就可以得到乙炔钠或乙炔二钠等金属炔化物：

$$HC \equiv CH \xrightarrow[190 \sim 220℃]{Na} HC \equiv CNa + H_2 \xrightarrow[220℃]{Na} NaC \equiv CNa + H_2$$

含有炔氢的炔烃也可以和强碱（如氨基钠）作用，生成金属炔化物：

$$RC \equiv CH + NaNH_2 \xrightarrow{液氨} RC \equiv CNa + NH_3$$

生成的金属炔化物可以与卤代物反应生成较高级的炔烃：

$$RC \equiv CNa + R^1X \longrightarrow RC \equiv CR^1$$

这是由低级炔烃制备高级炔烃的重要方法之一，因此炔化物是个有用的有机合成中间体。

（2）重金属炔化物的生成　在含有炔氢的炔烃中加入硝酸银或氯化亚铜的氨溶液，会立即有炔化银的白色沉淀或炔化亚铜的砖红色沉淀生成。

$$HC \equiv CH + 2Ag(NH_3)_2NO_3 \longrightarrow Ag-C \equiv C-Ag + 2NH_4NO_3 + 2NH_3$$

$$RC \equiv CH + Ag(NH_3)_2NO_3 \longrightarrow RC \equiv C-Ag + NH_4NO_3 + NH_3$$

$$HC \equiv CH + 2Cu(NH_3)_2Cl \longrightarrow Cu-C \equiv C-Cu + 2NH_4Cl + 2NH_3$$

$$RC \equiv CH + Cu(NH_3)_2Cl \longrightarrow RC \equiv C-Cu + NH_4Cl + NH_3$$

上述反应很灵敏，现象明显，可用于鉴别含有活泼氢的炔烃。另外，生成的重金属炔化物容易被盐酸、硝酸分解成原来的炔烃。

$$Ag-C \equiv C-Ag + 2HCl \longrightarrow HC \equiv CH + 2AgCl$$

$$RC \equiv C-Ag + HNO_3 \longrightarrow RC \equiv CH + AgNO_3$$

因此，可以利用此性质来分离和精制含炔氢的炔烃。

重金属炔化物湿润时比较稳定，在干燥状态下，受热、受撞击或受振动后容易发生爆炸，故实验后应及时用酸处理。

5. 聚合反应

炔烃也能发生聚合反应，但只能生成低级聚合物。在不同的条件下发生不同的聚合。例如：

$$HC \equiv CH \xrightarrow[NH_4Cl]{Cu_2Cl_2} CH_2 = CH - C \equiv CH$$

乙烯基乙炔

$$3HC \equiv CH \xrightarrow{300℃} \hexagon$$

五、重要的炔烃

乙炔是最重要的炔烃。它不仅是一种重要的有机合成原料，而且可大量用作高温氧炔焰的燃料。

纯净的乙炔是无色无臭气体，俗称电气石，微溶于水，但在丙酮中溶解度却很大。1L丙酮可以溶解 25L 乙炔，因此工业上常用丙酮来贮运乙炔。乙炔与空气的混合物遇火会发生爆炸，而且爆炸范围很大[含乙炔 3%～80%（体积分数）]。因此，在使用乙炔时需要防止高温，远离火源。

六、炔烃的鉴别

炔烃可用下列几种方法进行鉴别。

1. 重金属炔化物试验法

三键碳原子上的氢原子比较活泼，可被金属取代，生成金属炔化物。

$$RC{\equiv}CH \underset{2CuCl+2NH_4OH}{\overset{2AgNO_3+2NH_4OH}{\Big\langle}}$$

$$\xrightarrow{\quad} RC{\equiv}C-Ag + 2NH_4NO_3 + 2H_2O$$
炔化银(白色沉淀)

$$\xrightarrow{\quad} RC{\equiv}C-Cu + 2NH_4NO_3 + 2H_2O$$
炔化铜(砖红色沉淀)

干燥的炔化银或炔化铜受热或振动时，易发生爆炸生成金属和碳。所以在操作过程中要特别注意，试验完毕后，应用稀硝酸使炔化物分解。

$$Cu-C{\equiv}C-Cu + 2HNO_3 \xrightarrow{\text{加热}} HC{\equiv}CH + 2CuNO_3$$

2. 氧化还原法

$$RC{\equiv}CH + KMnO_4 \xrightarrow{\text{加热}} RCOOH + MnO_2\downarrow + CO_2$$

反应现象是高锰酸钾紫色褪去，析出棕褐色的 MnO_2 沉淀，因此此法可用作炔烃的定性检验。

▽【习题】

9-1 利用系统命名法对下列有机物进行命名，其中有顺反异构的请写出其构型及名称：

（1）$CH_3CH_2\overset{\displaystyle CH_3}{\underset{\displaystyle CH_2CH_3}{\overset{|}{\underset{|}{C}H}}CH\overset{\displaystyle CH_3}{\overset{|}{C}H}CH_2CH_3}$

（2）$CH_3-CH=\overset{\displaystyle CH_3}{\underset{\displaystyle CH_3}{\overset{|}{\underset{|}{C}}}}-CH_3$

（3）$\overset{\displaystyle CH_3}{\underset{\displaystyle H_3CH_2C}{\overset{|}{\underset{|}{C}}}}=\overset{\displaystyle CH(CH_3)_2}{\underset{\displaystyle CH_2CH_2CH_3}{\overset{|}{\underset{|}{C}}}}$

（4）$CH{\equiv}CCH\overset{\displaystyle CH_3}{\underset{\displaystyle CH_3}{\overset{|}{\underset{|}{C}}}}$

（5）$H_3C-CH=CH-\underset{\underset{CH_3}{|}}{\overset{\overset{H}{|}}{C}}-CH_3$　（6）$H_3C-\underset{\underset{CH_3}{|}}{C}=CH-\underset{\underset{CH_3}{|}}{\overset{\overset{H}{|}}{C}}-CH_3$

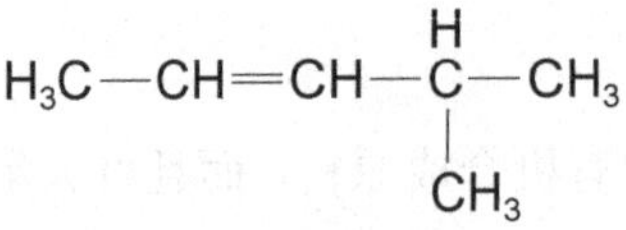

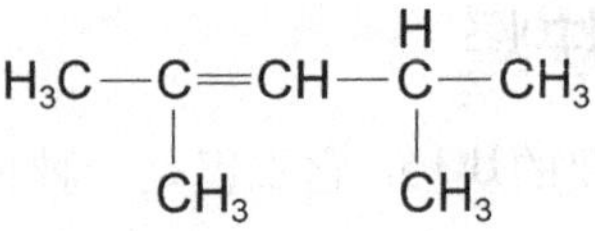

（7）$CH_3CH_2-\underset{\underset{CH_2CH_3}{|}}{\overset{\overset{CH_2CH_3}{|}}{C}}=CCH_2CH_3$

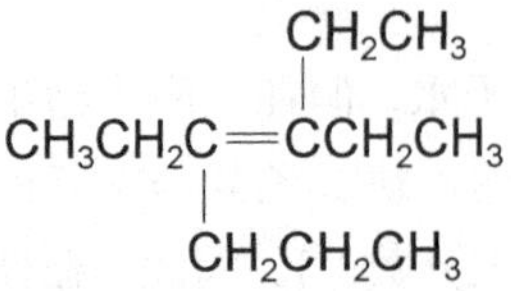

9-2　写出下列化合物的结构简式：

（1）3，3-二乙基戊烷

（2）2，4-二甲基-3，3-二异丙基戊烷

（3）2，2，3-三甲基丁烷

（4）四甲基丁烷

9-3　写出下列化合物与 HI 及酸性高锰酸钾反应的主要产物：

（1）2-甲基-2-丁烯

（2）2-甲基-1-丁烯

（3）3-乙基-2-戊烯

（4）CH_3CH ⬡

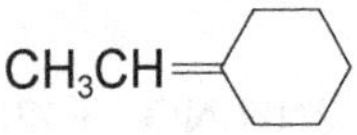

9-4　完成下列反应式：

（1）$CH_3CH=CH_2$ + HBr —— 过氧化物 ——→

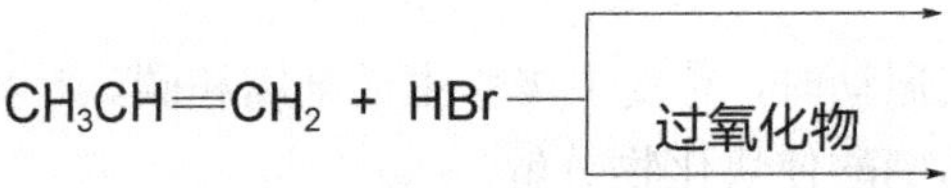

（2）$CH_3CH=CH_2$
 ├── $KMnO_4$, OH^-/稀或冷 ──→
 └── $KMnO_4$, H^+/浓或加热 ──→

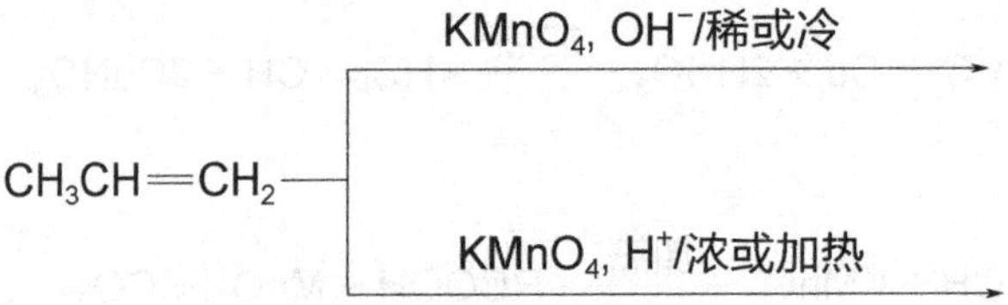

（3）$CH_3CH=CH_2$ + Cl_2
 ├── <250℃ ──→
 └── 光或500℃ ──→

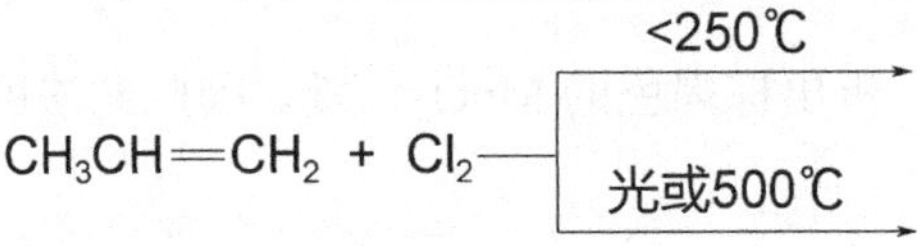

（4）$H_3C-C≡C-CH_2CH_3$ —— $KMnO_4$,100℃ ——→

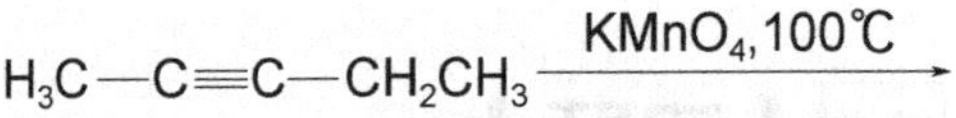

（5）$CH_3C≡CH$
 ├── $2AgNO_3+2NH_4OH$ ──→
 └── $2CuCl+2NH_4OH$ ──→

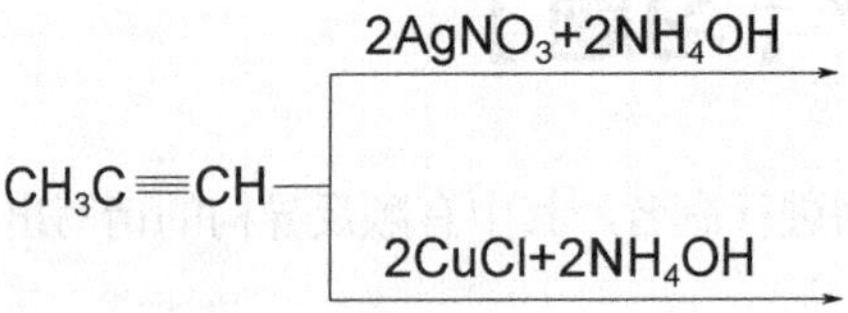

9-5　用化学方法鉴别下列化合物：

（1）丁炔、2-丁炔、丁烷；

（2）丁烯、2-丁烯、丁炔。

9-6　写出 C_5H_8 的同分异构体、命名，并写出与酸性高锰酸钾反应的主要产物。

第十章

环烃

知识目标

1. 理解环烃的结构特征，了解环烃的分类。
2. 掌握环烷烃和芳香烃的命名。
3. 掌握环烷烃和单环芳香烃的主要化学性质。
4. 了解重要环烃的性质和用途。

技能目标

1. 会对环烷烃和单环芳香烃进行命名。
2. 会应用马氏规则写出三四元环的亲电加成产物。
3. 能写出单环烷烃发生亲电取代反应的主要产物。
4. 能利用化学方法对烯烃和环烃进行鉴别。

分子中含有由碳和碳相互连接成环状结构的烃称为环烃，按照结构可分为脂环烃和芳香烃两大类：

- 环烃
  - 脂环烃
    - 环烷烃
    - 环烯烃
    - 环炔烃
    - (脂环烃又包括单环、双环和多环)
  - 芳香烃
    - 单环芳香烃
    - 多环芳香烃
    - 稠环芳香烃

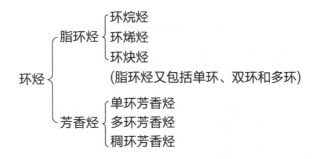

其中，脂环烃的化学性质与相应的链烃相似，而芳香烃具有特殊的性质。

第一节　环烷烃

环烷烃是分子中只含碳碳单键的环烃，每形成一个碳环，就会比相应的烷烃少 2 个氢原子，单环烷烃的通式为 C_nH_{2n}，与单烯烃互为同分异构体。

一、环烷烃的结构

1. 角张力

由于碳原子为四价元素，在形成 4 个单键的时候为正四面体结构，键和键的夹角为 109.5°。而小环的环烷烃为了形成环，使得分子内键发生弯曲，分子内存在较大的角张力（即恢复正常夹角的倾向）。因此，受到试剂进攻，就容易发生开环加成反应。

环丙烷的角张力最大；环丁烷也存在角张力，但比环丙烷小；环戊烷的角张力很小，分子稳定，不容易发生开环反应。六个碳原子以上的环烷烃，不存在角张力。因此，五元以上的环烷烃其性质和烷烃基本相似。

2. 异构体

环烷烃的异构包括碳链异构和顺反异构。顺反异构是指当有两个以上成环碳原子有取代基的话，取代基在环平面的同一侧为顺式，不同侧为反式。

二、环烷烃的命名

① 简单的环烷烃根据环中碳原子数目，称为环某烷。

② 环烷烃的烯烃命名法如下，如果环上含简单支链，以环作为母体。

a. 根据分子中成环碳原子数目，称为环某烷。

b. 把取代基的名称写在环烷烃的前面。

c. 取代基位次按"最低系列"原则列出，基团顺序按"次序规则"小的优先列出。例如：

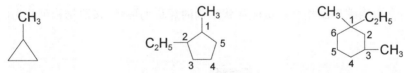

甲基环丙烷　　　　　1-甲基-2-乙基环戊烷　　　1，3-二甲基-1-乙基环己烷

③ 如取代基碳链较长，可将环作为取代基。

④ 顺反异构体命名类似烯烃，顺反或 Z/E。

(Z)-1，2-二甲基环己烷　　(E)-1，2-二甲基环己烷

顺-1，2-二甲基环己烷　　　反-1，2-二甲基环己烷

三、环烷烃的物理性质

环烷烃和烷烃均属于非极性分子，物理性质十分相似，难溶于水，易溶于有机溶剂。在常温常压下，环丙烷与环丁烷为气体，环戊烷与环己烷为液体。

四、环烷烃的化学性质

1. 取代反应

五元以上环烷烃和烷烃一样，容易在光照或加热条件下和卤素发生自由基取代反应。例如：

$$\text{〇} + Cl_2 \xrightarrow[25℃]{光照} \text{〇}Cl + HCl$$

2. 加成反应

由于三四元环存在较大的角张力，因此容易受到外界试剂的进攻发生开环加成反应，角张力越大，越容易发生加反应。

（1）加氢　环丙烷和环丁烷存在较大的角张力，环不稳定，容易发生催化加氢反应。例如：

$$\triangle + H_2 \xrightarrow[80℃]{Ni} CH_3CH_2CH_3$$

$$\square + H_2 \xrightarrow[200℃]{Ni} CH_3CH_2CH_2CH_3$$

（2）加卤素　环丙烷和环丁烷及其同系物容易开环，与卤素或卤化氢发生亲电加成反应。

环丙烷与溴在室温下就能反应，使溴的颜色褪去。而环丁烷需要加热，才能使溴褪色。利用这一性质，可以鉴别不同的环烷烃。

$$\triangle + Br_2 \xrightarrow[室温]{CCl_4} \underset{\substack{| \\ Br}}{CH_2} - CH_2 - \underset{\substack{| \\ Br}}{CH_2}$$

$$\square + Br_2 \xrightarrow[\triangle]{CCl_4} \underset{\substack{| \\ Br}}{CH_2} - CH_2 - CH_2 - \underset{\substack{| \\ Br}}{CH_2}$$

（3）加卤化氢　当环丙烷衍生物与卤化氢反应时，含氢最多和含氢最少的碳碳键断裂，且加成符合马氏加成规则。

$$\underset{\substack{CH_3}}{\overset{CH_3}{\triangle}}\overset{CH_3}{\underset{CH_3}{}} + HCl \longrightarrow CH_3 - \underset{\substack{| \\ CH_3}}{CH} - \underset{\substack{| \\ Cl}}{\overset{CH_3}{\underset{CH_3}{C}}} - CH_3$$

【思考题】
利用化学性质如何鉴别环丙烷、环丁烷和环己烷？

3. 氧化反应

环烃一般不能被高锰酸钾和臭氧氧化，利用这一性质可以鉴别烯烃和环烷烃；在环烷酸钴催化下，可以氧化为酮和醇。

【思考题】

利用化学性质如何鉴别丙烷、丙烯和环丙烷？

第二节　芳香烃

在环烃里，有一种特殊的环烃，称为芳香烃。在历史上芳香族化合物指的是一类从植物胶里取得的具有芳香气味的物质，但目前已知的芳香族化合物中，大多数是没有香味的。因此，"芳香"这个词已经失去了原有的意义，只是由于习惯而沿用至今。现在指的芳香烃是因为其具有一种独特的结构，这种结构使其具有"难氧化难加成易取代"的化学特性。

一、芳香烃的结构

苯的分子式是 C_6H_6，比较常用的表示方法是凯库勒式。实际上，苯环的六个碳原子在同一个平面，六个碳碳键的键角、键长均相等，这六个碳碳之间形成了环状、闭合的共轭体系，不存在独立的碳碳单键和独立的碳碳双键，而鲍林式很好地解释了碳碳键长均等性和苯环的完全对称性。但是这种方式用来表示其他芳香体系，如两个稠合的苯环——萘，容易造成误解。

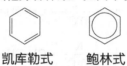

凯库勒式　　　鲍林式

苯的结构解释发展历史

苯最早是在 18 世纪初研究将煤气作为照明用气时合成出来的。1825 年，迈克尔·法拉第从鱼油等类似物质的热裂解产品中分离出了较高纯度的苯，称为"氢的重碳化物"。并且测定了苯的一些物理性质和它的化学组成，阐述了苯分子的碳氢比为 C∶H＝1∶1，实验式（最简）为 CH。

1833 年，Milscherlich 确定了苯分子中 6 个碳和 6 个氢原子的实验式（ C_6H_6 ）。苯不与溴水加成，也不被 $KMnO_4$ 氧化，却可在催化剂作用下发生取代反应，且一元取代物只有一种。苯为什么会有这样的性质成为了化学家们企图解开的谜题。

1861 年，化学家约翰·约瑟夫·洛斯米特（Johann Jasef Loschmidt）首次提出了苯的单、双键交替结构，但他的成果未受到重视。

1865 年，弗里德里希·凯库勒在论文《关于芳香族化合物的研究》中，再次确认了四年前苯的结构，为此苯的这种结构被命名为"凯库勒式"。他对这一结构作出解释说环中双键位置不是固定的，可以迅速移动，所以造成 6 个碳等价。这种结构式能解释部分实验现象，但不能解释"苯很难发生加成"等事实。

应用物理技术测定发现：六个碳原子共平面，键角为 120°，键长均相等。碳原子为 sp^2 杂化，六个直接形成大 π 键（环状、闭合的共轭体系），这种结构使苯分子具有特殊的稳定性，这种性质称为芳香性，即"难加成、难氧化、易取代"。芳香烃是指具有"芳香性"的环状

C-H化合物，简称芳烃。

二、芳香烃的分类和命名

1. 芳香烃的分类

根据芳香烃中是否含有苯环，将芳香烃分为苯系芳香烃和非苯芳香烃。

苯系芳香烃根据苯环的多少，可以分为单环芳香烃、多环芳香烃、稠环芳香烃等。

2. 单环芳香烃的命名

一元取代的单环芳香烃称为"某烷基苯"，"基"可以省略不写，例如甲基苯，可以简称为甲苯。当苯环上不止一个取代基时，可以用数字表示取代基位次；用1，2或邻、对、间表示二取代位置；用1，2，3或连、偏、均等表示三取代位置。

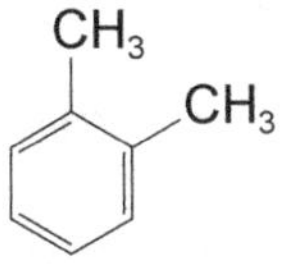

| 1,2-二甲苯 | 1,3-二甲苯 | 1,4-二甲苯 |
| 邻二甲苯 | 间二甲苯 | 对二甲苯 |

| 1,2,3-三甲苯 | 1,2,4-三甲苯 | 1,3,5-三甲苯 |
| 连三甲苯 | 偏三甲苯 | 均三甲苯 |

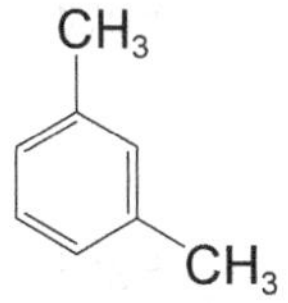

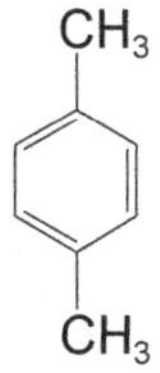

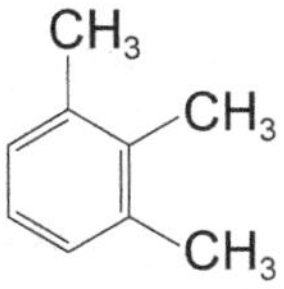

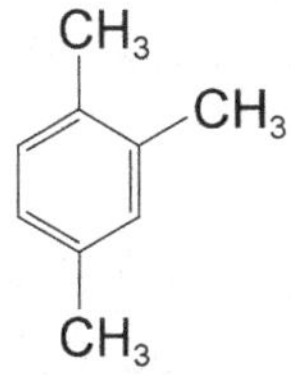

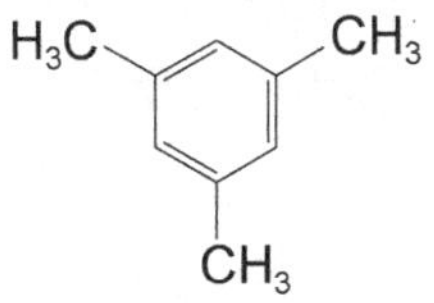

不同取代基遵循次序规则进行编号和命名，如果有甲基可以"甲苯"为母体。如果苯环侧链有不饱和烃，则以苯基为取代基，不饱和烃为母体；侧链烷基的碳原子数较多，也以苯基为取代基，烷烃为母体。例如：

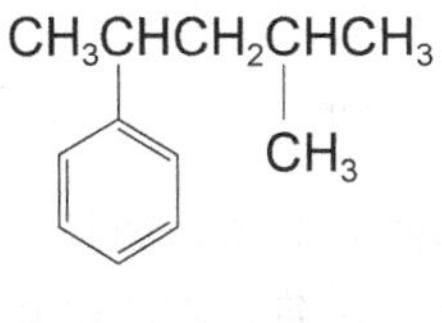

2-甲基-4-苯基戊烷 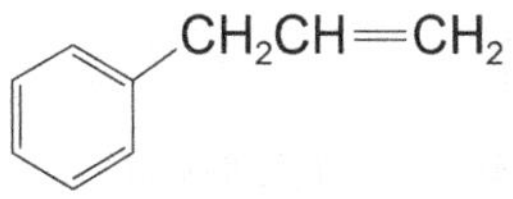　　　3-苯基-1-丙烯 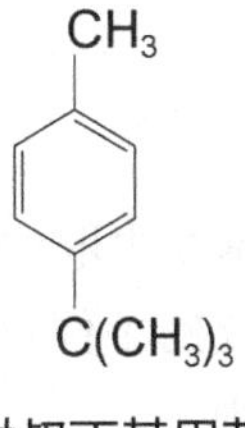　　　对叔丁基甲苯

三、单环芳香烃的性质

1. 物理性质

无色液体，比水轻，不溶于水，溶于一般有机溶剂。熔点及沸点变化符合一般规律，

在各异构体中，对称性大者，熔点较高。对、邻、间二甲苯中，对位熔点最高。

2. 化学性质

苯环上容易发生取代反应，不易发生加成和氧化反应。芳环侧链的化学性质取决于侧链的类型。

（1）取代反应

① 卤代反应。苯和卤素可以在相应的三卤化铁催化下，发生卤代反应。

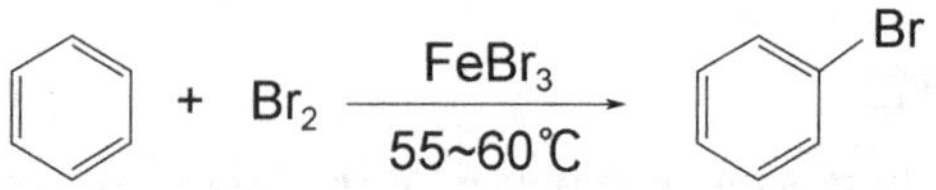

$$\text{苯} + Br_2 \xrightarrow[55\sim60℃]{FeBr_3} \text{溴苯}$$

如果苯环上已经有取代基，那么卤素取代的位置，与原基团有关。比如甲基会在邻对位，硝基在间位。

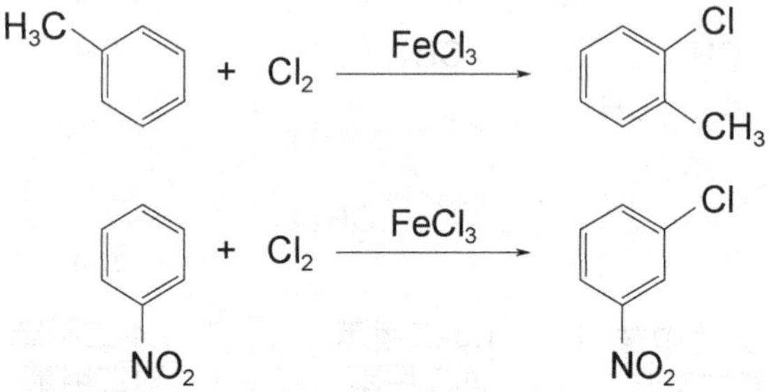

$$\text{甲苯} + Cl_2 \xrightarrow{FeCl_3} \text{邻氯甲苯}$$

$$\text{硝基苯} + Cl_2 \xrightarrow{FeCl_3} \text{间氯硝基苯}$$

若无催化剂，则苯环侧链的 H 被取代。

② 硝化反应。苯与硝酸和浓硫酸的混合物（混酸）反应，苯环上的氢原子被硝基（—NO_2）取代，该反应称为硝化反应。

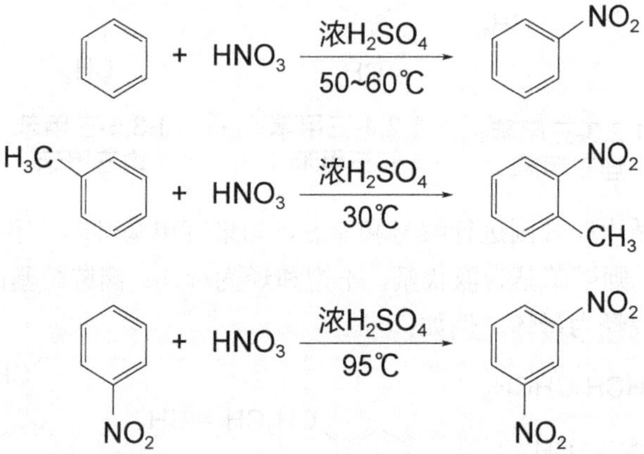

$$\text{苯} + HNO_3 \xrightarrow[50\sim60℃]{浓H_2SO_4} \text{硝基苯}$$

$$\text{甲苯} + HNO_3 \xrightarrow[30℃]{浓H_2SO_4} \text{邻硝基甲苯}$$

$$\text{硝基苯} + HNO_3 \xrightarrow[95℃]{浓H_2SO_4} \text{间二硝基苯}$$

注意：硝基发生取代的位置，也与原基团有关。甲基在邻对位，硝基在间位；而且硝化反应发生需要的条件也不一样，说明有些基团使反应容易进行，有些则相反。这一规律被称为定位规则。

③ 磺化反应。苯和硫酸共热，苯环上的氢会被磺酸基（—SO_3H）取代，这个反应是可逆的。

$$\text{苯} + H_2SO_4 \underset{}{\overset{70\sim80℃}{\rightleftharpoons}} \text{苯磺酸} + H_2O$$

产物为强酸，可溶于水。

④ 烷基化反应。在无水三氯化铝催化下，苯环上的氢可以被烷基取代，烷基化试剂有 RX、ROH、RCH $=$ CH$_2$ 等。例如：

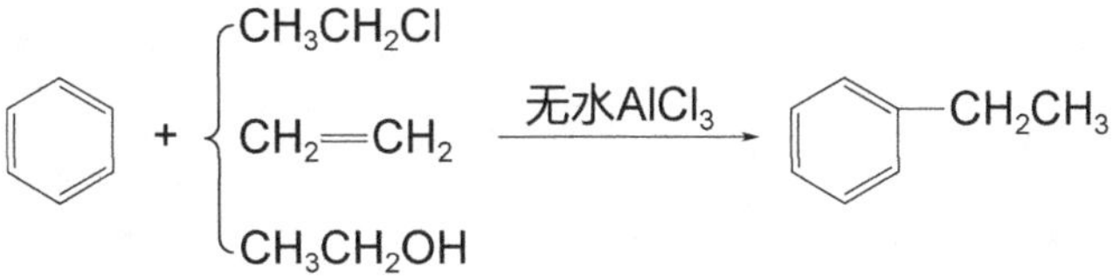

（2）氧化反应　苯环侧链上和苯环相连的第一个碳原子（α-C）上如果有 H，该侧链会被酸性高锰酸钾或重铬酸钾氧化成—COOH，没有 α-H 的侧链不会发生变化。例如：

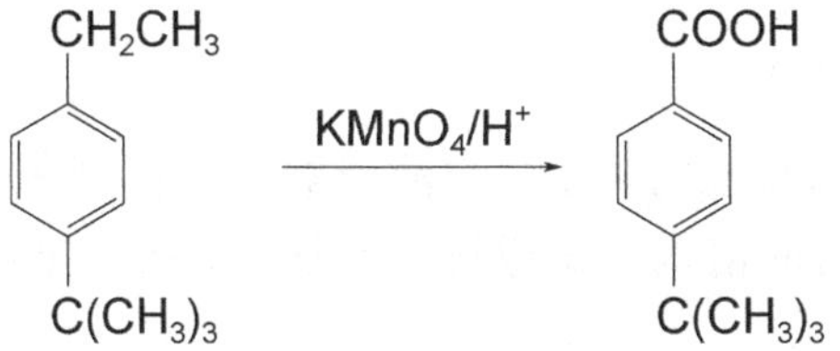

酸性高锰酸钾会褪色，由此可以鉴别苯及苯的同系物（如苯、甲苯）。

3. 芳香烃亲电取代的定位规律

（1）取代基定位规律　研究发现苯环上发生亲电取代时，新的基团取代苯环上 H 原子的位置受到苯环原有基团的影响，反应速度（反应难易程度）也受到影响。取代基的这种作用称为定位效应。

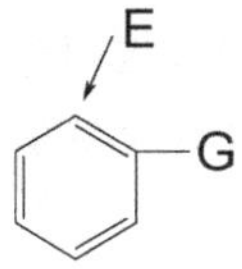

G 决定：①E 的位置（G 的邻、对或间位）；②芳环氢的活性（即速度）。

① 邻位、对位定位基。特点：直接和苯环相连的原子以单键和其他原子相连，一般致活。Cl、Br 邻对位却致钝。

—N(CH$_3$)$_2$	—NHCR	—R
—NH$_2$	‖	
	O	
—OH	—OR	
强	**中强**	**弱**

② 间位定位基。特点：直接和苯环相连的原子再和其他原子相连时含有双键或三键；一般致钝。例如：

NO$_2$—、—N$^+$(CH$_3$)$_3$、—CN、—SO$_3$H、—CHO、—COOH、—COOR、—CONH$_2$ 等。

（2）多取代基定位规律　当芳香烃上有两个取代基，而两个取代基指向不一致时：
① 强烈活化基团的定位能力胜过钝化基团或弱的活化基团。
② 两个基团互相处于间位时，其间的位置由于空间的阻碍，很少发生取代。

四、稠环芳香烃

常见的稠环芳香烃有萘、蒽、菲。

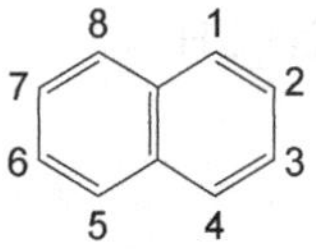

萘 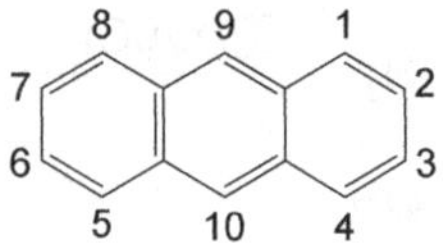   蒽 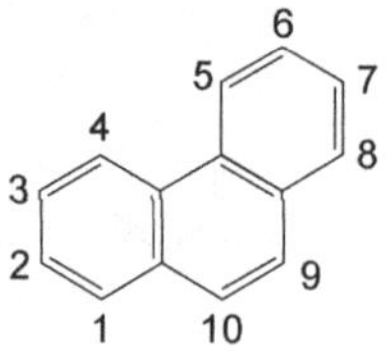   菲

萘的 1、4、5、8 位也叫作 α 位；2、3、6、7 位叫作 β 位。

五、重要的芳香烃

芳香烃主要来自煤和石油的加工。石油裂解可以得到苯、甲苯等芳香烃。苯、甲苯、二甲苯都是比较常用的溶剂，在塑料、橡胶、纤维、染料、医药、香料等行业应用广泛。

> **知识链接**

芳香烃与癌症

在化学致癌因素中，芳香烃是致癌能力最强的一大类，例如苯及其同系物。

在稠环芳香烃中，有的具有较强的致癌性，称为致癌烃。其中 1,2-苯并芘致癌性最强，其代谢产物能够与 DNA 结合，从而导致 DNA 突变，增加致癌可能；食物烟熏过程可产生。

有些致癌烃在煤、石油、木材和烟草等燃烧不完全时能够产生。煤焦油中也含有某些致癌烃。

【习题】

10-1 对下列结构式进行命名：

（2） $CH_3CH_2CH_2CHCH_2CH_3$

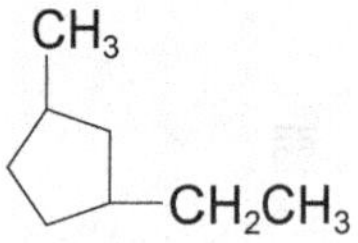

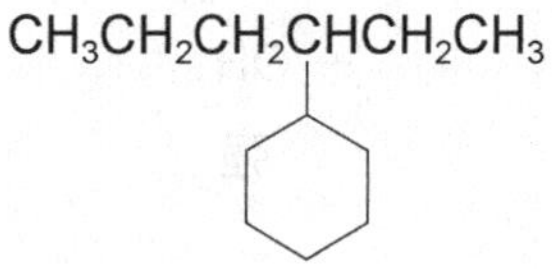

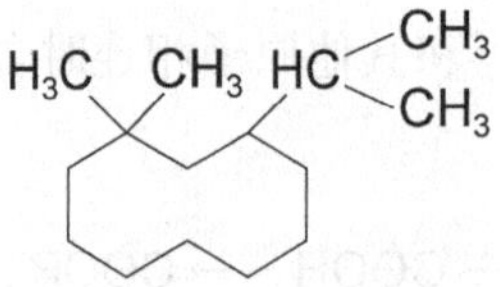

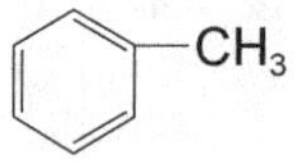

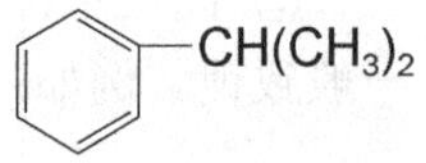

10-2 写出下列化合物的结构简式：

（1）1，2，4-三甲基环戊烷

（2）反-1-甲基-4-叔丁基环己烷

（3）1，2-二环丙基丁烷

（4）萘

（5）邻二甲苯

10-3 完成下列反应式：

（1）

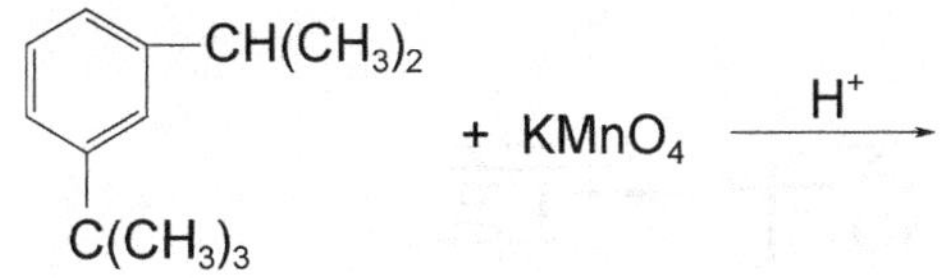

+ KMnO₄ $\xrightarrow{\text{H}^+}$

（2）

+ CH₃CH=CH₂ $\xrightarrow{\text{AlCl}_3}$

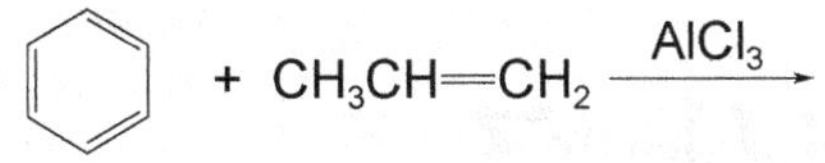

第十一章
卤代烃

知识目标

1. 了解卤代烃的分类。
2. 掌握卤代烷烃、卤代烯烃、卤代芳香烃的命名。
3. 掌握卤代烷烃的主要化学性质。
4. 了解重要卤代烃的性质和用途。

技能目标

1. 会对卤代烷烃和卤代芳香烃进行命名。
2. 能写出卤代烷烃发生取代、消除反应的主要产物。
3. 能利用化学方法对不同结构的卤代烃进行鉴别。

卤代烃是烃的卤素衍生物，一般通过人工方法合成，自然界中没有卤代烃。卤素是卤代烃的官能团，由于碳卤键的极性，卤代烃性质比较活泼，易发生取代反应。卤代烃是常用作合成其他有机物的原料。

第一节　卤代烃的分类和命名

卤代烃是烃分子中一个或多个氢原子被卤原子取代所生成的化合物，用通式 RX（X = F、Cl、Br、I）表示。其中，卤素原子是卤代烃的官能团。

一、卤代烃的分类

卤代烃有以下几种分类方式：

1. 根据分子中卤原子所连烃基类型

卤代烷烃　　$R—CH_2—X$

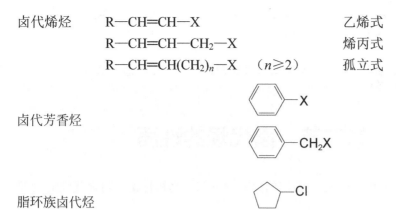

卤代烯烃	R—CH=CH—X	乙烯式
	R—CH=CH—CH₂—X	烯丙式
	R—CH=CH(CH₂)ₙ—X （n≥2）	孤立式

卤代芳香烃

脂环族卤代烃

2. 根据卤素所连的碳原子类型

R—CH₂—X	R₂CH—X	R₃C—X
伯卤代烃	仲卤代烃	叔卤代烃
一级卤代烃(1°)	二级卤代烃(2°)	三级卤代烃(3°)

此外，根据卤素原子的不同可以分为氟代烃、氯代烃、溴代烃、碘代烃；根据卤素原子的数目还可以分为一卤代烃和多卤代烃。

二、卤代烃的命名

1. 习惯命名法

习惯命名法是根据卤原子所连的烃基名称将其命名为"某烃基卤"或"卤（代）某烃"。

| CH₃Cl | CH₃CH₂Br | C(CH₃)₃Cl | [环戊基]—Br |
| 甲基氯 | 乙基溴 | 叔丁基氯 | 环己基溴 |

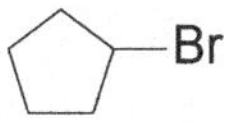

2. 系统命名法

复杂卤代烃用此方法，以烃为母体，卤原子只作为取代基。因此，其命名原则与相应烃的原则相同，分为以下步骤：选择含有卤原子的最长碳链作为主链，将卤原子或其他支链作为取代基，编号遵循最低系列原则，取代基按"顺序规则"较优基团在后列出。例如：

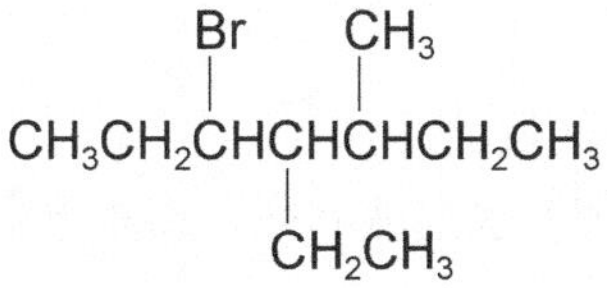

$$\begin{array}{cc} \overset{Br}{|} & \overset{CH_3}{|} \\ CH_3CH_2CHCH & CHCH_2CH_3 \end{array}$$
$$\begin{array}{c} | \\ CH_2CH_3 \end{array}$$

3-甲基-4-乙基-5-溴庚烷

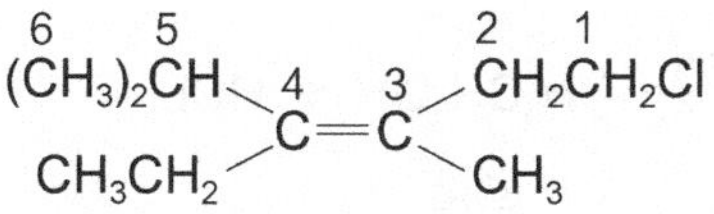

$$\overset{6}{(CH_3)_2CH}\overset{5}{}\overset{4}{C}=\overset{3}{C}\overset{2}{CH_2}\overset{1}{CH_2Cl}$$

(Z)-3,5-二甲基-4-乙基-1-氯-3-己烯

卤原子直接连在环上时，以环为母体，卤原子为取代基。而卤原子连在环的侧链时，环和卤原子为取代基，侧链烃为母体。例如：

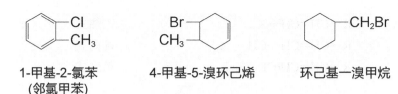

1-甲基-2-氯苯　　　　4-甲基-5-溴环己烯　　　　环己基—溴甲烷
（邻氯甲苯）

第二节　卤代烃的性质

由于卤素原子的电负性较大，因此碳卤键（C—X）为极性键，对卤代烃的物理和化学性质有一定影响。

一、物理性质

1. 物态

在常温常压下，除氯甲烷、溴甲烷、氯乙烷、氯乙烯为气体外，其余常见的一卤代烃多为液体，含 15 个以上碳原子的为固体。

2. 熔点和沸点

由于绝大多数卤代烃分子具有极性（四氯化碳这类分子结构对称的除外），因此卤代烷烃比相应的烷烃熔点、沸点更高。卤原子相同的同一系列卤代烃中，沸点随着碳原子数的增加而升高。在烃基相同的卤代烷烃中，沸点呈现 RI>RBr>RCl。在脂卤烃的异构体中，与烷烃相似，支链越多、沸点越低。

3. 溶解性

卤代烃均不溶于水，易溶于有机溶剂。

二、化学性质

卤代烃的化学反应主要发生在官能团卤原子以及受卤原子影响而比较活泼的 α-氢原子上。

1. 取代反应

在碱性条件下，卤原子可被亲核试剂取代，生成烃的其他衍生物。常见亲核试剂有 H_2O、NH_3、OH^-、RO^-、CN^- 等。

亲核取代反应:由亲核试剂进攻而引起的取代反应。

（1）水解　卤代烃与氢氧化钠（或氢氧化钾）水溶液共热，卤素原子被羟基取代，产物为醇。例如：

$$CH_3CH_2Cl + H—OH \xrightarrow[\triangle]{NaOH} CH_3CH_2OH + HCl$$
乙醇

（2）醇解　卤代烃与醇钠发生反应，卤原子被烷氧基（RO—）取代，这是合成混合醚的重要方法，称为 Williamson 合成法。例如：

$$CH_3CH_2Cl + CH_3ONa \xrightarrow{\text{乙醇}} CH_3OCH_2CH_3 + NaCl$$

甲乙醚

（3）氨解　伯卤代烷与过量氨气发生氨解反应，卤原子被氨基（—NH_2）取代。例如：

$$CH_3CH_2Cl + NH_3 \xrightarrow{\hspace{2cm}} CH_3CH_2NH_2 + HCl$$

乙胺

（4）与 $AgNO_3$ 反应　卤代烃与硝酸银溶液作用，生成硝酸酯和卤化银沉淀。例如：

$$CH_3CH_2CH_2Br + AgNO_3 \xrightarrow{\text{NaOH}} CH_3CH_2CH_2ONO_2 + AgBr\downarrow$$

硝酸丙酯

此反应可用于鉴别卤化烃，因卤原子不同或烃基不同的卤代烃，其亲核取代反应活性有差异。卤代烃的反应活性为：$R_3C—X > R_2CH—X > RCH_2—X$；不同卤原子则表现为 $R—I > R—Br > R—Cl$。通常反应条件如下：

叔卤代烷　＞　仲卤代烷　＞　伯卤代烷

室温下沉淀　　　加热才能沉淀

2. 消除反应

卤代烷烃和碱的醇溶液共热，会脱去一份子卤化氢（HX）而产生烯烃。这种有机分子脱去一个小分子生成不饱和化合物的反应称为消除反应。例如：

$$CH_3CH_2CH_2Cl \xrightarrow[\triangle]{\text{NaOH/乙醇}} CH_3CH=CH_2 + HCl$$

丙烯

消除反应的活性为：

$$3°RX > 2°RX > 1°RX$$

仲卤代烃和叔卤代烃脱卤化氢时，主要从含氢较少的 β-碳原子上脱去氢原子，这一经验称为扎依采夫规则，即主要产物是生成双键碳上连接烃基最多的烯烃。例如：

$$\underset{\underset{CH_3}{|}}{CH_3CH_2CHCl} \xrightarrow[\triangle]{\text{NaOH/乙醇}} CH_3CH=CHCH_3 + CH_3CH_2CH=CH_2 + HCl$$

主要产物　　　　　　　非主要产物

消除反应与取代反应在大多数情况下是同时进行的，为竞争反应，哪种产物占优则与反应物结构和反应的条件有关。

3. 与金属反应

卤代烃与活泼金属如钾、钠、镁、铝等可以反应生成金属有机物，例如和镁反应可以生成性质非常活泼的有机镁化合物：

$$CH_3CH_2Cl + Mg \xrightarrow{\text{无水乙醚}} CH_3CH_2MgCl$$

反应活性：$RI > RBr > RCl$，该产物称为格氏试剂。格氏试剂能与许多含活泼氢的物质作用（如烃、醇、醛、酮、羧酸等），生成烷烃。

三、重要的卤代烃

1. 三氯甲烷

三氯甲烷又称氯仿。无色液体，沸点 61.2℃，不易燃，不溶于水，能溶于多种有机物。它本身也是良好的溶剂，能溶解油脂、蜡和有机玻璃等。

2. 四氯化碳

四氯化碳为无色液体，沸点 76.5℃，不溶于水，能溶于多种有机物，其本身也是良好的溶剂。不燃烧，是常用的灭火剂，但金属钠着火时不能用它灭火。用其灭火时要注意通风，因高温下它与水可生成剧毒的光气。

其他常见的卤代烃包括聚氯乙烯（PVC）、氟利昂等。

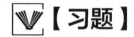【习题】

11-1　写出下列卤代烃发生消除反应的主要产物：

（1）2-溴-2，3-二甲基丁烷

（2）2-溴-3-乙基戊烷

（3）2-溴-3-甲基丁烷

（4）2-碘-1-甲基环己烷

（5）2-溴己烷

11-2　完成下列反应式：

（1） 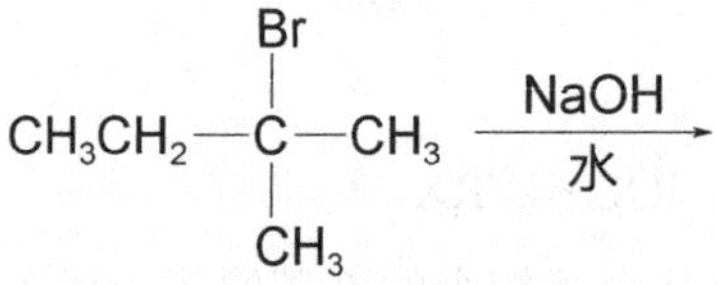
$$CH_3CH_2-\overset{\overset{\displaystyle Br}{|}}{\underset{\underset{\displaystyle CH_3}{|}}{C}}-CH_3 \xrightarrow[\text{水}]{\text{NaOH}}$$

（2）环己基-CH_2Cl + $NaOCH_2CH_3$ ⟶

（3）
$$\overset{\overset{\displaystyle CH_3}{|}}{CH_3CHCH_2I} + AgNO_3 \longrightarrow$$

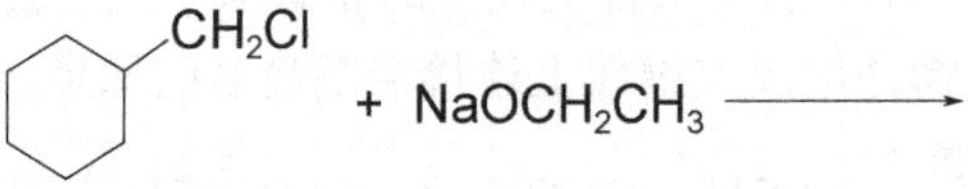

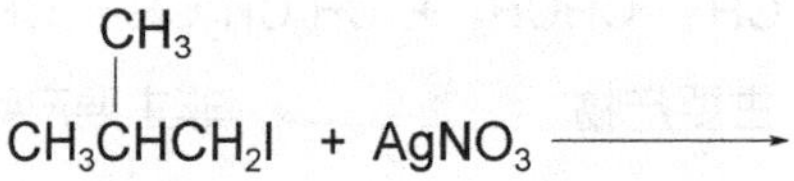

第十二章

醇、酚和醚

 知识目标

1. 了解醇、酚、醚的分类。

2. 掌握醇、酚、醚的命名。

3. 了解醇、酚、醚的化学性质及其鉴别方法。

 技能目标

1. 能应用习惯命名法和系统命名法对醇、酚、醚进行命名。

2. 能由给定醇、酚、醚的结构推测其在给定反应条件下的化学变化。

3. 能利用醇、酚、醚的性质对其进行鉴别。

第一节　醇

烷烃 RH 中的 H 被 OH 取代，就变成了醇。

一、醇的分类和命名

1. 分类

① 根据羟基数目可分为：一元醇、二元醇。

② 根据烃基结构可分为：脂肪醇、脂环醇、芳香醇。

③ 根据羟基所连碳原子类型可分为：伯醇、仲醇和叔醇。

2. 命名

（1）习惯命名法　"烃基 + 醇"，适用于简单一元醇。如：

$$CH_3CH_2CH_2CH_2OH$$

$$\underset{\overset{|}{CH_3}}{CH_3CHCH_2OH}$$

$$\underset{\overset{|}{OH}}{CH_3CHCH_2CH_3}$$

$$H_3C-\underset{\overset{\overset{\textstyle CH_3}{|}}{\underset{|}{CH_3}}}{C}-OH$$

正丁醇 　　　　异丁醇 　　　　仲丁醇 　　　　叔丁醇

（2）　系统命名法

① 饱和醇的命名。

a．选主链。以醇为母体，选择含与—OH 直接相连的碳原子在内的最长碳链为主链，根据主链的碳原子数称为"某醇"，支链为取代基。

b．定编号。从靠近—OH 的一端碳原子开始编号，标出各个取代基的位次。

c．写名称。"取代基 + 某醇"。

如：

$$\underset{\overset{\overset{\textstyle |}{OH}}{}}{CH_3CHCH_2CH_2}\underset{\overset{|}{CH_3}}{\overset{\overset{\textstyle CH_3}{|}}{C}CH_3}$$

5,5-二甲基-2-己醇

② 不饱和醇的命名。分子中既含有不饱和键，又含有羟基的双官能团化合物命名时，应以醇为主官能团，烯/炔为次官能团，称为"某烯醇"。

$$\underset{\overset{|}{OHCH_2CH_2CH_3}}{CH_3CHCHCH_2CH_2CH_3}$$

$$\underset{\overset{|}{CH=CH_2}}{CH_3CH_2CH_2CHCH_2CH_2CH_2OH}$$

3-丙基-2-己醇 　　　　　　　4-丙基-5-己烯-1-醇

（选择含—OH 和双键的长碳链为主链）

③ 芳香醇的命名。芳香基作为取代基。

〔苯环〕—CH=CH—CH₂OH 　　　〔苯环〕—CH(OH)—CH₃ 　　　〔苯环〕—CH₂CH₂OH

3-苯基-2-丙烯-1-醇 　　　　　　1-苯乙醇 　　　　　　2-苯乙醇
(俗名：肉桂醇)(苯基作为取代基)

二、醇的结构

醇的官能团为—OH，饱和一元醇的通式是 $C_nH_{2n+1}OH$，也可以简写为 R—OH。在醇分子中，O—H 键是以氧原子的一个 sp^3 轨道与氢原子的 1s 相互交盖而成的；C—O 键则是以碳原子的一个 sp^3 杂化轨道与氧原子的一个 sp^3 杂化轨道相互交盖而成的。由于碳、氧、氢的电负性不同，因此它们都是极性共价键。氧原子的另外两对未共用的电子对分别占据其他两个 sp^3 杂化轨道。

三、醇的性质

1. 物理性质

（1）状态　直链饱和一元醇中：C_4 以下为酒精气味的液体；$C_5 \sim C_{11}$ 为具有不愉快气味的油状液体；C_{12} 以上为无臭无味的蜡状固体。

（2）沸点　低级醇的沸点比分子量相近的烷烃和卤代烃高得多。

（3）溶解性　醇在水中的溶解度随分子中碳原子数的增多而下降。$C_1 \sim C_3$ 醇能与水混溶，从丁醇开始在水中的溶解度显著降低，C_{10} 以上的醇不溶于水。多元醇的溶解性比一元醇的溶解性好。

2. 化学性质

醇的化学性质主要是由官能团——羟基所决定，同时也受到烃基的一些影响。从化学键来看 $C{-}OH$ 和 $O{-}H$ 都是极性键，因此醇容易发生反应的部位如虚线所示：

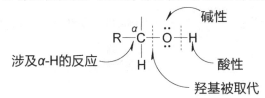

（1）与金属反应（弱酸性）

$$2HO{-}H + 2Na \longrightarrow 2NaOH + H_2\uparrow$$

$$2RO{-}H + 2Na \longrightarrow 2RONa + H_2\uparrow$$
醇钠

$$2RO{-}H + Mg \longrightarrow (RO)_2Mg + H_2\uparrow$$
醇镁

反应的应用：①实验室销毁金属钠；②异丙醇铝是常用的还原剂，乙醇钠是常用还原剂、强碱。

（2）与卤化氢反应（亲核取代）

$$RO{-}H + HX \Longleftrightarrow RX + H_2O \,(可逆反应)$$

反应活性：①$HI>HBr>HCl$；　（原因：酸性顺序为 $HI>HBr>HCl$）
②烯丙醇（或苯甲醇）$>3°ROH>2°ROH>1°ROH>CH_3OH$

利用醇和浓盐酸作用快慢，可以鉴别不同的醇。浓 HCl/无水 $ZnCl_2$ 称为卢卡斯试剂，可用于区别伯、仲、叔醇。

$$\left.\begin{array}{l}1°RO{-}H\\2°RO{-}H\\3°RO{-}H\end{array}\right\} \xrightarrow[\text{室温}]{\text{卢卡斯试剂}} RCl\,(浑浊) \left\{\begin{array}{l}(\times)\,加热才反应\\(慢)\,片刻浑浊\\(快)\,立即浑浊\end{array}\right.$$

（3）酯化反应

$$R—OH + HO|NO_2 \longrightarrow R—ONO_2 + H_2O$$

$$R—OH + HO|SO_2OH \longrightarrow R—OSO_2OH + H_2O$$
硫酸氢酯(酸性)

$$R—OH + HO|O_2SOR \longrightarrow R—OSO_2—R + H_2O$$
硫酸酯(中性)

$$\left.\begin{array}{l}\\\end{array}\right\}无机酯$$

$$R—OH + HO|COR' \longrightarrow R'COOR + H_2O \qquad 有机酯$$

如甘油与硝酸形成的酯——三硝酸甘油酯，是一种烈性炸药。三硝酸甘油酯受到轻微的撞击或振动就会爆炸，因此使用和运输很不方便，也很危险。后来诺贝尔将其分散在硅藻土中制成甘油炸药，可供开山筑路，减少劳动人民的体力劳动，造福于人民。

（4）脱水反应　醇与浓 H_2SO_4 共热发生脱水反应，温度较高时发生分子内脱水生成烯烃，温度稍低时则发生分子间脱水生成醚，温度更低时生成酯，而在室温时生成盐。

醇脱水的特点：在酸性介质中进行，遵循 Saytzeff 规则，有重排。

$$\underset{OH}{\overset{\beta\quad\beta'}{CH_3CH_2CHCH_3}} \xrightarrow[100℃]{66\%H_2SO_4} CH_3CH=CHCH_3 \quad (Saytzeff 规则)$$
2-丁烯
(主要产物)

$$\underset{OH}{\overset{\beta\qquad\beta'}{CH_2CHCH_3}} \xrightarrow[\triangle]{酸} CH=CHCH_3 \quad (Saytzeff 规则)$$
1-苯丙烯
(主要产物)

（5）氧化与脱氢　伯醇或仲醇用 $KMnO_4$ 或 K_2CrO_4 氧化可制得醛或酮。

$$R—\underset{H}{\overset{H}{\underset{|}{\overset{|}{C}}}}—OH \xrightarrow{KMnO_4} R—\underset{H}{\overset{O|H}{\underset{|}{\overset{|}{C}}}}—OH \xrightarrow{-H_2O} R—CHO \xrightarrow{KMnO_4} R—COOH$$

$$R—\underset{R'}{\overset{H}{\underset{|}{\overset{|}{C}}}}—OH \xrightarrow{[O]} R—\underset{R'}{\overset{O|H}{\underset{|}{\overset{|}{C}}}}—OH \longrightarrow R—\overset{O}{\overset{\|}{C}}—R' + H_2O$$

四、重要的醇

1. 甲醇

甲醇最早由木材干馏得到，故又称木精。无色透明液体，沸点 65℃，易燃，有毒，其蒸气与眼直接接触可致失明，饮用也可致盲。主要用于制备甲醛，用作甲基化试剂和溶剂，也可用作燃料。

2. 乙醇

乙醇俗称酒精，是具有酒味的无色透明液体，沸点 78.5℃，易燃易爆。可以通过粮食发酵、石油裂解得到乙烯再水合法得到。在消毒剂、有机溶剂、饮料和燃料方面有广泛应用。

3. 乙二醇

乙二醇为最简单的二元醇，无色具有甜味的液体，俗称甘醇。它的熔点为-11.5℃，沸点198℃，相对密度1.1088，能与水互溶，降低水的凝固点，常用作防冻液。

4. 丙三醇

丙三醇俗称甘油，无色具有甜味的液体，沸点290℃。有强吸湿性，能吸收空气中的水分，与水混溶。工业上可用于制造三硝酸甘油酯、合成树脂，在化妆品工业中作润湿剂。

第二节　酚

当羟基直接与芳环相连，其化学性质有别于醇，这类结构称为酚，如：。

一、酚的分类和命名

1. 分类

根据羟基的数目，分为一元酚、二元酚、多元酚。

2. 命名

酚的命名比较简单，酚字前加芳环的名称作为母体，加上其他取代基的位次、数目和名称，例如：

| 2-甲基苯酚 | 2-甲氧基苯酚 | 邻二苯酚 | 1, 2, 4-三苯酚 |

当存在其他可作为母体的官能团（如—COOH、—SO₃H、—CHO等），则按取代基序列的先后选择母体。取代基的先后排列次序为：—COOH、—SO$_3$H、—COOR、—COX、—CONH$_2$、—CN、—CHO、—C＝O、—OH(醇)、—OH(酚)、—SH、—NH$_2$、—OR、R—（烷基）、—NO$_2$、—X。

例如：

| 4-羟基苯磺酸 | 4-羟基苯甲醇 | 2-羟基苯甲醛 | 4-甲氧基苯酚 |

二、酚的结构

酚和醇都含有—OH，所以它们应该表现出一些共同的特征；但由于酚中—OH 是直接与 sp^2 碳相连，而醇中的是与 sp^3 碳相连，因此性质会有所不同。

三、酚的性质

1. 物理性质

① 大多数酚为固体，少数烷基酚为高沸点液体。

② 酚微溶或不溶于水，而易溶于乙醇、乙醚等有机溶剂。随着羟基数目增多，多元酚在水中的溶解度增大。

③ 纯净的酚是无色的，但酚羟基容易被空气中的氧缓慢氧化而带有不同程度的黄色或红色。

2. 化学性质

酚和醇都含有—OH，它们的共性如可与 Na 作用产生 H_2，能成酯、成醚，被氧化等，可参照醇的性质。由于酚羟基与苯环的相互影响，使得酚与醇的性质差异较大，其主要表现在酚羟基与苯环上。

（1）酚的酸性　酚具有弱酸性，而醇是中性的，苯酚的酸性比一般的有机酸弱，甚至比碳酸还弱，但能与 NaOH 等强碱成盐。

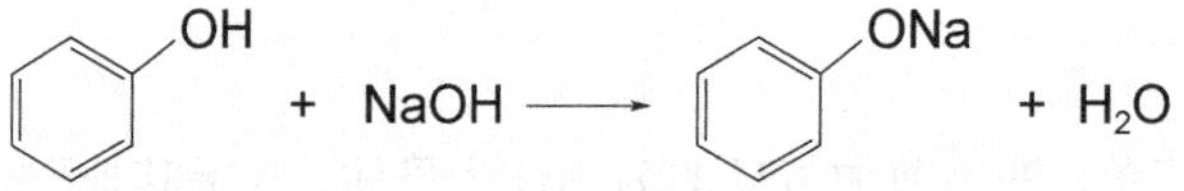

苯酚钠溶液通入二氧化碳后，由于碳酸的酸性比苯酚强，所以苯酚又被置换出来，这个性质用来鉴别和分离苯酚。

苯酚为什么有酸性呢？在苯酚中由于形成 p-π 共轭，氧上的孤电子对向苯环转移，使 O—H 键的电子云密度下降，因此 O—H 容易断裂即苯酚容易电离出 H^+，所以具有酸性。

（2）与 $FeCl_3$ 显色反应　酚与 $FeCl_3$ 反应会显色，用于鉴别酚类化合物，如苯酚显紫色、甲苯酚显蓝色、邻苯二酚显绿色。

（3）芳环上的取代反应　芳环对—OH 的影响导致酸性增加；反过来，—OH 对芳环也产生影响。—OH 是一个邻、对位定位基，且对苯环有致活作用，因此苯酚的取代反应活性比较大，一般可以生成三取代苯酚。

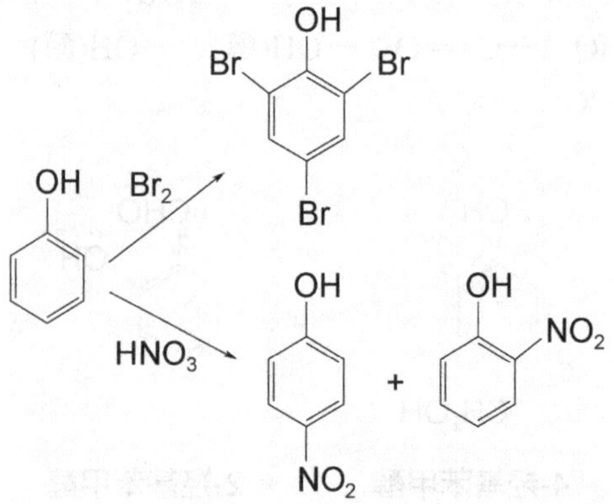

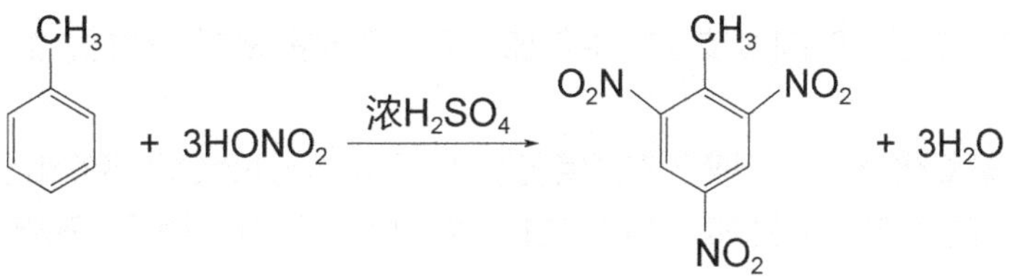

$$\text{甲苯} + 3HONO_2 \xrightarrow{\text{浓}H_2SO_4} \text{三硝基甲苯} + 3H_2O$$

四、重要的酚

1. 苯酚

苯酚俗称石炭酸，纯净的苯酚无色，露在空气中易被氧化而显粉红色。有毒，能凝固蛋白质，具有很强的杀菌能力，可作消毒剂和防腐剂。浓溶液会腐蚀皮肤，使用时需小心。

2. 甲苯酚

甲苯酚的杀菌能力比苯酚强，是医药上常用的消毒药水，"来苏儿"就是 47%～53% 的三种甲苯酚的肥皂水溶液。家庭消毒可稀释至 3%～5%使用。

3. 邻苯二酚

邻苯二酚也有三种异构体。邻苯二酚又名儿茶酚，在动植物体中存在。有强还原性，可作显影剂。

 实验 12-1：醇和酚的性质实验

【实验目的】

1. 通过实验进一步学习醇和酚的主要化学性质。

2. 掌握醇和酚的化学鉴别。

【仪器及试剂】

仪器和器皿：试管、试管夹、药匙、烧杯、酒精灯、镊子、胶头滴管、表面皿，玻棒、红色石蕊试纸、广泛 pH 试纸。

试剂：金属钠、无水乙醇、正丁醇、仲丁醇、叔丁醇、10%甘油、10%乙二醇、5% NaOH、5% CuSO_4、1%三氯化铁、苯酚饱和水溶液、饱和溴水、1%重铬酸钾溶液、3mol/L 硫酸溶液、2mol/L 盐酸溶液、5%碳酸钠溶液、0.5%高锰酸钾溶液、卢卡斯试剂、浓盐酸。

【操作步骤】

1. 醇的化学性质

（1）醇钠的生成及水解　在干燥试管中，加入无水乙醇 1mL，并加一粒绿豆大小新切的、用滤纸擦干的金属钠（镊子夹取），观察现象（是否有气体和试管是否发热）。金属钠消失后，取几滴液体于表面皿，液体挥发后，观察留下什么物质。然后滴加水于该物质上，用红色石蕊试纸，观察并解释发生的变化。

（2）醇的氧化　取 3 支试管，分别加入 10 滴正丁醇、仲丁醇和叔丁醇，然后各加入 1mL 1%重铬酸钾溶液和 10 滴 3mol/L 硫酸，充分振荡，将试管置于 40～50℃水浴中微热。观察并及时记录颜色变化先后顺序。

（3）与卢卡斯试剂反应　取 3 支试管，分别加入 5 滴正丁醇、仲丁醇、叔丁醇，在 50～

60℃水浴中加热，然后同时向 3 支试管中各加入 5 滴卢卡斯试剂，振摇，静置，观察并解释产生的现象。

（4）甘油与氢氧化铜反应　取 2 支试管各加入 10 滴 5% NaOH 溶液和 5 滴 5% $CuSO_4$ 溶液，混匀后，观察现象。分别加入乙醇、甘油各 10 滴，振摇，静置，观察现象并解释发生的变化。

2. 酚的化学性质

（1）酚的弱酸性　取 1 支试管，加入 5mL 饱和苯酚水溶液，玻棒蘸取 1 滴于广泛 pH 试纸，检验酸性。把苯酚饱和水溶液分装于 2 支试管中，一支作为空白对照，在另一支中逐滴加入 5% NaOH 溶液，边加边摇，直至溶液澄清，记录并解释为何变澄清。

在此溶液中加入 2mol/L HCl 溶液至酸性，观察现象，解释并写出化学反应式。

（2）苯酚与饱和溴水反应　取苯酚饱和水溶液 2 滴于试管中，加水稀释至 1mL，逐滴加入饱和溴水，观察发生的现象，写出化学反应式。

（3）苯酚与三氯化铁反应　取 1 支试管，加入苯酚饱和水溶液 10 滴，加水稀释至 2mL，然后加入 2～3 滴 1%$FeCl_3$溶液，观察溶液颜色的变化，若溶液颜色太深，可适当稀释后再观察。

（4）酚的氧化反应　在试管中滴入 20 滴苯酚饱和水溶液，再滴 10 滴 5% NaOH，最后滴加 2～3 滴 0.5%高锰酸钾溶液，观察并解释所发生的变化。

【结果与分析】

用列表的方式记录实验现象，写出化学反应式，并加以解释。

第三节　醚

分子中含有醚键（C—O—C）的化合物叫作醚。O 所连的两个烃基，当 R＝R'时，叫单（纯）醚，如 CH_3—O—CH_3；R≠R'时，叫混（合）醚，如 CH_3CH_2—O—CH_3、芳香醚 Ar—O—CH_3。此外还有环醚，如环氧乙烷。

一、醚的分类和命名

1. 分类

① 按照烃基的种类可分为：饱和醚、不饱和醚、芳香醚和环醚。

② 按照醚键左右两边的烃基是否相同可分为：单醚和混醚。

2. 命名

（1）习惯命名法（常用，适用于简单醚）

单醚：$CH_3CH_2OCH_2CH_3$

(二) 乙醚　　　　　　(二) 苯醚

混醚：$CH_3OCH_2CH_3$　　$(CH_3)_3COCH_3$　　$—OCH_3$

甲乙醚　　　　甲叔丁醚　　　　苯甲醚

（小的 R 命在前面）（芳香基命在前面）

（2）系统命名法（不常用，适用于复杂醚）　将 RO—或 ArO—当作取代基，以较大的烃为母体。

二、醚的结构

醚可以视为醇分子羟基中的氢原子被烃基取代后的产物。醚的通式为 R—O—R'、Ar—O—R 或 Ar—O—Ar'。分子中的"—O—"称为醚键。由于醚的氧原子与两个烃基相连，C—O—C 键的极性较小，其化学性质比醇、酚要稳定。如在常温下不与金属钠作用，对碱、氧化剂和还原剂都十分稳定。

三、醚的性质

1. 物理性质

① 相对密度、沸点较低，因为醚分子间不能形成氢键。

② 在水中溶解度与同碳数醇差不多，因醚分子与水分子可形成分子间氢键。

③ 极性。乙醚有弱极性，常用作有机溶剂。

2. 化学性质

醚分子中无活泼氢，不能与金属钠反应，也不与酸、碱反应。醚的化学性质比较稳定，但醚比烷烃活泼。

（1）𬭚盐的生成　必须在浓 HCl 或浓硫酸作用下才能生成，因为𬭚盐在浓酸下才能稳定存在，一遇水即水解。利用此性质可分离提纯醚。

$$\underset{\text{碱}}{\begin{matrix} R \\ R' \end{matrix}\!\!\searrow\!\!\nearrow\!\!O} + \underset{\text{酸}}{\text{浓HCl(浓H}_2\text{SO}_4)} \longrightarrow \underset{\text{盐}}{\begin{matrix} R \\ R' \end{matrix}\!\!\searrow\!\!\nearrow\!\!\overset{+}{O}HCl^- \atop (HSO_4^-)}$$

（2）醚键的断裂　较高温度下与浓 HX 反应，醚与 HBr、HI 作用，可使醚键断裂；如果是混合醚，较小烃基成 RX。

$$CH_3OCH_2CH_3 + HI \longrightarrow CH_3I + CH_3CH_2OH$$
$$\underset{\xrightarrow{AgNO_3} AgI\downarrow}{\big|} \qquad \text{（定量进行）}$$

（3）过氧化物的生成　乙醚容易被空气氧化，生成过氧化物。所以，使用乙醚前应先检查过氧化物是否存在。

除去过氧化物的方法：5%FeSO$_4$、5%NaHSO$_3$、5%NaI 均可洗去过氧化物。

防止过氧化物生成的方法：①将乙醚贮存于棕色瓶中；②在乙醚中加入铁丝（还原剂）。

四、重要的醚

1. 乙醚

乙醚无色易挥发，微溶于水，易溶于有机溶剂，是重要的麻醉剂。易燃易爆，使用时应远离火源。

2. 除草醚

除草醚为2,4-二氯-4′-硝基二苯醚，浅黄色晶体，难溶于水，易溶于乙醚等有机溶剂，是常用的除草剂，在空气中稳定，对人畜安全，对某些杂草有触杀作用。

【习题】

12-1　对下列有机物进行命名：

（1）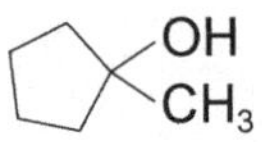
OH
CH3

（2）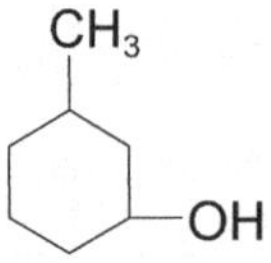
CH3
OH

（3）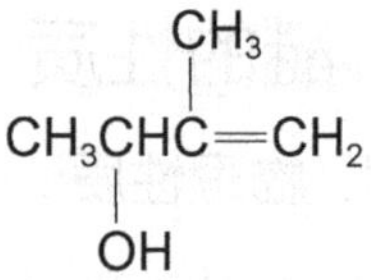
CH3
CH3CHC═CH2
OH

（4）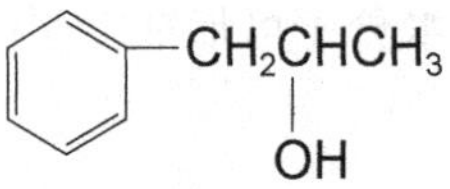
CH2CHCH3
OH

（5）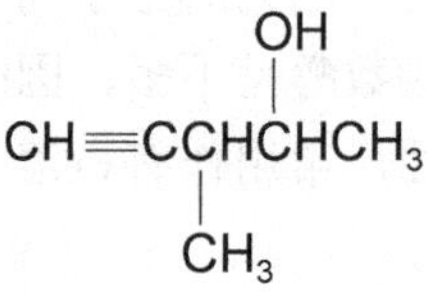
OH
CH≡CCHCHCH3
CH3

12-2　用化学方法鉴别下列物质：

（1）1-戊醇、2-戊醇、2-甲基-2-丁醇；

（2）异丙醇、甘油、苯酚。

第十三章

羰基化合物

知识目标

1. 了解羰基化合物的含义和分类。

2. 掌握醛和酮的命名。

3. 了解醛、酮的化学性质。

4. 掌握醛和酮的基本鉴别方法。

技能目标

1. 能应用习惯命名法和系统命名法对醛和酮进行命名。

2. 能由给定醛和酮的结构推测其在给定反应条件下的化学变化。

3. 能利用醛和酮的性质对其进行鉴别。

分子中含 C=O 的化合物称为羰基化合物。羰基与氢原子相连为醛 [R(H)CHO]，羰基与两个烃基相连为酮（RCOR'）。具有醛、酮结构的化合物广泛存在于自然界，有些在生物体代谢过程中起着重要的作用。

第一节 醛、酮的分类和命名

一、结构和分类

1. 结构

在醛和酮分子中，都含有一个共同的官能团——羰基，故统称为羰基化合物，醛分子中，羰基至少要与一个氢原子直接相连，故醛基一定位于链端。

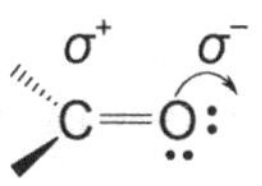

2. 醛、酮的分类

根据羰基数目分为一元醛、酮，二元醛、酮和多元醛、酮；根据烃基可以分为脂肪族醛、酮，脂环族醛、酮和芳香族醛、酮；根据烃基是否含有不饱和键可分为饱和醛、酮和不饱和醛、酮。

二、醛和酮的命名

1. 习惯命名法（适用于简单的醛、酮）

醛的习惯命名法与伯醇相似，只需把"醇"字改为"醛"字即可。还有一些醛的名称，是由相应羧酸的名称而来，如蚁醛（由蚁酸而来）、肉桂醛（由肉桂酸而来）、水杨醛（由水杨酸而来）。

简单的酮可按羰基上连接的两个烃基根据"次序规则"称为某（基）某（基）甲酮，"小基团"在前；芳香基和脂基的混酮，要把芳香基写在前面。

$$
\underset{\substack{\text{二甲基(甲)酮}\\(\text{二甲酮})}}{CH_3-\overset{\displaystyle O}{\overset{\|}{C}}-CH_3}
\qquad
\underset{\substack{\text{甲基乙基(甲)酮}\\(\text{甲乙酮})}}{CH_3-\overset{\displaystyle O}{\overset{\|}{C}}-CH_2CH_3}
$$

2. 系统命名法

① 选主链。选择含有羰基的最长碳链作为主链。不饱和醛、酮的命名，主链须包含不饱和键。芳香族醛、酮命名时，把脂链作主链，芳环作取代基。

② 定编号。从距羰基最近的一端编号。主链编号也可用希腊字母 α、β、γ、…表示。

③ 写名称。将取代基的位次、数目和名称放在母体名称前。

$$
\underset{\substack{\text{2-甲基丙醛}}}{CH_3-\underset{\underset{\displaystyle CH_3}{|}}{CH}-CHO}
\qquad
\underset{\substack{\text{4-甲基-2-戊酮}}}{CH_3-\overset{\displaystyle O}{\overset{\|}{C}}-CH_2\underset{\underset{\displaystyle }{}}{CH}\overset{\overset{\displaystyle CH_3}{|}}{CH}CH_3}
$$

第二节　醛和酮的性质

一、物理性质

常温下低级醛、酮多为液体，高级醛、酮为固体。低级醛有刺鼻气味，某些天然醛、酮有特殊香味。醛、酮分子间不能形成氢键，但由于醛、酮分子中羰基有较强的极性，分子间的作用力较大，所以分子量相同或相近时沸点：醇>醛、酮>醚。

二、化学性质

1. 羰基的亲核加成反应

（1）与氢氰酸加成　该反应是有机合成中增长碳链的方法。适用范围：只有醛、脂肪族甲基酮、八个碳原子以下的环酮才能与氢氰酸反应。

$$\underset{(CH_3)H}{\overset{R}{>}}C{=}O \ + \ H{+}CN \ \underset{}{\overset{OH^-}{\rightleftharpoons}} \ \underset{(CH_3)H}{\overset{R}{>}}\underset{CN}{\overset{OH}{C}} \ \xrightarrow{H^+} \ \underset{(CH_3)H}{\overset{R}{>}}\underset{COOH}{\overset{OH}{C}}$$

（2）与亚硫酸氢钠加成　过量的饱和亚硫酸氢钠（40%）与醛、酮一起摇动，会有白色晶体析出。

$$\underset{(CH_3)H}{\overset{R}{>}}C{=}O \ + \ H{+}SO_3Na \ \underset{}{\overset{OH^-}{\rightleftharpoons}} \ \underset{(CH_3)H}{\overset{R}{>}}\underset{SO_3Na}{\overset{OH}{C}}$$

α-羟基磺酸钠

醛、脂肪族甲基酮和低级环酮（C_8 以下）都能与亚硫酸氢钠饱和溶液（40%）发生加成反应，生成 α-羟基磺酸钠。α-羟基磺酸钠与稀酸稀碱共热，得到原来的醛、酮。该反应可用于鉴别醛、酮，也可用于分离提纯某些醛、酮。

（3）与醇加成　在干燥氯化氢的催化下，醛与醇发生加成反应，生成半缩醛。半缩醛又能继续与过量的醇作用，脱水生成缩醛。该反应可保护醛基，使活泼的醛基在反应中不被破坏。

$$\underset{H}{\overset{R}{>}}C{=}O \ + \ H{+}OR' \ \underset{}{\overset{干HCl}{\rightleftharpoons}} \ \underset{H}{\overset{R}{>}}\underset{OR'}{\overset{OH}{C}} \ \underset{干HCl}{\overset{R'OH}{\rightleftharpoons}} \ \underset{H}{\overset{R}{>}}\underset{OR'}{\overset{OR'}{C}}$$

（半缩醛）　　　（缩醛）

（4）与格氏试剂加成　格氏试剂是较强的亲核试剂，非常容易与醛、酮进行加成反应，加成的产物不必分离便可直接水解生成相应的醇，这是实验室制备醇常用的方法。该反应是有机合成中增长碳链的方法。同一种醇可用不同的格氏试剂与不同的羰基化合物作用生成，可根据目标化合物的结构选择合适的原料。

$$\overset{\delta^+}{>}C{=}\overset{}{O}_\delta \ + \ R{+}MgX \ \xrightarrow{干醚} \ \underset{R}{>}\overset{OMgX}{C} \ \xrightarrow{H_3O^+} \ \underset{R}{>}\overset{OH}{C}$$

（5）与氨的衍生物加成-缩合反应　羰基化合物可以与氨的衍生物发生加成后缩合的反应。醛和酮与氨衍生物的缩合产物一般都是具有固定熔点的结晶固体，收率高，易于提纯，反应产物在稀酸作用下可分解成原来的醛和酮。上述试剂也被称为羰基试剂。

$$>C{=}O \ + \ H{-}\underset{H}{\overset{}{N}}{-}Y \ \underset{}{\overset{加成}{\rightleftharpoons}} \ \left[\underset{}{\overset{OH\ H}{-C-N-Y}}\right] \ \xrightarrow{-H_2O} \ >C{=}N{-}Y$$

不稳定

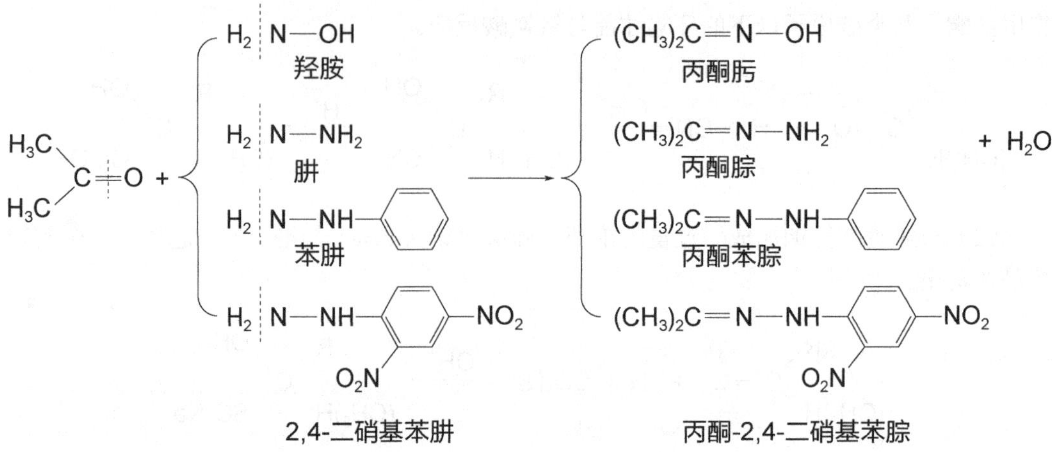

羟胺
肼
苯肼
2,4-二硝基苯肼
丙酮肟
丙酮腙
丙酮苯腙
丙酮-2,4-二硝基苯腙

以上性质可用来分离、提纯、鉴别羰基化合物。

2. α-氢原子的反应

脂肪醛、酮 α-H 的活性主要表现在以 H^+的形式离解出来，并转移到羰基氧上，形成烯醇式异构体。

在酸性或中性条件下的反应

$$H_3C-\overset{\overset{O}{\|}}{C}-CH_3 + Br_2 \xrightarrow[65℃]{CH_3COOH} H_3C-\overset{\overset{O}{\|}}{C}-CH_2Br + HBr$$

α-溴丙酮

酸催化可控制反应在一卤代阶段。碱性溶液中，α-H 可依次被取代。

$$(H)R-\overset{\overset{O}{\|}}{C}-CH_3 + 3NaOX \longrightarrow (H)R-\overset{\overset{O}{\|}}{C}-CX_3 + 3NaOH$$

$$(H)R-\overset{\overset{O}{\|}}{C}-CX_3 \xrightarrow{NaOH} (H)RCOONa$$

因为有卤仿生成，故称卤仿反应。当卤素是碘时，生成黄色晶体碘仿，则称为碘仿反应。

含有“$CH_3\overset{\overset{OH}{|}}{C}H$—”结构的醇会先被碘的氢氧化钠溶液氧化成乙醛或甲基酮再进行卤仿反应。因此，乙醛、甲基酮以及具有“$CH_3\overset{\overset{OH}{|}}{C}H$—”结构的醇都能发生卤仿反应。该反应可用于鉴别上述几类化合物。

3. 羟醛缩合反应

（1）羟醛缩合　在稀碱催化下，含 α-H 的醛发生分子间的加成反应，生成 β-羟基醛，这类反应称为羟醛缩合反应。β-羟基醛在加热下易脱水生成 α，β-不饱和醛。

$$CH_3-\overset{O}{\underset{|}{C}}-H + \overset{H}{\underset{|}{C}}HCHO \xrightarrow{\text{稀}OH^-} CH_3\overset{OH}{\underset{|}{C}}H-\overset{H}{\underset{|}{C}}HCHO \xrightarrow[\triangle]{-H_2O} CH_3CH=CHCHO$$

β-羟基丁醛   2-丁烯醛(巴豆醛)

（2）交叉羟醛缩合

$$\text{⬡}-CHO + CH_3CHO \xrightarrow[\triangle]{\text{稀}NaOH} \text{⬡}-CH=CH-CHO$$

（肉桂醛）

（3）酮的缩合　含有 α-氢原子的酮也能发生类似反应，但反应比醛困难。但二羰基化合物能发生分子内的缩合反应，生成环状化合物。

4. 氧化反应

醛易被氧化，弱的氧化剂也可以将醛氧化成同碳原子数的羧酸。而酮却不能被弱氧化剂氧化，但遇强氧化剂则可发生碳链断裂。这是实验室区别醛、酮的方法。

（1）托伦（Tollen）试剂　硝酸银的氨溶液可生成银镜，又称为银镜反应。托伦试剂（又称托伦斯试剂）可氧化脂肪醛，又可氧化芳香醛，但不可氧化酮。

$$RCHO + 2[Ag(NH_3)_2]OH \xrightarrow[\text{（水浴）}]{\triangle} RCOONH_4 + 2Ag\downarrow + 3NH_3\uparrow + H_2O$$

（2）斐林（Fehling）试剂　由硫酸铜与酒石酸钾钠的碱溶液等体积混合而成的蓝色溶液。

脂肪醛与斐林试剂反应，生成氧化亚铜砖红色沉淀。斐林试剂可氧化脂肪醛，但不可氧化酮及芳香醛。

$$RCHO + 2Cu(OH)_2 + NaOH \xrightarrow{\triangle} RCOONa + Cu_2O\downarrow + 3H_2O$$

蓝色   红色

$$HCHO + Cu(OH)_2 + NaOH \xrightarrow{\triangle} HCOONa + Cu\downarrow + 2H_2O$$

5. 还原反应

（1）还原成醇　金属氢化物（NaBH$_4$、LiAlH$_4$ 等）还原剂，具有选择性，只还原羰基，不还原 C＝C 双键。

$$CH_3CH=CHCHO \xrightarrow{NaBH_4} CH_3CH=CHCH_2OH$$

（2）催化加氢　常用的催化剂是镍、钯、铂。醛和酮催化加氢的产率高，但选择性不强，分子中存在的其他不饱和基团会同时被还原，此法常用来制备饱和醇。

$$\text{⬡}-CH=CHCHO \xrightarrow{H_2 \atop Ni} \text{⬡}-CH_2CH_2CH_2OH$$

（3）还原成烃

① Clemmensen 还原反应。

$$\text{\textbackslash}C=O \xrightarrow[\text{浓}HCl]{Zn-Hg} \text{\textbackslash}CH_2$$

② Wolff-Kishner-Huang 还原反应。醛或酮与水合肼在高沸点溶剂（如二甘醇、三甘醇等）中与碱共热，羰基可被还原成亚甲基。

6. Cannizzaro 反应

不含 α-氢的醛与浓碱共热，可以发生自身氧化还原反应。一分子醛被还原成醇，另一分子醛被氧化成羧酸，又叫作歧化反应。

$$2 \ \text{C}_6\text{H}_5\text{—CHO} \xrightarrow[\text{②H}^+]{\text{①浓NaOH}} \text{C}_6\text{H}_5\text{—COOH} + \text{C}_6\text{H}_5\text{—CH}_2\text{OH}$$

苯甲酸　　　　　　　苯甲醇

如果用甲醛与另一种无 α-H 的醛进行交叉歧化反应时，甲醛总是被氧化为甲酸，另一种醛被还原为醇。

$$\text{HCHO} + \text{C}_6\text{H}_5\text{—CHO} \xrightarrow{\text{浓NaOH}} \text{HCOOH} + \text{C}_6\text{H}_5\text{—CH}_2\text{OH}$$

第三节　重要的醛、酮

1. 甲醛

甲醛俗称蚁醛，在常温下是无色有特殊刺激性气味的气体，沸点-21℃，易燃，与空气混合后遇火爆炸，爆炸范围 7%～77%（体积分数）。

2. 丙酮

丙酮（CH_3COCH_3）是无色、易燃、易挥发的具有清香气味的液体，沸点 56℃，在空气中的爆炸极限为 2.55%～12.80%（体积分数）。

 实验 13-1：醛和酮的性质实验

【实验目的】

1. 通过实验进一步掌握醛、酮的化学性质。

2. 掌握醛、酮的化学鉴别方法。

【仪器及试剂】

仪器和器皿：试管、试管夹、药匙、烧杯、酒精灯、胶头滴管、玻棒。

试剂：40%乙醛、丙酮、苯甲醛、饱和亚硫酸氢钠溶液、5% $AgNO_3$ 溶液、2% $NH_3 \cdot H_2O$、10% NaOH 溶液、5% NaOH 溶液、2% $CuSO_4$ 溶液、碘-碘化钾溶液、40%苯甲醛乙醇溶液、5%甲醛溶液、5%丙酮溶液、95%乙醇、异丙醇、浓硝酸。

【操作步骤】

1. 醛、酮与亚硫酸氢钠的加成

在 2 支试管中各加入 2mL 新配制的饱和亚硫酸氢钠溶液，分别滴加 10 滴丙酮和苯甲醛，用力振荡试管，注意观察 2 支试管中的变化，若无沉淀产生，可放置一会再观察。

2. 碘仿反应

在 5 支试管中分别滴加 3～5 滴 5% 甲醛溶液、40% 乙醛溶液、5% 丙酮溶液、95% 乙醇、异丙醇，各加 1mL 碘-碘化钾溶液，边振摇边滴加 5%NaOH 溶液至溶液红色恰好消失并出现淡黄色为止。继续轻摇试管，观察有无沉淀析出，若无沉淀，可将试管放入 50～60℃ 水浴中温热几分钟，再观察现象。若溶液的淡黄色已褪尽还无沉淀产生，则应再加几滴碘-碘化钾溶液，微热，静置，观察。

3. 银镜反应

在 1 支洁净的试管中加入 3～5mL5%AgNO₃ 溶液，逐滴加入 2%NH₃·H₂O 至最初产生的棕褐色沉淀恰好溶解为止。将此溶液分装于 4 支试管中，分别滴加 2～4 滴 5% 甲醛、40% 乙醛、5% 丙酮溶液和 40% 苯甲醛乙醇溶液，将试管放入 50～60℃ 水浴中温热 5min（加热时间不能过长），观察有无银镜生成。实验完毕，应及时将试管中的溶液倒尽并加入少量硝酸煮沸，以洗去银镜。

4. 与新制的碱性氢氧化铜反应

取 4 支试管，各加 1mL10%NaOH 溶液，滴加 2%CuSO₄ 溶液 4～5 滴，混合均匀后，分别加入 10 滴 5% 甲醛、40% 乙醛、5% 丙酮溶液和 40% 苯甲醛乙醇溶液，振荡后，将试管置于沸水浴中加热，注意观察各试管中溶液颜色的变化及有无砖红色沉淀生成。此反应宜在过量的碱液中进行。

【结果与分析】

用列表的方式记录实验现象，写出化学反应式，并加以解释。

 【习题】

13-1　对下列有机物命名：

（1）
$$CH_3CH_2-\underset{\underset{CH_3}{|}}{CH}-\underset{\overset{O}{||}}{C}-CH_3$$

（2）
$$CH_3-\underset{\underset{C_2H_5}{|}}{C}=CH-CHO$$

（3）
$$CH_3-\underset{\overset{O}{||}}{C}-C_6H_5$$

13-2　完成下列反应式：

（1）
$$CH_3-\underset{\underset{CH_3}{|}}{\overset{CH_3}{|}}{C}-CHO + NaOH \xrightarrow{\triangle}$$

（2）$CH_3CHO + [Ag(NH_3)_2]NO_3 + OH^- \longrightarrow$

（3）$(CH_3)_3CCHO + HCHO \xrightarrow{\text{浓NaOH, 加热}}$

第十四章

羧酸及其衍生物

知识目标

1. 了解羧酸及羧酸衍生物的概念、分类。

2. 掌握羧酸及其常见衍生物的命名。

3. 掌握羧酸及其常见衍生物的主要化学性质。

4. 了解常见羧酸的性质和用途。

技能目标

1. 能应用习惯命名法和系统命名法对羧酸及其衍生物进行命名。

2. 能写出羧酸的酸性电离反应、羧酸衍生物的生成反应、羧酸脱羧反应、羧酸上 α-氢原子卤代反应的化学方程式。

3. 能利用化学方法鉴别羧酸及其衍生物。

第一节 羧酸

一、羧酸的分类和命名

1. 分类

根据羧基所连的烃基可以分为：

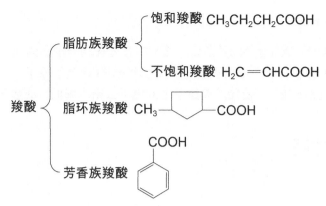

根据羧基数目可分为一元、二元、多元羧酸。

2. 命名

（1）俗名　由于羧酸很多来自动植物，因此有其相应的俗名。常见一元酸、二元酸的系统命名与俗名见表 14-1。

表 14-1　常见一元酸、二元酸的系统命名与俗名

一元酸	系统命名	俗名	二元酸	系统命名	俗名
HCOOH	甲酸	蚁酸	HOOCCOOH	乙二酸	草酸
CH_3COOH	乙酸	醋酸	$HOOCCH_2COOH$	丙二酸	缩苹果酸
CH_3CH_2COOH	丙酸	初油酸	$HOOC(CH_2)_2COOH$	丁二酸	琥珀酸
$CH_3CH_2CH_2COOH$	丁酸	酪酸	(Z)-HOOCCH=CHCOOH	顺丁烯二酸	马来酸
$CH_3(CH_2)_{16}COOH$	十八酸	硬脂酸	(E)-HOOCCH=CHCOOH	反丁烯二酸	富马酸

（2）系统命名法

① 选主链。选择含有羧基的最长碳链作主链。

② 编号。从羧基中的碳原子开始给主链上的碳原子编号。

注意：若分子中含有重键，则选含有羧基和重键的最长碳链为主链，根据主链上碳原子的数目称"某酸"或"某烯（炔）酸"。

二元羧酸命名时，选择包含两个羧基的最长碳链为主链，根据主链碳原子的数目称为"某二酸"。

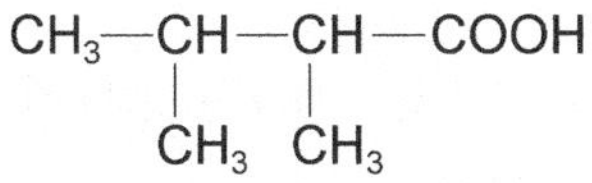

$$CH_3—CH—CH—COOH$$

$$CH_3CH=CHCOOH$$

2,3-二甲基丁酸　　　　　　　　　2-丁烯酸

芳香酸和脂环酸，可把芳环和脂环作为取代基来命名。

3-苯基丙烯酸(肉桂酸)　　　　　邻羟基苯甲酸(水杨酸)

3. 羧酸的结构

羧基（—COOH）碳原子为 sp^2 杂化，羧基中含处在同一平面的 3 个 σ 键；羧基碳 p 轨道与羰基氧原子的 p 轨道平行相互重叠形成一个 π 键；羟基氧原子上的未共用电子对与羰基上的 π 键形成 p-π 共轭，使羟基氧原子上的电子云密度降低，羰基碳原子上的电子云密度升高。

二、羧酸的性质

1. 物理性质

常温状态下，C_1～C_3 是有刺激性气味无色透明的液体；C_4～C_9 是具有腐败气味的油状液体；C_{10} 以上直链一元酸是无臭无味的白色蜡状固体。脂肪族二元酸和芳香族羧酸一般都是白色晶体。

羧酸的沸点比分子量相近的醇高。例如：甲酸为 100.5℃、乙醇为 78.5℃。

2. 化学性质

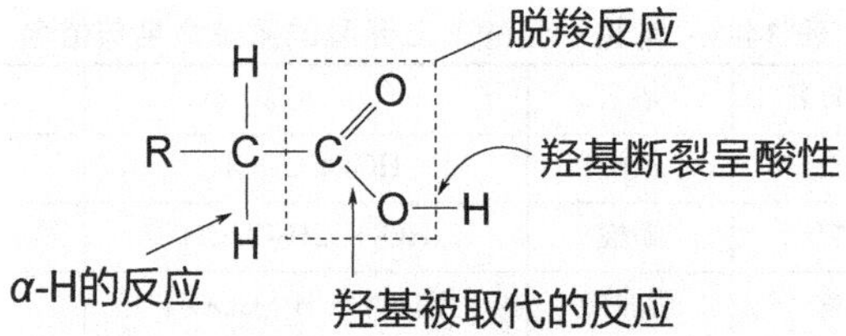

（1）酸性　羧酸在水中可电离出部分 H^+而显酸性。羧酸酸性的强弱取决于电离后所形成羧酸根负离子（即共轭碱）的相对稳定性。

$$RCOOH + H_2O \rightleftharpoons RCOO^- + H_3O^+$$

羧酸为弱酸，酸性大于碳酸，具有酸的通性。

$$RCOOH + \begin{matrix} Na_2CO_3 \\ NaOH \\ NaHCO_3 \end{matrix} \longrightarrow RCOONa + \begin{matrix} CO_2 + H_2O \\ H_2O \\ CO_2 + H_2O \end{matrix}$$

（2）羧酸衍生物的生成

① 酰卤的生成。反应物可以是 PCl_3、PCl_5、$SOCl_2$，其中第三种最好。

$$R-\overset{\displaystyle O}{\overset{\|}{C}}-OH + SOCl_2 \longrightarrow R-\overset{\displaystyle O}{\overset{\|}{C}}-Cl + SO_2\uparrow + HCl\uparrow$$

② 酸酐的生成。常见脱水剂：五氧化二磷、乙酐等。

$$RCOO-\boxed{H + HO}-\overset{\displaystyle O}{\overset{\|}{C}}-R \xrightarrow[\triangle]{P_2O_5} RCOO-\overset{\displaystyle O}{\overset{\|}{C}}-R + H_2O$$

③ 酯的生成（酯化反应）。

$$R-\overset{\displaystyle O}{\overset{\|}{C}}-OH \ + \ HO-R' \ \underset{}{\overset{H^+}{\rightleftharpoons}} \ R-\overset{\displaystyle O}{\overset{\|}{C}}-OR' \ + \ H_2O$$

④ 酰胺的生成。

$$CH_3-\overset{\displaystyle O}{\overset{\|}{C}}-OH \ + \ NH_2-\!\!\!\!\!\!\bigcirc\!\!\!\!\!\!-OH \ \xrightarrow[\triangle]{-H_2O} \ CH_3-\overset{\displaystyle O}{\overset{\|}{C}}-NH-\!\!\!\!\!\!\bigcirc\!\!\!\!\!\!-OH \ (药物"扑$$
热息痛")

（3）脱羧反应

① 羧酸盐脱羧。

$$CH_3COONa \ + \ NaOH \ \xrightarrow[\triangle]{CaO} \ CH_4\uparrow + \ Na_2CO_3$$

② α-碳原子上连有吸电子基的羧酸，受热易脱羧。

$$Cl_3CCOOH \ \xrightarrow{\triangle} \ CHCl_3 \ + \ CO_2$$

$$CH_3COCH_2COOH \ \xrightarrow{\triangle} \ CH_3COCH_3 \ + \ CO_2$$

（4）α-氢原子的卤代反应 反应条件：红磷、碘或硫等。原因：羧基的吸电子作用，使 α-氢原子比较活泼。卤代酸是合成多种农药的重要原料。

$$CH_3COOH \ \xrightarrow{Cl_2 \atop P} \ \underset{\underset{Cl}{|}}{CH_2COOH} \ \xrightarrow{Cl_2 \atop P} \ \underset{\underset{Cl}{|}}{CHCOOH} \ \xrightarrow{Cl_2 \atop P} \ Cl-\underset{\underset{Cl}{|}}{\overset{\overset{Cl}{|}}{C}}COOH$$

三、常见的羧酸

1. 甲酸

甲酸俗名蚁酸，存在于蜂、蚁等动物体内和荨麻中。无色，为有强烈刺激性气味的液体，有腐蚀性；能使高锰酸钾溶液褪色，发生银镜反应，可用于鉴别甲酸。

2. 乙酸

乙酸俗称醋酸，是食醋的主要成分，一般食醋中含乙酸 4%～8%。乙酸为无色具有刺激性气味的液体，沸点 118℃，熔点 16.6℃。当室温低于 16.6℃时，无水乙酸很容易凝结成冰状固体，故常把无水乙酸称为冰醋酸。乙酸可与水、乙醇、乙醚混溶。

3. 苯甲酸

苯甲酸存在于安息香胶及其他一些树脂中，故俗称安息香酸。白色晶体，熔点 121.7℃，受热易升华，微溶于热水、乙醇和乙醚中。

 实验 14-1：羧酸的性质实验

【实验目的】

1. 通过实验进一步熟悉羧酸的化学性质。

2. 通过实验掌握利用化学方法鉴别羧酸。

3. 进一步掌握微量有机反应的操作技能。

【仪器及试剂】

仪器和器皿：刚果红试纸、试管、试管夹、药匙、烧杯、胶头滴管、玻棒、量筒。

试剂：甲酸、乙酸、草酸晶体、10%草酸、苯甲酸晶体、无水乙醇、10%盐酸、20%稀硫酸、浓硫酸、0.5%高锰酸钾、10%氢氧化钠等。

【操作步骤】

1. 羧酸的酸性

将甲酸、乙酸各 10 滴及草酸晶体 0.5g 分别溶于 2mL 水中，然后用洗净的玻璃棒分别蘸取酸液在同一条刚果红试纸上画线，比较各线条的颜色和深浅程度。

2. 羧酸的氧化反应

取 3 支试管，分别加入甲酸、乙酸、10%草酸溶液 5 滴（注意贴标签区分），然后向每支试管加入 20%稀硫酸及 0.5%高锰酸钾溶液各 2 滴，摇匀，加热，观察颜色变化并比较结果。

3. 羧酸的成盐反应

（1）取 0.2g 苯甲酸晶体放入盛有 1mL 水的试管中，加入 10% NaOH 溶液数滴，振荡并观察现象。

（2）接着再加数滴 10% HCl，振荡，观察颜色变化，并比较结果。

4. 羧酸的酯化反应

（1）取 1 支干燥试管，加入无水乙醇、冰醋酸和浓硫酸各 5 滴，混合均匀后，用棉花团塞住管口，将试管放在 60～70℃热水浴中加热 10min，取出冷却，加入 3mL 蒸馏水。

（2）观察有无酯层出现，有何气味。若不分层，可以再加入数滴 10% NaOH 溶液。

【实验现象记录与分析】

实验名称	
实验现象	
原因分析	

【操作要点与注意事项】

甲酸、乙酸等药品有刺激性气味，浓硫酸有强氧化性，实验时需佩戴口罩、手套等，遵守实验室规定。试管水浴加热后，不可正对人，以免发生液体飞溅等事故。

【实验思考题】

1. 羧酸的氧化反应实验时，哪一支试管中最快出现实验现象，为什么？

2. 甲酸具有还原性，能与托伦试剂、斐林试剂反应，但在甲酸中直接滴加上述两种试剂，实验却难以成功，这是为什么？应采取什么措施，才能使反应顺利进行？

第二节　羧酸衍生物

羧酸衍生物在结构上的共同特点：都含有酰基，酰基与其所连的基团都能形成 p-π 共轭体系。重要的羧酸衍生物有：酰卤、酸酐、酯和酰胺。

一、羧酸衍生物的命名

羧酸去掉羧基中的羟基后剩余的部分称为酰基。酰卤、酸酐、酯和酰胺均含有酰基，统称为酰基化合物。酰基的名称是将其酸名称中的"酸"变成"酰"再加基字即可。

酰卤的命名，就是在酰基后面加上卤素的名称。

$$CH_3CH_2-\overset{\overset{O}{\|}}{C}-Cl \qquad CH_2=CH-\overset{\overset{O}{\|}}{C}-Cl \qquad \phi-\overset{\overset{O}{\|}}{C}-Br$$

丙酰氯　　　　　　　丙烯酰氯　　　　　　　苯甲酰溴

酸酐的名称是在羧酸名称后加酐字即称某酸酐，"酸"字常省略，称某酐。相同羧酸形成的酸酐，"二"字也可省略；不同羧酸形成的酸酐，简单的羧酸写在前面，复杂的羧酸写在后面。命名一元羧酸和一元醇生成的酯是先酸后醇，即称为"某酸某醇酯"，通常"醇"字省略；命名内酯则用希腊字母标明原羟基的位置，在酯前加"内"字。

$$CH_3-\overset{\overset{O}{\|}}{C}-O-\overset{\overset{O}{\|}}{C}-CH_3 \qquad CH_3-\overset{\overset{O}{\|}}{C}-O-\overset{\overset{O}{\|}}{C}-CH_2CH_3$$

乙酸酐(单纯酐)　　　　　　乙丙酐(混合酐)

顺丁烯二酸酐(内酐)　　　　邻苯二甲酸酐(内酐)

简单的酰胺是在酰基名称后加上"胺或某胺"；内酰胺则用希腊字母标明原氨基位置，在酰字前加"内"字。若酰胺氮原子连有取代基，在取代基名称前加字母"N"，表示取代基连在氮原子上。

$$CH_3-\overset{\overset{O}{\|}}{C}-NH_2 \qquad \phi-\overset{\overset{O}{\|}}{C}-NH_2 \qquad CH_3-\overset{\overset{O}{\|}}{C}-NHCH_2CH_3$$

乙酰胺　　　　　　　苯甲酰胺　　　　　　N-乙基乙酰胺

二、羧酸衍生物的性质

羧酸衍生物的主要化学性质是可以发生水解、醇解和氨解反应，其是羧酸衍生物中的酰基取代了水、醇（或酚）、氨（或伯胺、仲胺）中的氢原子，形成羧酸、酯、酰胺等取代产物。

1. 水解反应

所有羧酸衍生物都能发生水解反应生成相应的羧酸。酰卤最容易水解；酸酐活性较酰卤差些；酯较稳定，需催化并加热才能进行；酰胺比酯更稳定。

$$R-\overset{\overset{\displaystyle O}{\|}}{C}-Cl + H_2O \xrightarrow{\text{室温}} R-\overset{\overset{\displaystyle O}{\|}}{C}-OH + H-Cl$$

$$R-\overset{\overset{\displaystyle O}{\|}}{C}-O-\overset{\overset{\displaystyle O}{\|}}{C}-R' + H_2O \xrightarrow{\triangle} R-\overset{\overset{\displaystyle O}{\|}}{C}-OH + R'-\overset{\overset{\displaystyle O}{\|}}{C}-OH$$

$$R-\overset{\overset{\displaystyle O}{\|}}{C}-O-R' + H_2O \xrightarrow{H^+\text{或}OH^-} R-\overset{\overset{\displaystyle O}{\|}}{C}-OH + R'OH$$

$$R-\overset{\overset{\displaystyle O}{\|}}{C}-NH_2 + H_2O \xrightarrow{H^+\text{或}OH^-} R-\overset{\overset{\displaystyle O}{\|}}{C}-OH + NH_3$$

2. 醇解反应

羧酸衍生物与醇反应生成酯，称为醇解反应。酸酐可以与绝大多数醇或酚反应，生成酯和羧酸。

$$R-\overset{\overset{\displaystyle O}{\|}}{C}-Cl + H-OR'' \xrightarrow{\triangle} R-\overset{\overset{\displaystyle O}{\|}}{C}-OR'' + H-Cl$$

$$R-\overset{\overset{\displaystyle O}{\|}}{C}-O-\overset{\overset{\displaystyle O}{\|}}{C}-R' + H-OR'' \xrightarrow{\triangle} R-\overset{\overset{\displaystyle O}{\|}}{C}-OR'' + R'-\overset{\overset{\displaystyle O}{\|}}{C}-OH$$

$$R-\overset{\overset{\displaystyle O}{\|}}{C}-O-R' + H-OR'' \xrightarrow{\triangle} R-\overset{\overset{\displaystyle O}{\|}}{C}-OR'' + R'OH$$

$$R-\overset{\overset{\displaystyle O}{\|}}{C}-NH_2 + H-OR'' \xrightarrow{\triangle} R-\overset{\overset{\displaystyle O}{\|}}{C}-OR'' + NH_3$$

酯的醇解又称为酯交换反应，常利用酯交换反应由低级醇制备高级醇。

3. 氨解反应

酰卤、酸酐和酯与氨（或胺）作用生成酰胺。氨解比水解容易进行。

$$R-\overset{\overset{\displaystyle O}{\|}}{C}-Cl + NH_3 \xrightarrow{\triangle} R-\overset{\overset{\displaystyle O}{\|}}{C}-NH_2 + HCl$$

$$R-\overset{\overset{\displaystyle O}{\|}}{C}-O-\overset{\overset{\displaystyle O}{\|}}{C}-R' + NH_3 \xrightarrow{\triangle} R-\overset{\overset{\displaystyle O}{\|}}{C}-NH_2 + R'-\overset{\overset{\displaystyle O}{\|}}{C}-OH$$

$$R-\overset{\displaystyle O}{\overset{\|}{C}}-O-R' + NH_3 \xrightarrow{\triangle} R-\overset{\displaystyle O}{\overset{\|}{C}}-NH_2 + R'OH$$

三、重要的羧酸衍生物

1. 乙酰氯

乙酰氯是一种在空气中发烟的无色液体，有窒息性的刺鼻气味。能与乙醚、氯仿、冰醋酸、苯和汽油混溶。

2. 乙酐

乙酐又名醋（酸）酐，为无色有极强醋酸气味的液体，溶于乙醚、苯和氯仿。

3. 顺丁烯二酸酐

顺丁烯二酸酐又称马来酸酐和失水苹果酸酐。为无色结晶性粉末，有强烈的刺激性气味，易升华，溶于乙醇、乙醚和丙酮，难溶于石油醚和四氯化碳。

4. 乙酸乙酯

乙酸乙酯为无色液体，有一定可燃性，有水果香味，微溶于水，溶于乙醇、乙醚和氯仿等有机溶剂。

5. 甲基丙烯酸甲酯

甲基丙烯酸甲酯为无色液体，其在引发剂存在下，聚合成无色透明的化合物，俗称有机玻璃。

6. 丙二酸二乙酯

丙二酸二乙酯简称丙二酸酯，为无色有香味的液体，微溶于水，易溶于乙醇、乙醚等有机溶剂。

食品防腐剂

所谓食品腐败变质主要是指以微生物为主的作用导致食品质量下降或失去其食用价值的一切变化。食品本身含有的丰富的营养成分最易使微生物滋生且大量繁殖，并最终导致食品的腐败变质。因此，人们尝试用各种方法去阻止食品腐败，如低温保存、隔绝空气、干燥、高渗、高酸度、使用防腐剂等，其中最为普遍和有效的方法就是添加防腐剂来抑制或杀灭微生物，从而达到防腐的目的。防腐剂为具有杀菌或抑菌作用，可防止食品腐败变质的化学物质。

我国目前允许使用的防腐剂主要分为合成和天然防腐剂两大类。常用的合成有机防腐剂主要为苯甲酸及其盐类、山梨酸及其盐类、丙酸盐类及对羟基苯甲酸酯类等。

（1）苯甲酸　苯甲酸又名安息香酸，其抑菌机理是使微生物细胞的呼吸系统发生障碍，使三羧酸循环中乙酰辅酶 A＋草酰乙酸→柠檬酸之间的循环过程难以进行，并阻碍细胞膜的正常生理作用。由于其有效成分是未离解的苯甲酸分子，所以在酸性食品中使用效果好，对酵母、霉菌都有效。但因有叠加中毒现象的报道，在使用上有争议，虽各国都允许使用，但应用范围越来越窄。在我国，因其价格低廉，仍广泛使用于汽水、果汁类、酱类、罐头和酒类的防腐。

（2）山梨酸　山梨酸是不饱和脂肪酸，其抑菌机理是透过细胞壁，进入微生物细胞内，利用自身的双键与微生物细胞中酶的巯基形成共价键，使其丧失活性，破坏含有巯基的酶类，从而抑制微生物的生长。山梨酸是目前国际上公认最安全的化学防腐剂之一，主要抑制霉菌和酵母。但是在微生物过多的情况下发挥不了作用，因此它适用于有良好卫生条件和微生物数量较少的食品，目前主要用于高端食品中。

（3）丙酸盐　丙酸盐的有效成分是丙酸，它必须在酸性环境中才能产生抑菌作用。单体丙酸分子可以在霉菌细胞外形成高渗透压，使霉菌细胞内脱水，失去繁殖力，还可以穿透霉菌细胞壁，抑制细胞内的活性。目前主要用于面包、糕点类食品的防腐保鲜。

（4）对羟基苯甲酸酯类　对羟基苯甲酸酯类也称尼泊金酯，其抑菌机理主要是使微生物细胞呼吸系统和电子传递酶系统的活动受阻，抑制了丝氨酸的吸收和三磷酸腺苷的产生，从而破坏微生物细胞膜的结构，起到防腐的作用。目前我国国标规定，对羟基苯甲酸酯类系列中只有乙酯、丙酯可以用于食品中。

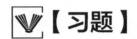

【习题】

14-1　写出下列羧酸及其衍生物的结构式：

（1）丙酸苯酯　　　　　　　　（2）(E)-2-甲基-3-戊烯酸

（3）乳酸　　　　　　　　　　（4）延胡索酸

14-2　用化学方法鉴别下列有机化合物：

（1）乙酰乙酸乙酯、邻羟基苯甲酸、乳酸、丙酸；

（2）甲酸、苯甲酸、水杨酸。

14-3　根据其化学性质，比较羧酸、碳酸、苯酚的酸性强弱。

第十五章 含氮有机化合物

知识目标

1. 掌握胺和酰胺的分类、命名。
2. 掌握胺和酰胺的主要化学性质。
3. 了解胺、酰胺等常见含氮有机化合物的结构和用途。

技能目标

1. 会对胺和酰胺进行命名。
2. 会利用化学方法鉴别胺和酰胺。

含氮有机化合物的范围很广泛，可以看作是烃分子中的氢原子被各种含氮原子的官能团取代而生成的化合物。例如，前面各章提到过的酰胺、肟、腙等，都属含氮化合物。此外，与生命现象有直接关系的氨基酸、肽、蛋白质及生物碱等，也都属于含氮化合物的范畴，它们另在后续章节中讨论。

本章主要介绍胺和酰胺，它们是重要的含氮有机物，对生命活动起着极其重要的作用。

第一节 胺

胺类是指氨分子中的氢原子被烃基取代而生成的一系列衍生物。根据胺类分子中与N原子相连的烃基数目，可将胺分为伯胺（RNH_2）、仲胺（R_2NH）和叔胺（R_3N）。

此外，胺能与酸作用生成铵盐。铵盐分子中的四个氢原子被四个烃基取代后的产物叫作季铵盐，其相应的氢氧化物叫作季铵碱。

$[(CH_3)_4N]^+X^-$	$[(CH_3)_4N]^+OH^-$	$[(CH_3)_2NH]^+X^-$
季铵盐	季铵碱	铵盐

一、胺的分类和命名

1. 分类

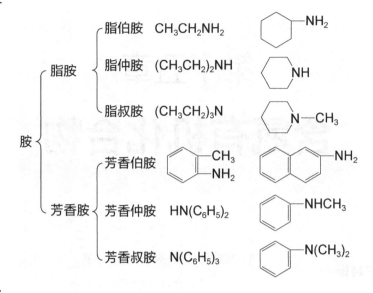

2. 命名

（1）简单胺的命名

① 伯胺。以胺为母体，在烃基名称后面加"胺"字，称为"某胺"。多元胺加上胺的位置。

$(CH_3)_3CNH_2$

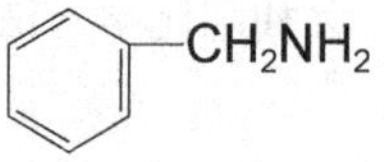

苯甲胺(苄胺)

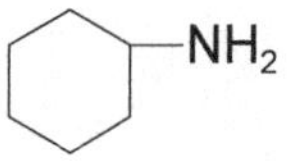

环己胺

叔丁胺

② 仲胺或叔胺。a. 如果氮原子同时连有环基和烷基，命名时将烷基作为取代基并在烷基的名称前加符号"N"，表示其位置。b. 所连烃基不同，简单的写前面。

$(CH_3)_2CHNHCH_3$

甲异丙胺

N-甲基苯胺

N-乙基环己胺

二甲胺

N,N-二甲基苯胺

三苯胺

$(C_6H_5)_3N$

$(CH_3)_3N$

三甲胺

（2）复杂胺的命名

复杂胺命名时是以烃基为母体，氨基作为取代基。

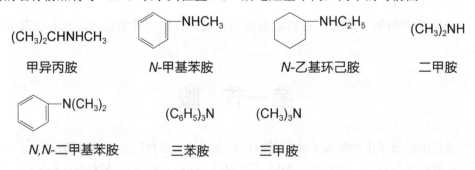

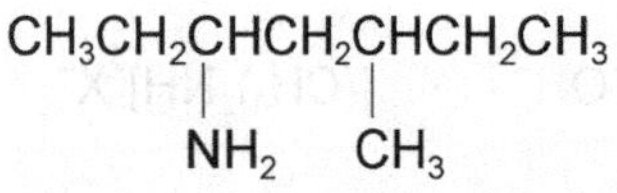

3-甲基-5-氨基庚烷

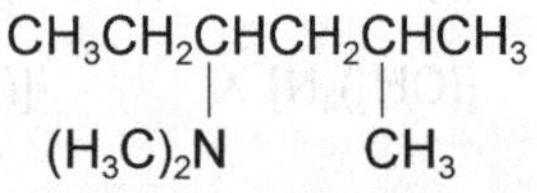

2-甲基-4-二甲氨基己烷

二、胺的结构

氮原子的电子构型是 $1s^2 2s^2 2p^3$，最外层有 3 个未成对电子。实验证明，氨和胺分子具有棱锥形结构，键角接近 $109.5°$，氮原子用 sp^3 杂化轨道成键，3 个未成对电子各占 1 个 sp^3 杂化轨道与氢或碳原子结合，形成 3 个 σ 键，一对孤对电子占据剩余的 1 个 sp^3 杂化轨道，位于棱锥体的顶点。

三、胺的性质

1. 物理性质

脂肪族的低级胺，如甲胺、二甲胺、三甲胺都为气体，其他低级胺为液体，高级胺为固体。低级胺的气味与氨相似，三甲胺具有鱼腥味，高级胺一般没有气味。

伯胺和仲胺的沸点比分子量相近的烷烃高，这是因为它们分子间可以通过氢键缔合的缘故。由于氮的电负性小于氧，氮氢之间的氢键比氧氢之间的氢键要弱，所以胺的沸点比相应的醇低。叔胺的沸点与相应的烷烃相近，这是由于叔胺的氮原子上没有氢，不能形成分子间氢键，故沸点低。三种胺都能与水形成氢键，所以 6 个碳以下的脂肪胺在水中的溶解度都很大。而芳香胺一般仅微溶或难溶于水。

2. 化学性质

（1）弱碱性　胺的碱性强弱是电子效应、溶剂效应和立体效应综合影响的结果。不同胺碱性强弱的一般规律为：

脂胺（仲胺>伯胺>叔胺）>氨>芳香胺（苯胺>二苯胺>三苯胺）

当芳香胺的苯环上连有给电子基团时，可使其碱性增强；而连有吸电子基团时，则使其碱性减弱。例如，下列芳香胺的碱性强弱顺序为：

对甲苯胺>苯胺>对氯苯胺>对硝基苯胺

（2）成盐反应　利用这一性质可分离、提纯和鉴别不溶于水的胺类化合物。

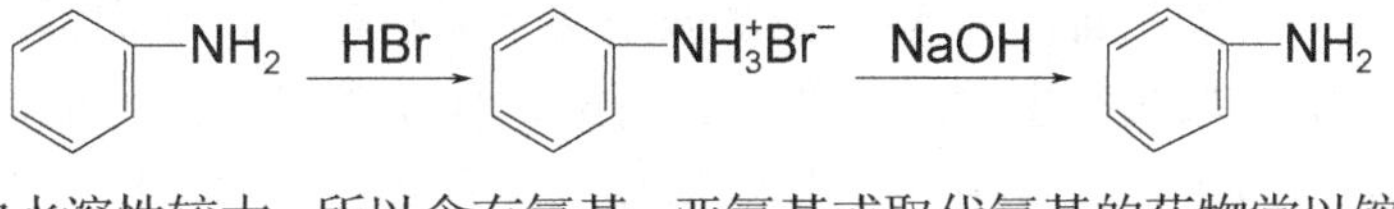

由于铵盐的水溶性较大，所以含有氨基、亚氨基或取代氨基的药物常以铵盐的形式供用。

（3）烃基化反应　胺可以与卤代烃或醇发生烃基化反应。

$$CH_3NH_2 \xrightarrow{CH_3X} (CH_3)_2NH \xrightarrow{CH_3X} (CH_3)_3N \xrightarrow{CH_3X} [(CH_3)_4N]^+X^-$$

伯胺　　　　　　仲胺　　　　　　叔胺　　　　　季铵盐

（4）酰基化反应　酰基化试剂包括酰卤、酸酐或酯，在药物合成中常利用酰基化反应来保护氨基、亚氨基等。

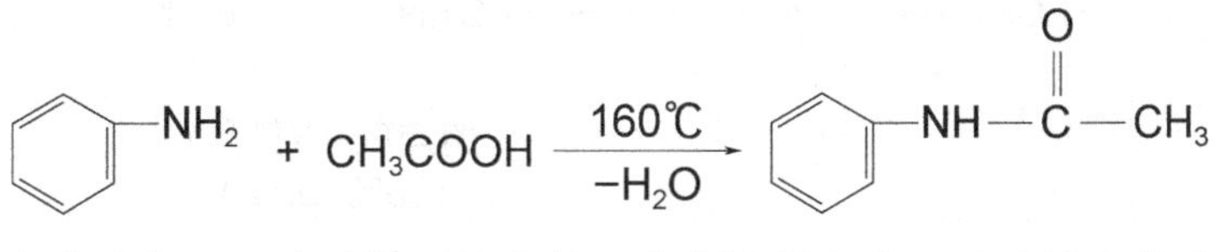

（5）与亚硝酸反应　亚硝酸是不稳定的，反应过程中由亚硝酸钠和盐酸或硫酸作用产生。不同胺的产物不一样，该反应在药物合成和有机合成中具有重要作用。

脂肪伯胺与亚硝酸作用先生成极不稳定的重氮盐[R—$\overset{+}{N}$≡NCl⁻]，然后立即自动分解放出氮气并生成相应的烯烃、醇和卤代烃等多种产物：

$$R—NH_2 + HNO_2 + HCl \longrightarrow N_2\uparrow + R—OH + H_2O$$

这一反应没有制备价值，但可用于定性或定量分析，因为反应中可定量放出氮气。

芳香伯胺与亚硝酸在低温（5℃以下）下作用也生成相应的重氮盐，这种重氮盐在低温下可稳定存在，受热（5℃以上）分解放出氮气：

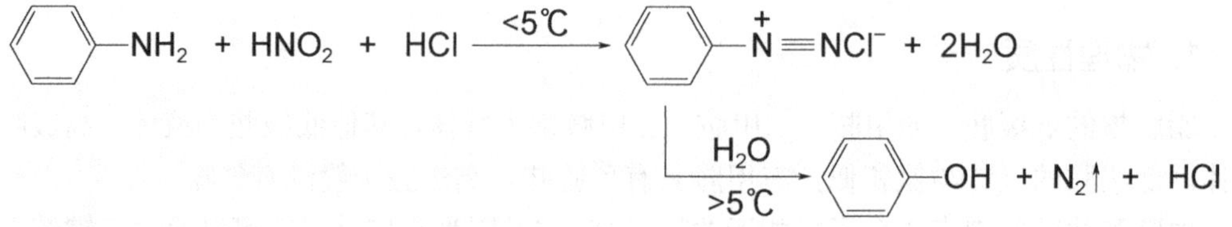

重氮盐能发生许多反应，随后将专门介绍。

脂肪仲胺或芳香仲胺与亚硝酸作用都生成黄色油状液体或固体的 N-亚硝基胺，可用于鉴别 2° 胺。

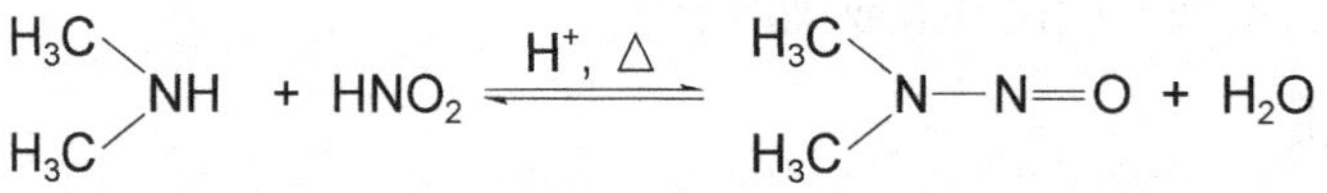

N-亚硝基二甲胺

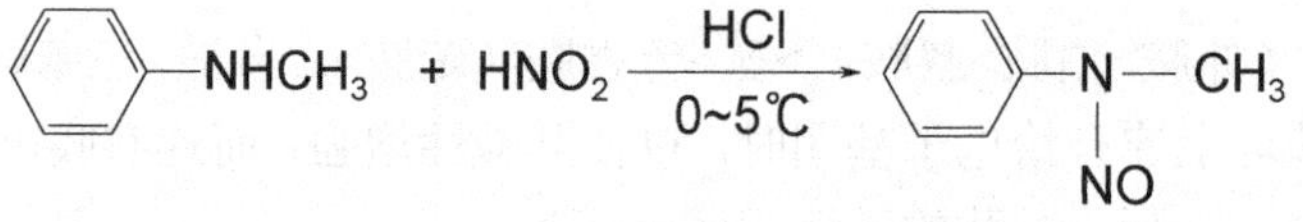

熔点15℃(黄色)
N-亚硝基-N-甲基苯胺

这些黄色油状液体或固体的 N-亚硝基胺不溶于无机酸中，它们都是致癌物质。近年来认为，食品中添加或产生的亚硝酸盐在胃酸的作用下可以产生亚硝酸，再与机体内具有各种胺结构的化合物作用产生亚硝基胺，具有致癌作用，因此亚硝酸盐是致癌物质。

脂肪叔胺与亚硝酸作用，生成不稳定的亚硝酸盐而溶解：

$$R_3N + HNO_2 \rightleftharpoons R_3\overset{+}{N}HNO_2^-$$

芳香叔胺与亚硝酸作用，在环上发生亚硝化反应：

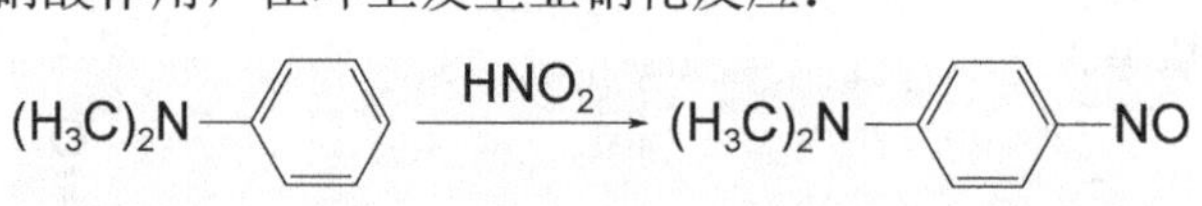

熔点86℃(绿色)
(80%~90%)

此反应首先在对位发生，对位被占则在邻位发生，生成的产物为绿色固体。

不同的胺与亚硝酸反应现象不同，可用于鉴别脂肪及芳香伯、仲、叔胺。例如：

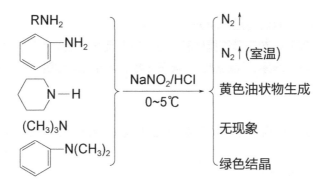

四、常见的胺

1. 乙二胺

乙二胺，为无色或微黄色油状或水样液体，有类似氨的气味。呈强碱性，有腐蚀性。主要用于溶剂和分析试剂，还可用于有机合成和农药、活性染料、医药、环氧树脂固化剂等的制取。

乙二胺与氯乙酸可制得乙二胺四乙酸，简称 EDTA，在分析化学中用于配位滴定。

2. 胆胺和胆碱

胆胺，又名 2-羟基乙胺、乙醇胺。为无色黏稠液体，是脑磷脂水解产物之一。是以结合状态存在于动、植物体内的胺类化合物。

胆碱为氢氧化三甲基-β-羟乙基胺，是一种强碱。在生物体内，胆碱在胆碱乙酰化酶作用下可与乙酸发生酯化反应生成乙酰胆碱，在胆碱酯酶作用下又可水解。乙酰胆碱为生物体内传导神经冲动的重要物质，有机磷农药可以强烈抑制胆碱酯酶的作用从而导致乙酰胆碱过多累积，造成神经过度兴奋抽搐窒息死亡。

 实验 15-1：胺的性质实验

【实验目的】

1. 通过实验进一步熟悉胺的化学性质。
2. 通过实验掌握利用化学方法鉴别胺。
3. 进一步掌握微量有机反应的操作技能。

【仪器及试剂】

仪器和器皿：试管、试管夹、胶头滴管、玻棒、量筒。

试剂：苯胺、二苯胺、浓盐酸、6mol/L 硫酸、饱和溴水、10%NaOH、无水乙醇。

【操作步骤】

1. 苯胺的碱性

（1）在 2 支试管中分别加入 10 滴水和 2 滴苯胺，振荡，观察是否溶解。

在第 1 支试管中加入 1 滴浓盐酸，振荡，观察现象。再滴加 10 滴 10%NaOH 溶液，观察又有何现象产生。

在第 2 支试管中加入 3 滴 6mol/L 硫酸，观察是否有沉淀出现。继续加入 10 滴 6mol/L

硫酸，边加入边振荡，观察沉淀是否消失。

（2）取1支试管加入数粒二苯胺晶体和0.5～1mL无水乙醇，振荡试管，观察是否溶解。然后加入0.5～1mL水，振荡，观察现象。再滴加数滴浓盐酸，振荡，观察现象。最后用水稀释，观察结果。

2. 苯胺的鉴定

取1支试管，加入20滴水与1滴苯胺，振荡摇匀。待充分混合后，滴加2滴饱和溴水，观察实验现象。

【实验现象记录与分析】

实验名称	
实验现象	
原因分析	

【操作要点与注意事项】

实验安全与防护：浓盐酸等药品有刺激性气味，实验时需佩戴口罩、手套等，遵守实验室规定。试管水浴加热后，不可正对人，以免发生液体飞溅等事故。

【实验思考题】

比较苯胺和二苯胺的碱性强弱。

第二节　酰胺

酰胺可以看成是羧酸的含氮衍生物或胺的酰基衍生物。

一、酰胺的命名

酰胺的命名一般根据相应的酰基名称，在其后加上"胺"或"某胺"，称为"某酰胺"或"某酰某胺"。

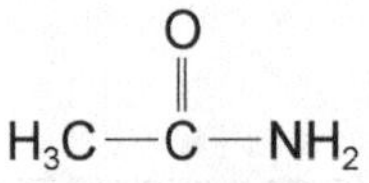

乙酰胺 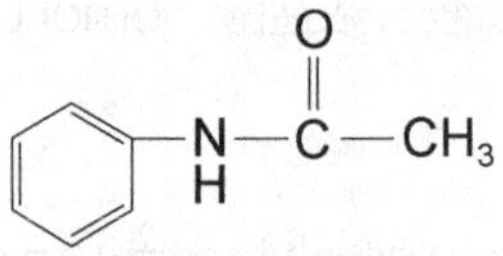　　　　　　　　乙酰苯胺

简单的酰胺是在酰基名称后加上"胺或某胺"，内酰胺则用希腊字母标明原氨基位置，在酰字前加"内"字。较复杂的酰胺用系统命名法，如酰胺的氮原子上连有取代基，应写

出取代基的名称，并以字头 *N*-表示取代基连接在氮原子上。

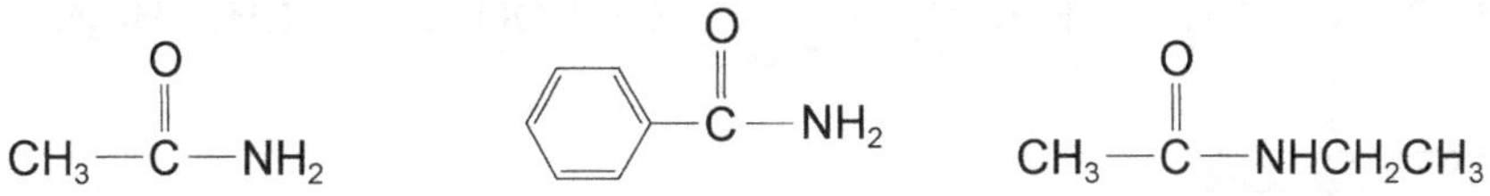

乙酰胺　　　　　　苯甲酰胺　　　　　　*N*-乙基乙酰胺

二、酰胺的结构与性质

酰胺的结构：

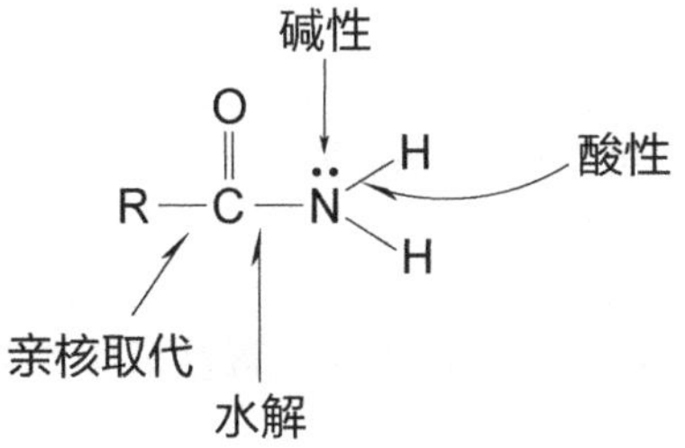

根据其结构，主要包括以下化学性质：

1. 酸碱性

（1）碱性（很弱）

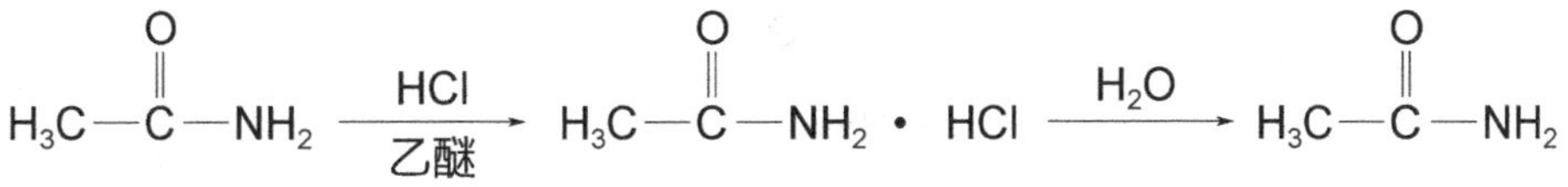

乙酰胺

（2）酸性［微弱（近乎中性），不能使石蕊试纸变色］

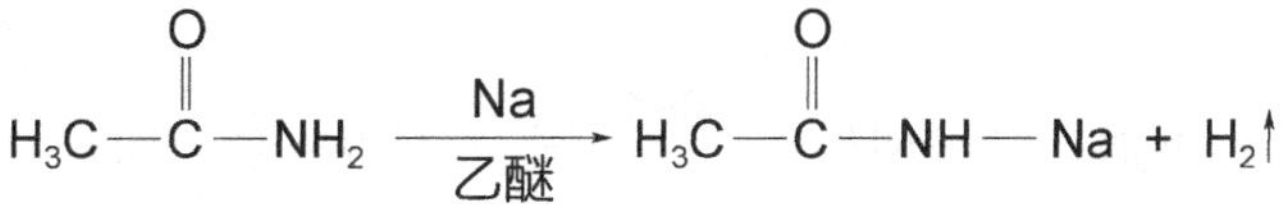

2. 水解反应

（1）酸性水解（得到羧酸）

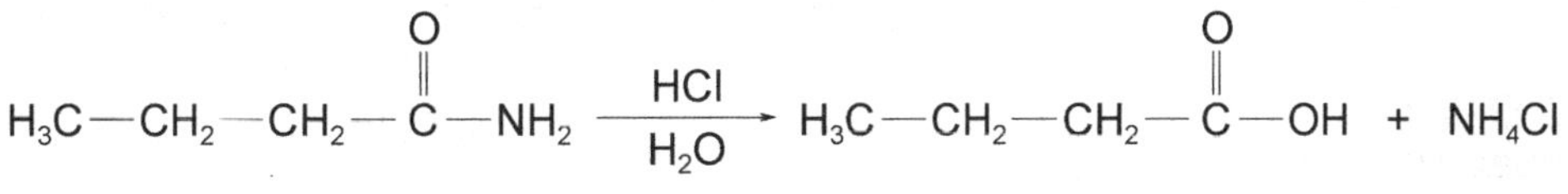

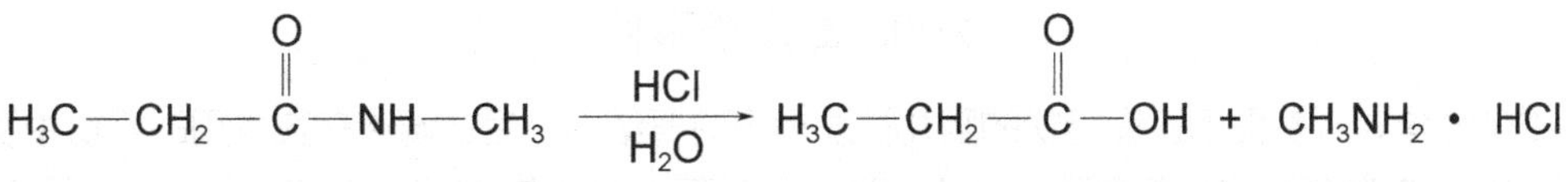

（2）碱性水解（生成羧酸盐）

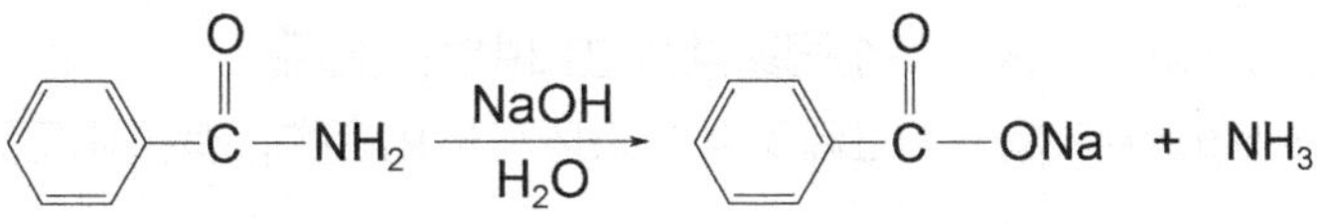

$$H_3C-\overset{\overset{\displaystyle O}{\|}}{C}-NH-(CH_2)_4CH_3 \xrightarrow[\text{H}_2\text{O}]{\text{NaOH}} CH_3COONa \ + \ CH_3(CH_2)_4NH_2$$

3. 与亚硝酸反应

酰胺也能与亚硝酸反应而释放出氮气，这是因为酰胺分子中存在氨基的缘故。

$$R-\overset{\overset{\displaystyle O}{\|}}{C}-NH_2 \ + \ HONO \longrightarrow R-\overset{\overset{\displaystyle O}{\|}}{C}-OH \ + \ H_2O \ + \ N_2\uparrow$$

三、重要的酰胺

碳酸分子含有两个羟基，可形成两种酰胺。

1. 氨基甲酸酯

氨基甲酸酯是一类高效、低毒、广谱农药，毒性低不易累积，比有机磷和有机氯农药安全优越。

2. 尿素

尿素又称脲，是人类和许多动物体内蛋白质代谢的最终产物之一。农业上是一种重要的有机氮肥，含氮量达 46.7%。

$$H_2N-\overset{\overset{\displaystyle O}{\|}}{C}-NH_2$$

白色结晶，熔点 132℃，易溶于水、乙醇，不溶于乙醚。碱性比一般酰胺强，加入浓 HNO_3 或草酸成盐沉淀，可提取尿素。

$$H_2N-\overset{\overset{\displaystyle O}{\|}}{C}-NH_2 \ + \ H_2N-\overset{\overset{\displaystyle O}{\|}}{C}-NH_2 \xrightarrow{150\sim160℃} H_2N-\overset{\overset{\displaystyle O}{\|}}{C}-NH-\overset{\overset{\displaystyle O}{\|}}{C}-NH_2 \ + \ NH_3$$

脲可以发生两分子的缩合反应，生成缩二脲。

缩二脲在碱性溶液中与稀硫酸铜反应，能产生紫红色化合物，这种显色反应称为缩二脲反应。凡化合物中含有两个及以上酰胺键的都可发生这个反应，如多肽、蛋白质等。

知识链接

2008 毒奶粉事件

2008 年，众多食用三鹿奶粉的婴儿被发现患有肾结石，后据调查在其食用的奶粉中发现了化工原料三聚氰胺和三聚氰酸。卫生部通报，截至 2008 年 11 月 27 日 8 时，全国累计报告因食用三鹿牌奶粉和其他个别问题奶粉导致泌尿系统出现异常的患儿达到 29.4 万人，累计住院患儿 51900 人，死亡 11 例。多个国家禁止进口中国乳制品。

三聚氰胺（melamine）是一种三嗪类含氮杂环有机化合物，有机化工原料。简称三胺，俗称蜜胺、蛋白精，化学名称 2,4,6-三氨基-1,3,5-三嗪、1,3,5-三嗪-2,4,6-三胺、2,4,6-三氨基脲、三聚氰酰胺、氰脲三酰胺。

（1）物理性质　三聚氰胺性状为纯白色单斜晶体，不可燃，无味，低毒，密度 1.573g/cm³（16℃）。常压下熔点 354℃，急剧加热则分解；快速加热升华，升华温度 300℃。在水中溶解度随温度升高而增大，在 20℃时，约为 3.3g/L，即微溶于冷水，溶于热水，极微溶于热乙醇，不溶于醚、苯和四氯化碳，可溶于甲醇、甲醛、乙酸、热乙二醇、甘油、吡啶等。

（2）化学性质　呈弱碱性（pH = 8），与盐酸、硫酸、硝酸、乙酸、草酸等都能形成三聚氰胺盐。在中性或微碱性情况下，与甲醛缩合而生成各种羟甲基三聚氰胺，但在微酸性中（pH 5.5～6.5）与羟甲基的衍生物进行缩聚反应而生成树脂产物。遇强酸或强碱水溶液水解，氨基逐步被羟基取代，先生成三聚氰酸二酰胺，进一步水解生成三聚氰酸一酰胺，最后生成三聚氰酸。

（3）主要用途　三聚氰胺是一种用途广泛的基本有机化工中间产品，最主要的用途是作为生产三聚氰胺甲醛树脂（MF）的原料。三聚氰胺还可以作阻燃剂、减水剂、甲醛清洁剂等。该树脂硬度比脲醛树脂高，不易燃，耐水、耐热、耐老化、耐电弧、耐化学腐蚀，有良好的绝缘性能、光泽度和机械强度，广泛适用于木材、塑料、涂料、造纸、纺织、皮革、电气、医药等行业。

（4）毒性危害　三聚氰胺进入人体后，发生取代反应（水解），生成三聚氰酸，三聚氰酸和三聚氰胺形成大的网状结构，造成结石。美国食品药品监督管理局（FDA）史蒂芬·桑德洛夫根据研究发现，在食品中只有同时含有三聚氰胺和三聚氰酸这两种化学成分时才会对婴儿健康构成威胁。虽然三聚氰胺和三聚氰酸共同作用下才会导致肾结石，但是三聚氰胺在胃的强酸性环境中会有部分水解成为三聚氰酸，因此只要含有了三聚氰胺就相当于含有了三聚氰酸，其危害的本身仍源于三聚氰胺。

（5）"假蛋白质"原理　蛋白质主要由氨基酸组成。蛋白质平均含氮量为 16%左右，所以只要测出食品中的含氮量，就可以推算出其中的蛋白质含量。常用的蛋白质测试方法"凯氏定氮法"是通过测出含氮量乘以 6.25 来估算蛋白质含量，而三聚氰胺的含氮量为 66%左右。因此，添加三聚氰胺会使得食品的蛋白质测试含量虚高，从而使劣质食品和饲料在检验机构只做粗蛋白质简易测试时蒙混过关。有人估算在植物蛋白粉和饲料中为使测试蛋白质含量增加一个百分点，用三聚氰胺的花费只有真实蛋白质原料的 1/5。三聚氰胺作为一种白色结晶粉末，没有什么气味和味道，所以掺杂后不易被发现。

各个品牌奶粉中蛋白质含量为 15%～20%，蛋白质中含氮量平均为 16%。以某合格奶粉蛋白质含量为 18%计算，含氮量为 2.88%，而三聚氰胺含氮量为 66.6%，是鲜牛奶的 151 倍，是奶粉的 23 倍。每 100g 牛奶中添加 0.1g 三聚氰胺，理论上就能将蛋白质含量提高 0.625%。因此，添加过三聚氰胺的奶粉就很难检测出其蛋白质含量不合格了。

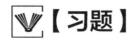

【习题】

15-1　用化学方法鉴别下列有机化合物：

正丁胺、二乙胺、二甲乙胺

15-2 指出下列化合物是芳香胺还是脂胺；是伯胺、仲胺还是叔胺。

(1)

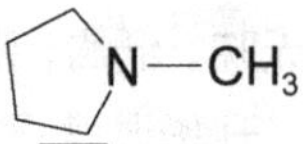

(2)

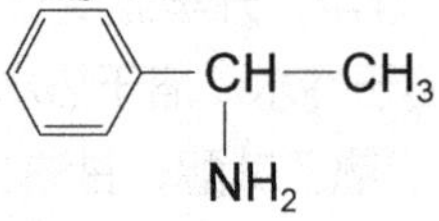

(3)

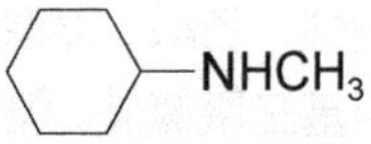

(4)

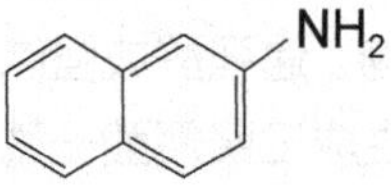

第十六章

含硫、含磷有机化合物

知识目标

1. 了解含硫、含磷有机化合物的分类和应用。
2. 掌握含硫、含磷有机化合物的结构。
3. 理解含硫、含磷有机化合物的化学性质。

技能目标

1. 会科学使用含硫、含磷药物和农药。
2. 会对有机磷农药中毒进行防治。

第一节　含硫有机化合物

一、含硫有机化合物的结构和命名

1. 结构

　　含硫有机化合物在自然界中分布较广，多存在于生物组织和动物的排泄物中。例如，动物大肠内的某些蛋白质受细菌分解可产生甲硫醇，洋葱中含有正丙硫醇。某些氨基酸中也含有硫，常见的含硫有机化合物有硫醇、硫酚和硫醚等。其结构分别为：

　　硫醇和硫酚的分子结构中有一个含硫官能团（—SH），称为氢硫基或巯基。硫醚则是硫醇分子巯基上的氢原子被烃基取代的衍生物。硫醇氧化可生成相当于过氧化物的二硫化物，但它比过氧化物稳定得多。硫原子还可被氧化成高价硫化物，它们可以看作是硫酸或亚硫酸的衍生物，例如：

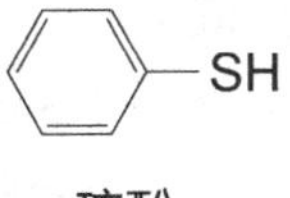

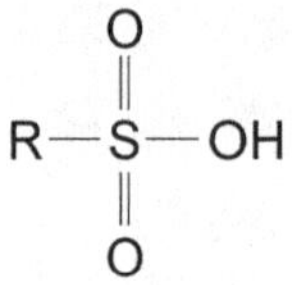

| 磺酸 | 亚磺酸 | 砜 | 亚砜 |

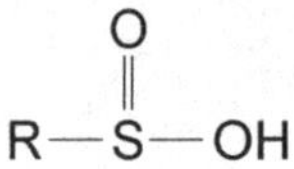

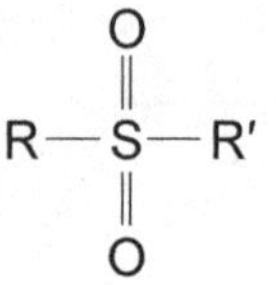

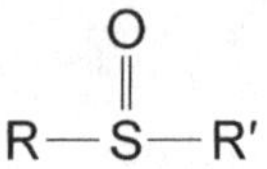

2. 命名

硫醇、硫酚、硫醚等与含氧化合物类别相似含硫化合物的命名，只需在相应的含氧衍生物类名前加上"硫"字即可。例如：

CH_3SH 　　 $(CH_3)_2CHSH$ 　　 $HOCH_2CH_2SH$ 　　 CH_3SCH_3

甲硫醇　　　　2-丙硫醇　　　　2-羟基乙硫醇　　　二甲硫醚　　　间甲苯硫酚 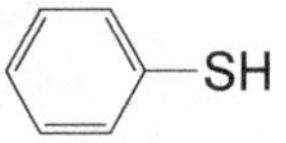　　　苯硫酚

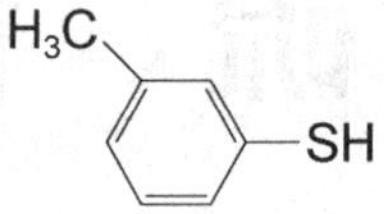

对于结构较复杂的化合物也可将—SH 作为取代基来进行命名。例如：

$$HS—CH_2—COOH$$

巯基乙酸

亚砜、砜、磺酸及其衍生物的命名，只需在它们的名称前加上相应的烃基名称即可。例如：

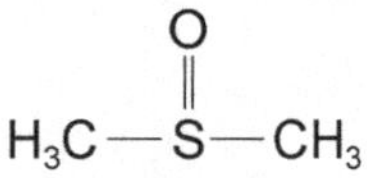

二甲亚砜 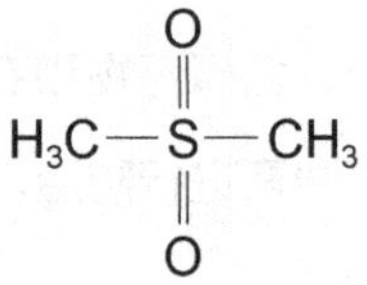　　　　　　二甲砜 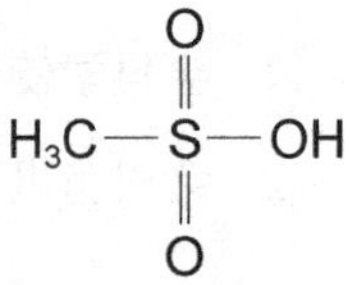　　　　　　甲磺酸 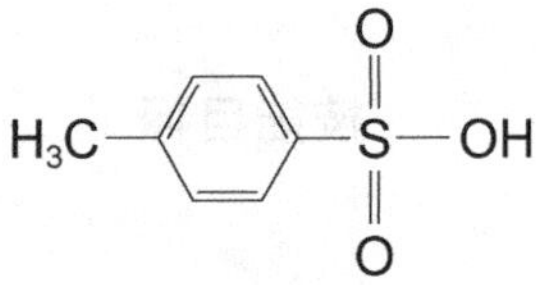　　　　　　对甲苯磺酸

二、硫醇和硫酚及其化学性质

低级的硫醇有毒，具有极其难闻的臭味。黄鼠狼散发出的防护剂中就含有丁硫醇。环境污染中硫醇为恶臭的主要来源。

硫酚与硫醇近似，同为无色液体，气味难闻。硫酚是一种化工中间体，可向下游合成苯巯基类化合物，后续用于生产药物等。

1. 硫醇、硫酚的酸性

硫醇和硫酚的酸性比相应的醇或酚强。硫醇显弱酸性，可溶于稀氢氧化钠溶液中。硫酚的酸性比碳酸强，可溶于碳酸氢钠水溶液中。

$$R—SH + NaOH \longrightarrow RSNa + H_2O$$

$$Ar—SH + NaHCO_3 \longrightarrow ArSNa + CO_2 + H_2O$$

利用此反应可以除去石油中的硫醇。

硫醇、硫酚能与砷、汞、铅、铜等重金属离子形成稳定的不溶性盐，因此含巯基的化合物常可作为重金属盐类中毒的解毒剂。例如，二巯基丙醇，在医药上叫作巴尔（BAL），它可以夺取有机体内与酶结合的重金属离子，形成稳定的络盐而从尿中排出。

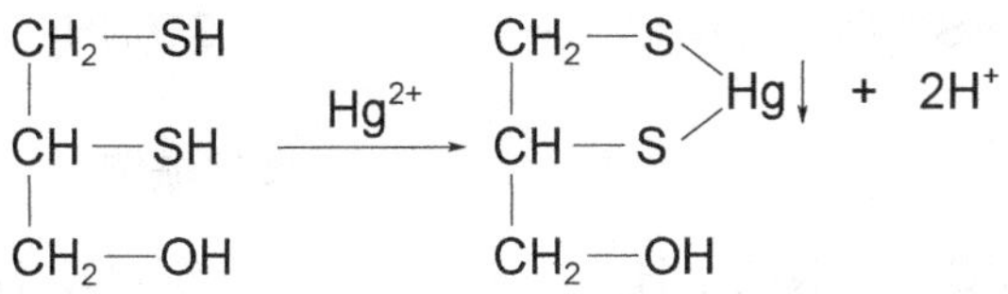

2. 氧化

硫醇和硫酚都容易被氧化，碘、过氧化氢和空气中的氧都能将硫醇和硫酚氧化生成二硫化物，而二硫化物又可被还原为硫醇或硫酚。

$$2R—SH \underset{[H]}{\overset{[O]}{\rightleftharpoons}} R—S—S—R$$

二硫化物中的—S—S—键称为二硫键，是蛋白质分子中的重要副键，它对保持蛋白质分子的特殊结构具有重要作用。

在强氧化剂（如硝酸）作用下，硫醇和硫酚可被迅速氧化为磺酸类化合物。

$$R—SH + 3[O] \longrightarrow R—SO_3H$$

二硫化物在强氧化剂作用下也能被氧化为磺酸类化合物。

$$R—S—S—R + 6[O] \longrightarrow 2R—SO_3H$$

硫醚氧化则得亚砜或砜。

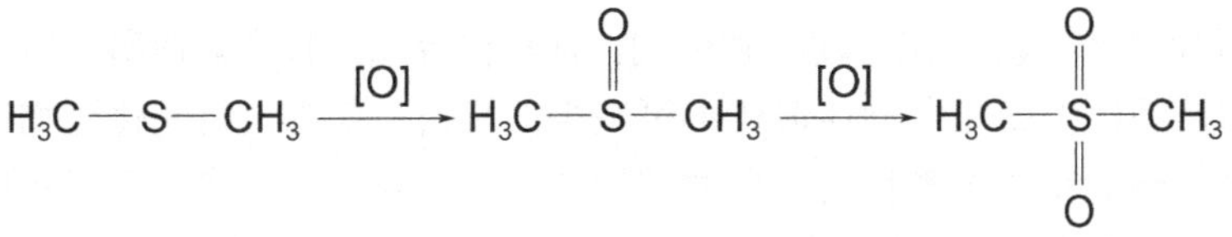

二甲硫醚　　　　　　　　亚砜　　　　　　　　砜

三、磺酸及其化学性质

磺酸可以看作是硫酸分子中一个羟基被烃基取代的衍生物。磺酸都是固体，它们的性质与硫酸有相似之处。如磺酸与硫酸都是强酸，有极强的吸湿性，不溶于一般有机溶剂而易溶于水。在有机合成中常用它代替硫酸作酸性催化剂。在合成染料时，常引入磺酸基以增加染料的水溶性。长链烷基苯磺酸盐是目前普遍使用合成洗涤剂的有效成分。

1. 羟基的取代反应

磺酸中的羟基可被卤素、氨基、烷氧基等基团取代，生成磺酰氯（RSO$_2$X）、磺酰胺（RSO$_2$NH$_2$）及磺酸酯类（RSO$_3$R′）等化合物。例如，磺酸与三氯化磷生成磺酰氯。

　对甲苯磺酸　　　　　　　　　　　　对甲苯磺酰氯

与氨或 NaOC$_2$H$_5$（乙醇钠）反应时，可生成磺酰胺和磺酸酯类化合物。

苯磺酰胺

苯磺酸乙酯

2. 磺酸基的取代反应

芳香族磺酸中的磺酸基可被—H、—OH 等基团取代。如苯磺酸与水共热，则磺酸基可被氢取代得到苯。

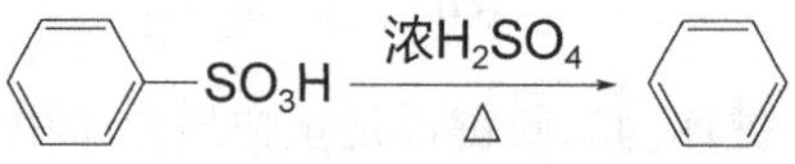

芳香族磺酸钠盐与固体氢氧化钠共熔，则磺酸基可被羟基取代生成酚。

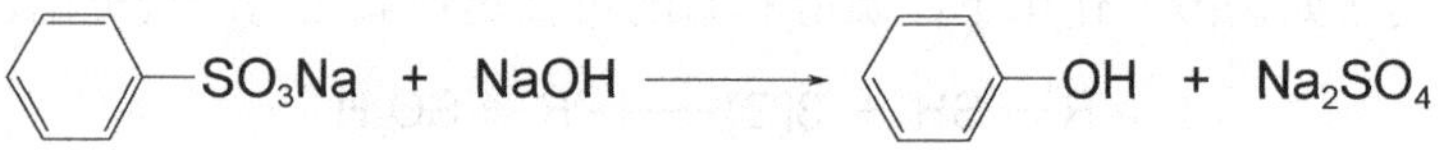

第二节 含磷有机化合物

一、含磷有机化合物的结构和命名

含磷有机化合物广泛存在于动植物体内，有些化合物是核酸、辅酶和磷脂等的重要组成成分。它们是维持生命和生物体遗传不可缺少的物质。有些含磷的化合物在工业上用作增塑剂、聚氯乙烯的稳定剂和稀有金属的萃取剂等。在农业上，许多含磷有机化合物用作杀虫剂、除草剂和植物生长调节剂等，磷和氮都能形成三价的共价化合物。

氮	NH_3	RNH_2	R_2NH	R_3N	$R_4N^+X^-$
	氨	伯胺	仲胺	叔胺	季铵盐
磷	PH_3	RPH_2	R_2PH	R_3P	$R_4P^+X^-$
	磷化氢	伯膦	仲膦	叔膦	季鏻盐

磷的三价化合物除了膦外，还有亚膦酸类：

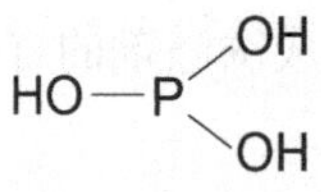

亚磷酸 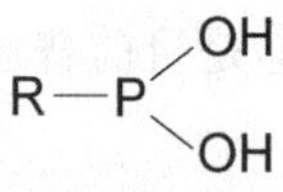　　　　烃基亚膦酸 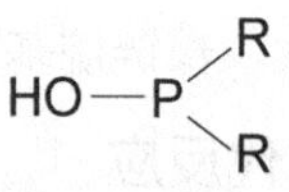　　　　二烃基亚膦酸

磷原子还可与其他原子形成五价磷的化合物。常见的五价化合物有：

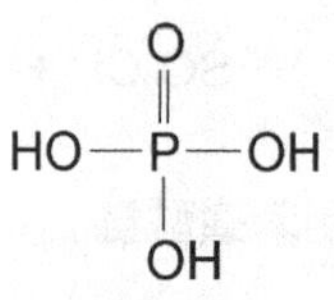

磷酸 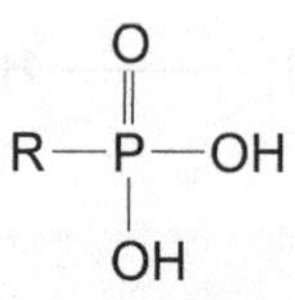　　　　　膦酸 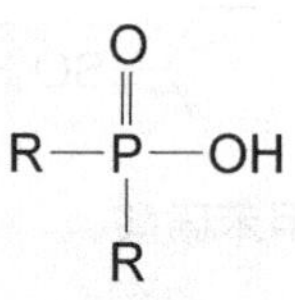　　　　　　次膦酸

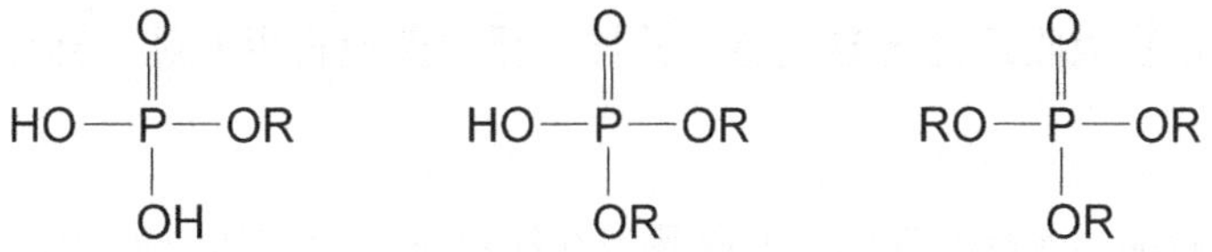

$$HO-P-OR \quad HO-P-OR \quad RO-P-OR$$
（O双键顶，OH/OR底）

磷酸一羟基酯　　　　磷酸二羟基酯　　　　磷酸三羟基酯

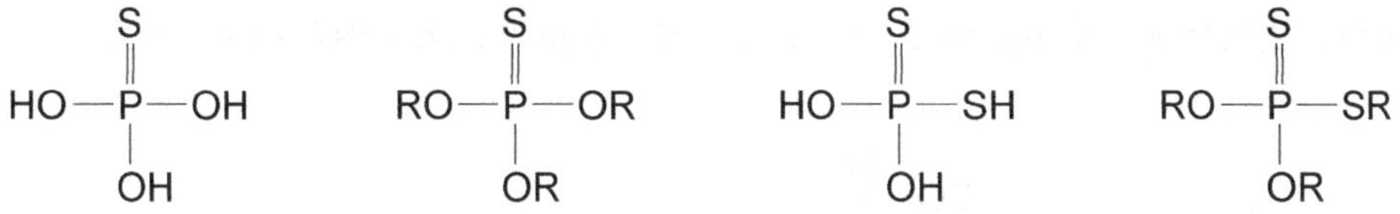

$$HO-P-OH \quad RO-P-OR \quad HO-P-SH \quad RO-P-SR$$

硫代磷酸　　　　硫代磷酸酯　　　　二硫代磷酸　　　　二硫代磷酸酯

膦酸和次膦酸可以看作是磷酸分子中的羟基被烃基取代的产物，磷酸酯是磷酸和醇的酯化产物，硫代磷酸酯和二硫代磷酸酯分别是硫代磷酸和二硫代磷酸同醇生成的酯。

膦、亚膦酸类的命名是在相应的类名前加上烃基的名称，例如：

$$CH_3PH_2 \qquad (C_6H_5)_3PH_2 \qquad C_2H_5P(OH)_2 \qquad C_6H_5P(OH)_2$$

甲基膦　　　　　　三苯(基)膦　　　　　乙基亚膦酸　　　　苯基膦酸

二、磷酸和磷酸类化合物

1. 敌敌畏

化学名称为 *O,O*-二甲基-*O*-(2,2-二氯乙烯基)磷酸酯，结构式如下：

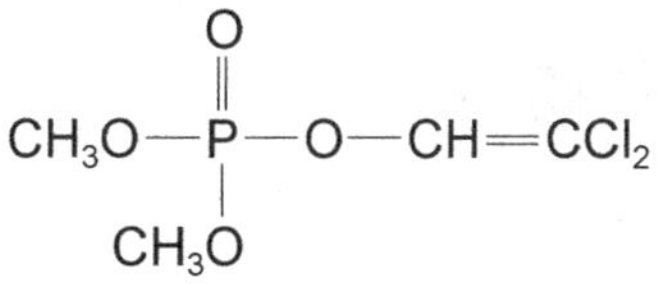

$$CH_3O-P-O-CH=CCl_2$$
$$\quad\quad\quad CH_3O$$

敌敌畏是无色或浅黄色液体，易挥发，微溶于水。它对昆虫兼具胃毒和触杀作用，农业上广泛用于防治刺吸式口器害虫和潜叶害虫。但它对人、畜的毒性较大，使用人员需经专门培训并应严格遵守操作规程。

敌敌畏容易水解而失去毒性。植物体内水解作用也能迅速进行，因此敌敌畏在植物体内不能长期滞留，在农业应用上有药效不能持久的缺点，另外也有不易造成有害残留的优点。

2. 乐果

商品名为乐果，化学名称为 *O,O*-二甲基-*S*-（*N*-甲基氨基甲酰甲基）二硫代磷酸酯，结构式如下：

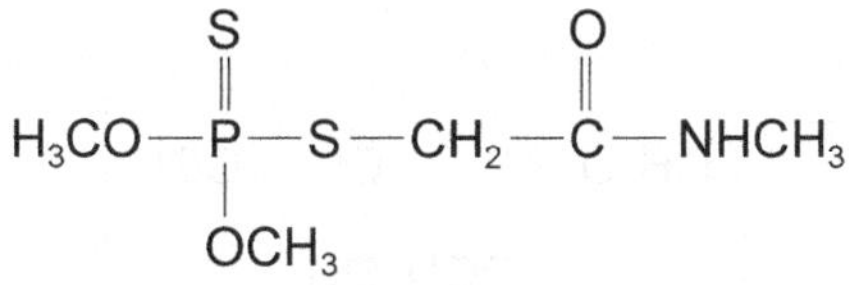

$$H_3CO-P-S-CH_2-C-NHCH_3$$
$$\quad\quad\quad OCH_3$$

乐果纯品是白色晶体，可溶于水和多种有机溶剂。是一种高效低毒的有机磷杀虫剂，它有内吸性，被植物吸收后能传导到整个植株，昆虫即使食用非施药部位也能中毒。

3. 久效磷

纯品为白色结晶，微有酸臭味，工业品为红棕色黏稠状液体，能溶于水、醇、丙酮等，但对人、畜剧毒。具有很强的触杀和胃毒作用，还有较好的内吸杀虫和一定的杀卵作用。药效迅速，残效持久，使用浓度低。属高效广谱性杀虫剂，防治棉花蚜虫、红蜘蛛效果好。结构式如下：

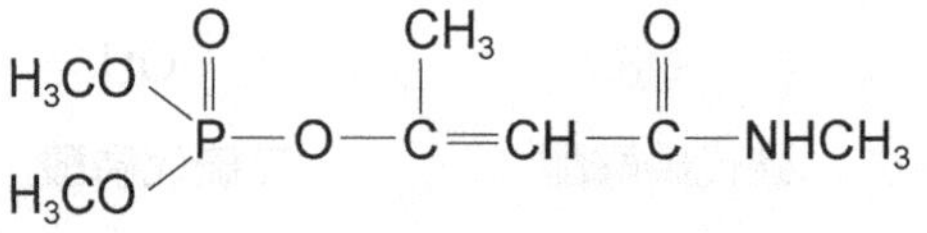

O,O-二甲基-O-[1-甲基-2-(甲基氨基甲酰)乙烯基]磷酸酯

4. 杀螟松

原药为黄褐色油状液体，带有蒜臭味，具有触杀和胃毒作用，属广谱性杀虫剂。对水稻螟虫有特效，可用于水稻、棉花、林木、果树、蔬菜、茶叶等作物的多种害虫防治。结构式如下：

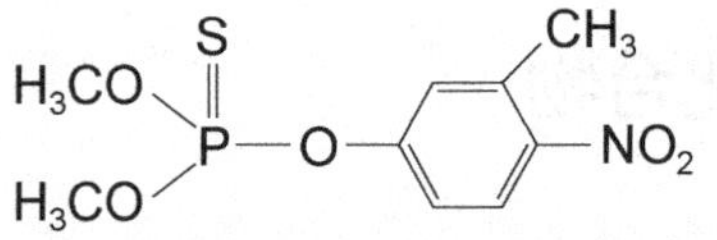

O,O-二甲基-O-(3-甲基-4-硝基苯基)硫代磷酸酯

三、膦酸和膦酸类化合物

1. 乙烯利

乙烯利化学名称为2-氯乙基膦酸，结构式如下：

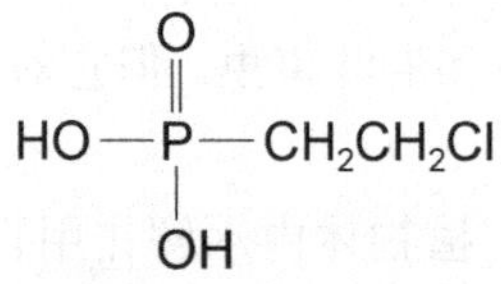

纯净的乙烯利是无色针状晶体，易溶于水和乙醇。商品乙烯利通常是带棕色的溶液。乙烯利是20世纪70年代初期投入应用的一种合成生长调节剂。乙烯利进入植物器官后，会缓慢水解释放出乙烯，对果实起催熟作用。

2. 敌百虫

化学名称为O,O-二甲基（1-羟基-2,2,2-三氯乙基）膦酸酯，结构式如下：

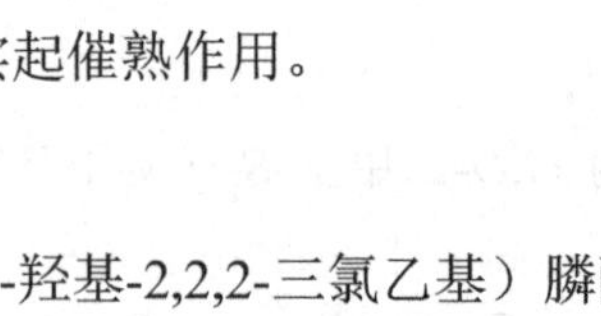

敌百虫是无色晶体，可溶于水。它是一种高效低毒有机磷杀虫剂，对昆虫有胃毒和触

杀作用，农业上可用于防治多种害虫；家庭卫生中可用来杀灭蚊、蝇等。其对哺乳动物毒性很低，可用来防治家畜体外和体内的寄生虫。

3. 甲胺磷

纯品为白色结晶，工业品为黄色或灰色黏稠状液体，易溶于水、甲醇、丙酮等极性溶剂。具有触杀、内吸和胃毒作用，为高效、高毒的广谱性杀虫、杀螨剂。对抗药性蚜虫、螨类和稻飞虱、稻纵卷叶螟的效果较好。结构式如下：

$$\underset{\text{O,S-二甲基硫代磷酰胺}}{\begin{array}{c} \text{H}_3\text{CS} \quad \overset{\text{O}}{\underset{|}{\overset{||}{\text{P}}}} \quad \text{NH}_2 \\ \text{H}_3\text{CO} \end{array}}$$

O,S-二甲基硫代磷酰胺

农药与环境污染

农药广义上是指用于预防、消灭或者控制危害农业、林业的病、虫、草和其他有害生物以及有目的地调节、控制、影响植物和有害生物代谢、生长、发育、繁殖过程的化学合成或者来源于生物、其他天然产物及应用生物技术产生的一种物质或者几种物质的混合物及其制剂。狭义上是指在农业生产中，为保障、促进植物和农作物的成长，所施用的杀虫、杀菌、杀灭有害动物（或杂草）的一类药物的统称。特指在农业上用于防治病虫以及调节植物生长、除草等药剂。喷洒的农药除部分落到作物或杂草上，大部分是落入田土中或飘移落至施药区以外的土壤或水域中；土壤杀虫剂、杀菌剂或除草剂直接施于土壤中。这些残留在土壤中的农药，虽不会直接引起人畜中毒，但它是农药的贮存库和污染源。

（1）农药对土壤的污染　农药对土壤的污染主要表现为农药在土壤中的残留，由于一些农药性质较稳定不易消失，在土壤中可残存较长时间。在有农药污染的土壤中，以后再栽种作物时，可能会造成影响。同时在有农药污染的土壤中微生物和土栖无脊椎动物的生存也受到影响。

（2）农药对大气的污染　农药对大气的污染主要是施用农药时产生的农药药剂颗粒在空中飘浮所致。另外大气的污染也可能是某些农药厂排出的废气造成的。大气扩散是农药在环境中传播和转移的重要途径之一。

（3）农药对水体的污染　农药对水体的污染是指农药直接投入水体或施用后土壤中残留的农药随水渗入地下水体，从而对水体和地下水体造成的污染。在地表水资源日益短缺的今天，地下水使用量逐年增大，农药对地下水体的污染越来越引起各国政府重视。水溶性大、吸附性能弱的农药容易随水淋溶进入地下水中。施药地区的降雨与灌溉对农药在土壤中的移动有很大的影响，特别是施药后不久遇大雨或进行灌溉，就容易引起地下水的污染。

（4）农药施用后对生态系统的影响　生物（植物、动物、微生物）在自然界中不是孤立存在的，而是与周围环境相互作用，在一定空间和环境中生活的有机体。在生态系统中，微生物、植物、昆虫、天敌之间以及它们与周围环境的相互作用，形成了复杂的营养网络和不可分割的统一整体。农药的施用对周围生物群落会产生不同程度的影响，严重时可破坏生态平衡。施用农药，在防治靶标生物的同时，往往也会误杀大量天敌。在养鱼、养蚕和养蜂地区，由于农药的飘移和残留，导致对鱼类、家蚕和蜜蜂的毒害作用。同时害虫种群也可能发生变化，产生抗药性、再猖獗和次要害虫上升等问题。

由于农药流失到环境中，易造成上述环境污染，有时甚至造成极其危险的后果，因此具有高效、选择性好、低毒、低残留、对环境友好等特点的绿色农药正成为目前研究的方向。目前微生物农药、植物源农药、基因工程农药等生物农药与新型化学农药已被研发利用。

▽【习题】

16-1　磷酸与膦酸在结构上有哪些区别？

16-2　在作物生长过程中，是否可以完全不施用农药？会产生哪些影响？

第十七章

碳水化合物

 知识目标

1. 了解糖的结构特点和性质。
2. 掌握还原性糖和非还原性糖的鉴别方法。

 技能目标

1. 能利用糖的性质解释实际问题。
2. 能利用化学方法鉴别还原性糖和非还原性糖。

碳水化合物又称为糖类，是一类重要的天然有机化合物。碳水化合物含有碳、氢、氧三种元素。常见的糖类有纤维素、淀粉、葡萄糖、果糖、糖原等。

其分子式可以用通式 $C_x(H_2O)_y$ 来表示。例如，葡萄糖 $C_6H_{12}O_6$ 可以写成 $C_6(H_2O)_6$，蔗糖 $C_{12}H_{22}O_{11}$ 可以写成 $C_{12}(H_2O)_{11}$，因而得名碳水化合物。但有些糖类不符合上述通式（如鼠李糖 $C_6H_{12}O_5$），而有些符合上述通式的化合物，如乙酸（$C_2H_4O_2$）、乳酸（$C_3H_6O_3$），却不是糖类，所以严格地讲"碳水化合物"这个名称是不确切的，但因沿用已久，至今仍在使用。

自然界中存在的碳水化合物都具有旋光性，并且一对对映体中只有一个异构体天然存在。如在自然界中只有右旋的葡萄糖存在，左旋的葡萄糖是没有的。

第一节　糖的定义与分类

一、糖的定义

糖的定义：多羟基醛、酮或水解后生成多羟基醛、酮的化合物。

二、糖的分类

糖类根据其能否水解及水解后的产物分为以下三类：

（1）单糖（monosaccharides）　不能再水解的多羟基醛、酮（又可分为某醛糖、某酮糖）。

（2）低聚糖（oligosaccharides，又称寡聚糖）　水解可生成2～10分子的单糖。其中，蔗糖水解得到葡萄糖和果糖，为二糖（双糖）；麦芽糖水解得到2分子葡萄糖，为二糖。

（3）多糖（polysaccharides）　水解可生成10个以上单糖，如淀粉、纤维素。

第二节　单糖

一、单糖的分类及构型

1. 单糖的类别

（1）葡萄糖　存在于葡萄汁和其他果汁，以及植物的根、茎、叶等部位。动物血液中也含有葡萄糖。天然葡萄糖为右旋糖。

（2）果糖　大量存在于水果和蜂蜜中。天然果糖是左旋糖，是常见糖中最甜的糖。

（3）核糖、2-脱氧核糖　是核酸的组成部分。

2. 单糖的结构

① 葡萄糖是开链的五羟基己醛（醛糖）。

$$CH_2—CH—CH—CH—CH—CHO$$
$$\;\;\,OH\quad OH\quad OH\quad OH\quad OH$$

② 果糖是开链的五羟基-2-己酮（酮糖）。

$$CH_2—CH—CH—CH—C—CH_2$$
$$\;\;\,OH\quad OH\quad OH\quad OH\quad O\quad OH$$

③ 核糖和2-脱氧核糖都是戊醛糖，它们的磷酸酯是核酸的组成部分。

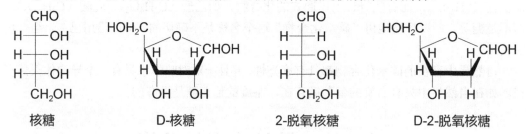

核糖　　　　　　D-核糖　　　　　　2-脱氧核糖　　　　D-2-脱氧核糖

二、单糖的性质

1. 物理性质

单糖都是无色晶体，有吸湿性，易溶于水，可溶于乙醇、吡啶，但难溶于乙醚、丙酮、苯等有机溶剂。

2. 化学性质

单糖是多羟基醛或多羟基酮，因此它具有醇、醛、酮的某些性质，如氧化、还原等。

（1）氧化反应

① 被硝酸氧化。在硝酸的氧化下，醛糖的醛基和伯醇基都可以被氧化，生成多羟基二元羧酸。例如，D-葡萄糖在稀硝酸中加热，即生成 D-葡萄糖二酸。

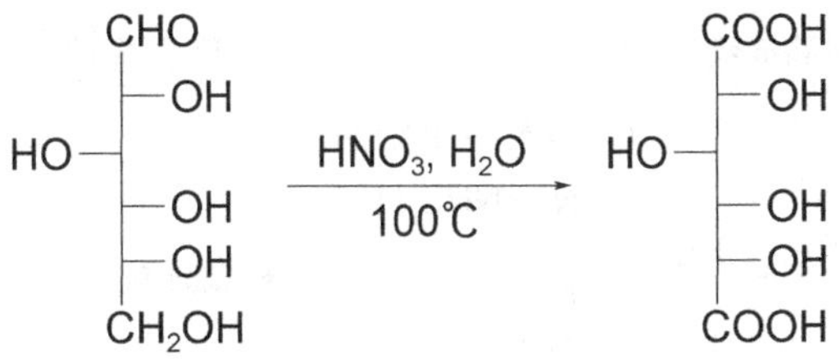

$$\text{D-葡萄糖} \xrightarrow[100℃]{HNO_3, H_2O} \text{D-葡萄糖二酸}$$

D-葡萄糖　　　　　　　　　　D-葡萄糖二酸

② 被溴水氧化。将醛糖的醛基氧化成酸。

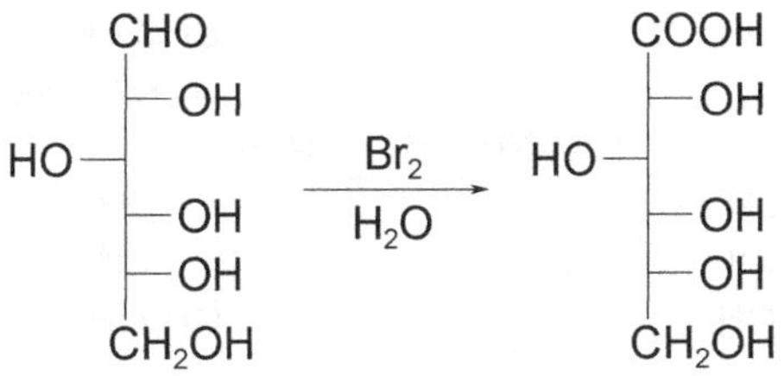

$$\text{D-葡萄糖} \xrightarrow[H_2O]{Br_2} \text{D-葡萄糖酸}$$

D-葡萄糖　　　　　　　　　　D-葡萄糖酸

③ 被费林试剂和托伦斯试剂（弱氧化剂）氧化。醛糖和酮糖都可以被托伦斯试剂和斐林试剂氧化，分别生成银镜或红色氧化亚铜沉淀。其中，醛基（醛糖）和 α-羟基酮（酮糖）分别被氧化成羧基和羰基。

还原糖：凡与费林试剂和托伦斯试剂起反应的糖。

非还原糖：凡与费林试剂和托伦斯试剂不起反应的糖。

（2）还原反应　硼氢化钠还原或催化加氢都可以把糖分子中的羰基还原成羟基，生成相应的糖醇。例如，葡萄糖被还原生成山梨醇。

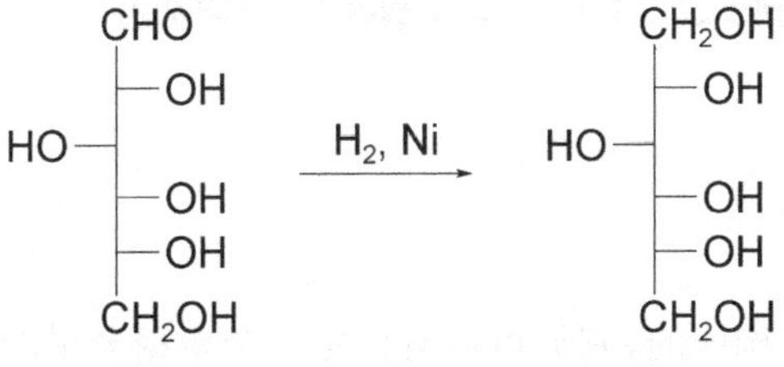

$$\text{D-葡萄糖} \xrightarrow{H_2, Ni} \text{D-葡萄糖醇(D-山梨醇)}$$

D-葡萄糖　　　　　　　　　　D-葡萄糖醇(D-山梨醇)

（3）成脎反应　单糖与苯肼作用时，其羰基与苯肼反应首先生成苯腙。但在过量的苯肼存在下，α-碳原子上羟基被苯肼氧化变成羰基，苯肼则被还原为氨及苯胺，新的羰基再与苯肼反应生成的产物称为糖脎。

醛糖

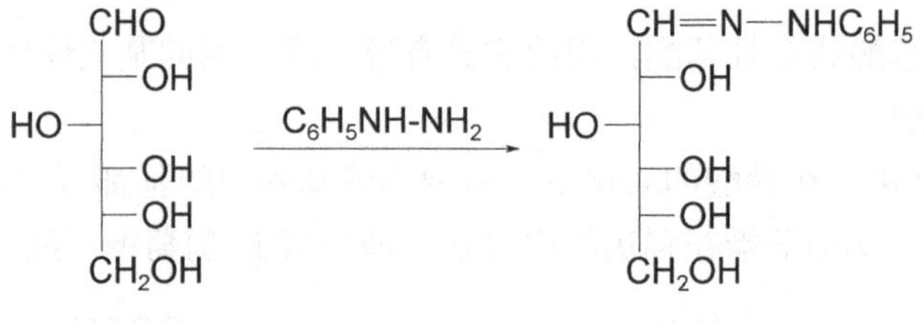

D-葡萄糖 → C$_6$H$_5$NH-NH$_2$ → D-葡萄糖苯腙

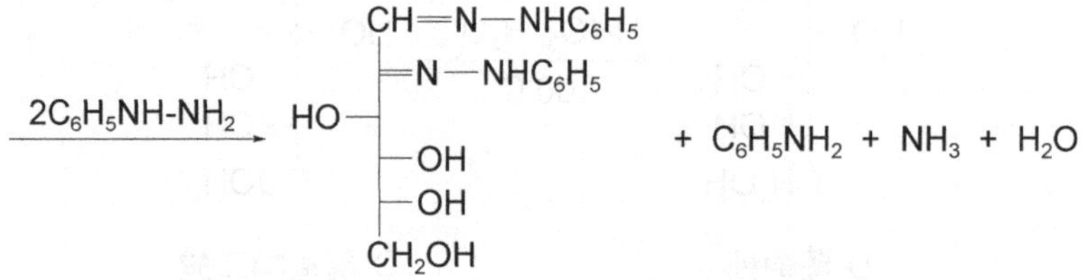

2C$_6$H$_5$NH-NH$_2$ → D-葡萄糖脎 + C$_6$H$_5$NH$_2$ + NH$_3$ + H$_2$O

酮糖

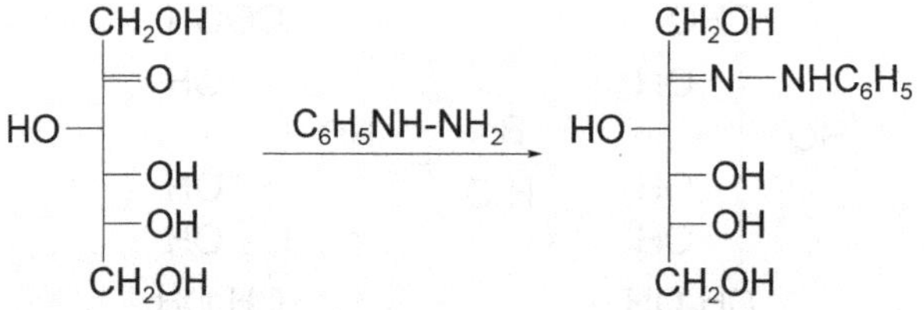

D-果糖 → C$_6$H$_5$NH-NH$_2$ → D-果糖苯腙

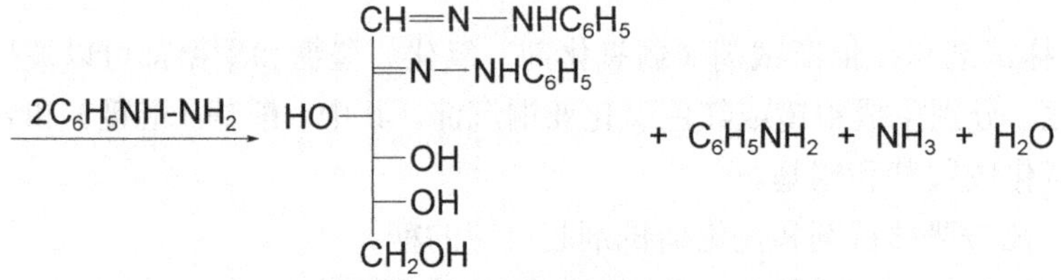

2C$_6$H$_5$NH-NH$_2$ → D-果糖脎(即D-葡萄糖脎) + C$_6$H$_5$NH$_2$ + NH$_3$ + H$_2$O

第三节　二糖和多糖

一、二糖

1. 定义

二糖是由两个单糖单元构成的。它们可以看作是一个单糖分子的苷羟基与另一个单糖分子的某一个羟基（可以是醇羟基，也可以是苷醛基）之间的脱水缩合产物，即构成二糖的两个单糖是通过糖苷键互相连接的。主要的二糖有蔗糖、乳糖、麦芽糖和纤维二糖等。

2. 物理性质

二糖的物理性质与单糖相似，能成结晶，易溶于水，并有甜味。

3. 分类

自然界中存在的二糖可分为还原性二糖和非还原性二糖两类。

（1）还原性二糖　具有一般单糖性质，能还原托伦斯试剂、斐林试剂等弱氧化剂，并能与苯肼生成脎。主要有麦芽糖和纤维二糖。

麦芽糖是淀粉在糖化酶作用下部分水解的产物。一分子麦芽糖水解后，生成两分子 D-葡萄糖。

纤维二糖是纤维素部分水解所生成的二糖。像麦芽糖一样，一分子纤维二糖水解后也生成两分子 D-葡萄糖。

（2）非还原性二糖　不具有一般单糖性质，不能与托伦斯试剂、斐林试剂等弱氧化剂反应，且不能与苯肼生成脎。主要有蔗糖。

蔗糖是在自然界中分布最广而且也是最重要的非还原性二糖。其甜味仅次于果糖，在甜菜和甘蔗中含量最多。一分子蔗糖水解生成一分子 D-葡萄糖和一分子 D-果糖。

$$C_{12}H_{22}O_{11} + H_2O \xrightarrow{H^+} C_6H_{12}O_6 + C_6H_{12}O_6$$

　　蔗糖　　　　　　　　　D-葡萄糖　　D-果糖

二、多糖

多糖是由许多相同或不相同的单糖分子结合而成的天然高分子化合物，它是一种聚合程度不同的长链分子混合物。虽然多糖由单糖构成，但许多单糖连成多糖后，量变引起了质的飞跃，多糖的性质与单糖、低聚糖有显著的差别。多糖没有还原性，不能生成脎，也没有甜味，而且大多数不溶于水，少数能与水形成胶体溶液。多糖一般为非晶态固体，可在酸或酶作用下水解变成原来的单糖。下面介绍三种主要的多糖。

1. 淀粉

淀粉是白色、无臭、无味的粉状物质，它们都含有直链淀粉和支链淀粉两部分。普通淀粉中，直链淀粉含量为 10%～20%，支链淀粉含量为 80%～90%。它们完全水解都生成 D-葡萄糖，部分水解都生成麦芽糖。

直链淀粉：

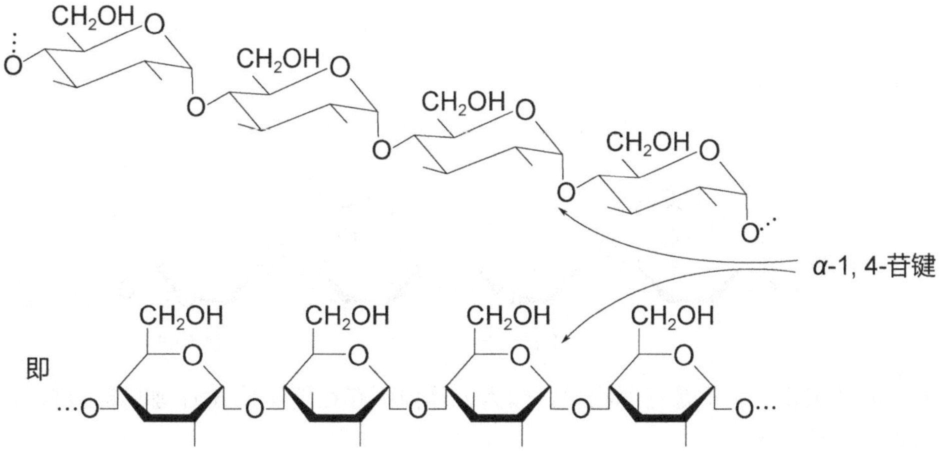

α-1, 4-苷键

即

支链淀粉：

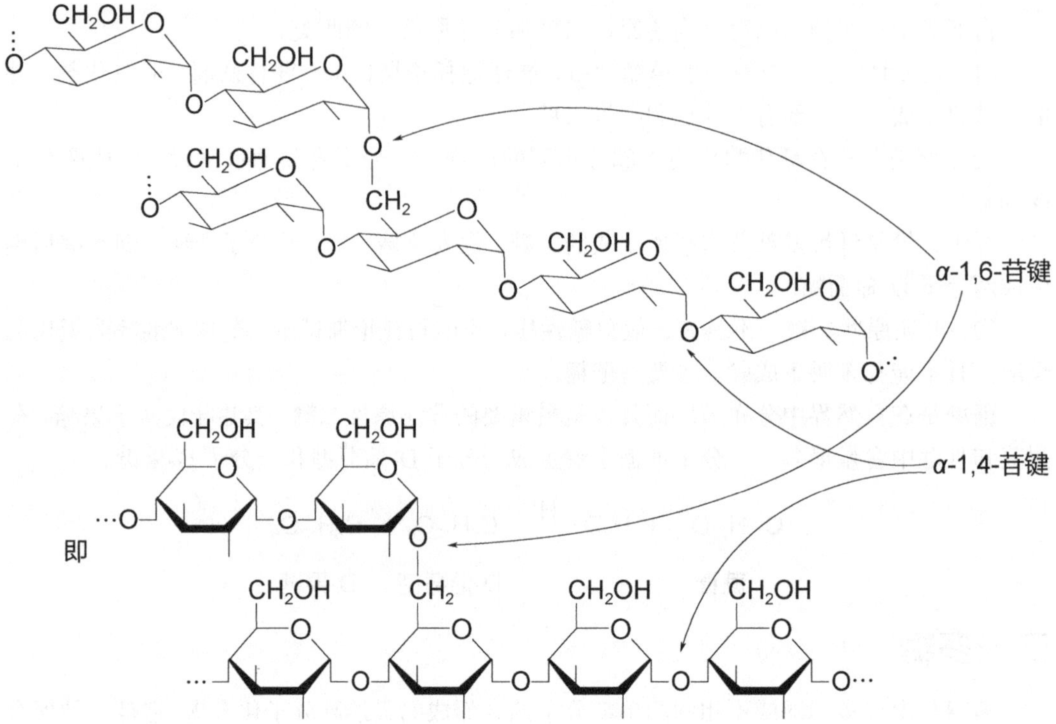

α-1,6-苷键

α-1,4-苷键

即

2. 纤维素

纤维素除可直接用于纺织、造纸等工业外，也可将其变成某些衍生物加以利用。其完全水解也生成 D-葡萄糖，但部分水解则生成纤维二糖（β-D-葡萄糖苷）。所以，纤维素的构成单元是 β-D-葡萄糖，淀粉的构成单元是 α-D-葡萄糖。

纤维素分子是 D-葡萄糖通过 β-1,4-苷键相连而成的直链分子，含有 10000～15000 个葡萄糖单元，分子量约 1600000～2400000。部分结构如下：

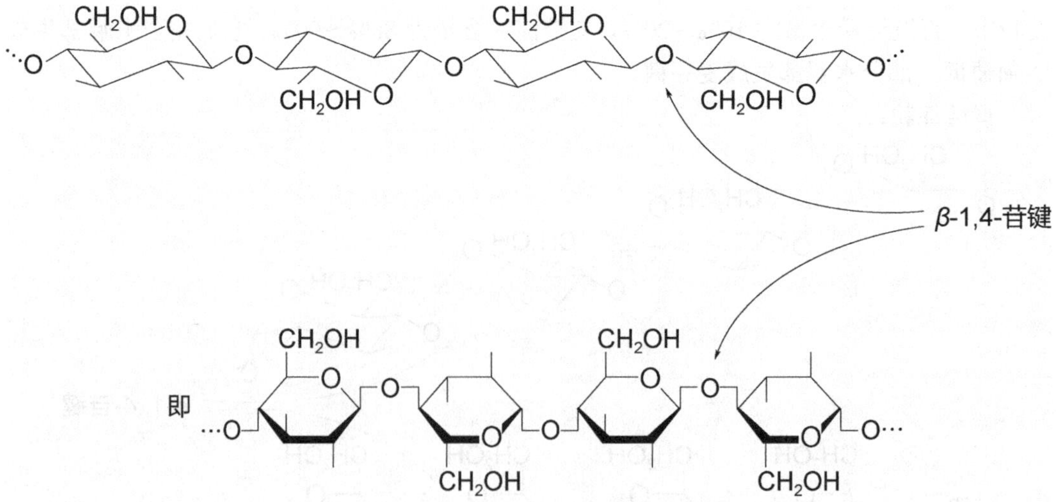

β-1,4-苷键

即

对于人类来说，它不是营养物质，因为人体内不存在能够使 β-苷键断裂的酶。但牛、羊等可以消化纤维素。

3. 糖原

糖原又叫肝糖，存在于动物体内，如动物淀粉。糖原水解也得到 D-葡萄糖，其结构与支链淀粉相似，但分支更多、更短，分子量为 1000000～4000000。糖原是动物储存碳水化合物的主要形式，在动物体内，当机体需要，糖原即转化成葡萄糖。

科学家沃尔特·诺曼·霍沃思

霍沃思（Haworth Walter Norman，1883—1950），1937 年诺贝尔化学奖获得者，英国化学家，生于乔利，毕业于曼彻斯特大学。1910 年获哥廷根大学哲学博士学位。1928 年被选为英国皇家学会会员，1934 年获戴维奖章，1944～1946 年任英国化学学会会长。1937 年，因糖类化学、维生素方面的研究成就，与卡勒同获诺贝尔化学奖。

霍沃思在圣安德鲁大学工作期间，与欧文从事糖类化学研究。在此之前，欧文与珀辖已把糖类首选转化为甲基醚以鉴定。霍沃思则把此方法用于鉴定糖分子中产生闭环的关节点方面。他还与赫斯特共同研究糖类分子结构，特别是简单糖的环结构，指出甲基糖苷通常存在于呋喃糖环结构中。霍沃思"端基"法则是测定多糖重复单位特性的有效方法。

霍沃思后期从事维生素的研究。在伯明翰大学期间，与同事们共同阐述了维生素的结构，并于 1933 年合成维生素 C。

第二次世界大战期间，霍沃思研究了用气体扩散法分离铀同位素，还研究了血浆的糖类代用品。霍沃思主要著作《糖的构成》一书于 1929 年出版。

——摘自 http://www.nobelprize.org

实验 17-1：糖类性质的鉴定实验

【实验目的】

1. 掌握还原糖与非还原糖的鉴别方法。

2. 加深单糖、二糖、多糖化学性质的认识。

3. 进一步体会糖类的分子结构与其化学性质的关系。

4. 理论结合实践，加深对理论知识的认识与理解。

【仪器及试剂】

仪器和器皿：小试管、滴管、橡皮筋、移液管（1mL 和 2mL）、记号笔、500mL 烧杯、酒精灯、白瓷滴板。

试剂：班氏试剂（称取柠檬酸钠 20g、无水碳酸钠 11.5g，溶于 100mL 热水中，在不断搅拌下把含 2g 硫酸铜晶体的 20mL 水溶液慢慢加入。溶液应澄清，否则需过滤）；2%葡萄糖；2%果糖；2%麦芽糖；2%蔗糖（所用蔗糖必须纯净）；2%淀粉溶液（将 2g 可溶性淀粉用 10mL 蒸馏水调成糊状，加入 90mL 沸水中煮沸后冷却）；2mol/L H_2SO_4 溶液；10%Na_2CO_3 溶液；0.1%碘液（在 1g 碘和 5g 碘化钾中，加入尽可能少的蒸馏水使其溶解，然后用蒸馏水稀释为 1000mL）；浓盐酸；α-萘酚试剂（将 10g α-萘酚溶于 95%乙醇中，再用同样的乙醇稀释至

100mL，贮于棕色瓶中，一般用前才配制）；浓硫酸；间-苯二酚-盐酸试剂（将 0.05g 间-苯二酚溶于 50mL 浓盐酸中，再用蒸馏水稀释至 100mL）。

【实验原理】

1. 糖的还原性

糖是多羟基醛、多羟基酮或它们的缩合物。单糖及分子中含有半缩醛（酮）羟基的二糖都具有还原性，能将班氏试剂还原成砖红色的 Cu_2O 沉淀。蔗糖等不含有半缩醛（酮）羟基的糖则无还原性。但蔗糖经水解生成了葡萄糖和果糖，因而水解液具有还原性。

2. 淀粉的性质

多糖是由许多单糖缩合而成的高分子化合物，无还原性。但多糖在酸存在下加热水解，可生成单糖，随之具有还原性。淀粉为一多糖，经水解先生成糊精，再水解成麦芽糖，最终水解产物是葡萄糖，因此水解液也具有还原性，能与班氏试剂发生反应。淀粉遇碘显蓝色，此反应很灵敏，常用于检验淀粉或碘。

3. 糖的颜色反应

糖在浓酸存在下，可与酚类化合物产生颜色反应。糖在浓硫酸的作用下与 α-萘酚反应显紫色，常用于糖类化合物的检出。己酮糖与间-苯二酚-盐酸试剂反应很快出现鲜红色，而己醛糖显色缓慢，2min 后可出现微弱的红色，因此常用于区别酮糖（果糖）和醛糖（葡萄糖）。

【操作步骤】

1. 糖的还原性

取 5 支小试管，编号后各加入 1mL 班氏试剂，再分别加入 2% 葡萄糖、2% 果糖、2% 麦芽糖、2% 蔗糖和 2% 淀粉溶液各 10 滴。振荡后，将试管用橡皮筋捆好放入沸水浴中，加热 3～5min，观察哪几个试管中生成砖红色沉淀。

2. 蔗糖的水解

取 2 支小试管，每管均加入 1mL2% 蔗糖和 1～2mL 蒸馏水，然后向一管中加 3～5 滴 2mol/L 硫酸溶液，另一管中加 3～5 滴蒸馏水，混合均匀。然后将两支试管同时放入沸水浴中加热 10～15min，冷却后，用 10%Na_2CO_3 中和，直到没有气泡产生为止。将两支试管各加入班氏试剂 1mL，再在沸水浴中加热 3～5min，观察并比较两管的结果。

3. 淀粉与碘的作用

取 1 支小试管加 10 滴 2% 淀粉溶液和 1 滴 0.1% 碘液，观察呈现的颜色。然后将此试管放入沸水浴中加热 5～10min，观察有何现象。取出试管，放置冷却，又有何变化，为什么？

4. 淀粉的水解

取 1 支小试管，加 2% 淀粉溶液 2mL，再加入浓盐酸 3 滴，在沸水浴中加热 10～15min，加热时每隔 1～2min 取出 1 滴反应液，置于白瓷滴板上，加 1 滴碘液，注意观察其颜色的变化过程，直到无蓝色出现为止。取出试管，冷却后，用 10%Na_2CO_3 中和，直到没有气泡产生为止，加入班氏试剂 5～10 滴，然后在沸水浴中加热 3～5min，观察结果。

5. 糖的颜色反应

（1）α-萘酚反应 取 4 支小试管，分别加入 2% 葡萄糖、2% 果糖、2% 蔗糖和 2% 淀粉溶液 1mL，然后各加入新配制的 α-萘酚试剂 2 滴，混合均匀后，将试管倾斜沿管壁徐徐注入浓硫酸各 1mL，切勿摇动。然后竖起试管，静置 10min，观察两液界面之间出现紫色环。如无紫色环生成，可在水浴中温热后再进行观察。

（2）间-苯二酚反应　取 4 支小试管，分别加入间-苯二酚-盐酸试剂 1mL，然后在三支试管中各加入 2%葡萄糖、2%果糖、2%蔗糖溶液 5 滴，第 4 支试管留作对照。将 4 支试管摇匀后，同时放入水浴中加热 2min，观察各管出现颜色的顺序。

【实验结果记录】

1. 糖的还原性实验结果记录表

样品名称	处理方法	砖红色沉淀？
葡萄糖	加入 1mL 班氏试剂，充分振荡后，将试管用橡皮筋捆好放入沸水浴中，加热 3～5min	
果糖		
麦芽糖		
蔗糖		
淀粉		

2. 蔗糖的水解实验结果记录表

样品名称	前处理方法	实验现象
蔗糖	3～5 滴 2mol/L 硫酸	
	3～5 滴蒸馏水	

3. 淀粉与碘作用实验结果记录表

样品名称	前处理方法	实验现象
淀粉	1 滴碘液，未加热	
	1 滴碘液，加热	

4. 淀粉的水解实验结果记录表

样品名称	前处理方法	实验现象
淀粉	加入浓盐酸 3 滴，水浴加热，直至水解完全后，加入班氏试剂 5～10 滴，沸水浴中加热 3～5min	

5. 糖的颜色反应——α-萘酚反应实验结果记录表

样品名称	处理方法	两液界面间出现紫色环？
葡萄糖	加入新配制的 α-萘酚试剂 2 滴，混合均匀后，将试管倾斜沿管壁徐徐注入浓硫酸各 1mL，切勿摇动	
果糖		
蔗糖		
淀粉		

6. 糖的颜色反应——间-苯二酚反应实验结果记录表

样品名称	处理方法	颜色变化次序
葡萄糖		
果糖	加入间-苯二酚-盐酸试剂 1mL，摇匀后，水浴加热 2min	
蔗糖		
对照组		

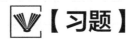

【习题】

17-1 什么是还原糖？下列哪些是还原糖？
葡萄糖、蔗糖、麦芽糖、淀粉、纤维素

17-2 写出葡萄糖与下列试剂作用的化学反应式，并指出主要产物。
（1）溴水；（2）HNO_3；（3）$NaBH_4$。

17-3 用简单化学方法区别下列各组化合物。
（1）葡萄糖和果糖；（2）麦芽糖和蔗糖；
（3）纤维素和淀粉；（4）葡萄糖、蔗糖、果糖、水溶性淀粉。

第十八章

油脂和类脂化合物

 知识目标

1. 了解油脂的概念及生物学意义。

2. 掌握油脂的组成、命名、结构特点。

3. 掌握油脂的化学性质与常见化学反应（皂化、加成、酸败）。

 技能目标

1. 能说出常见的油脂。

2. 会用皂化值、碘值、酸值来分析油脂的性能。

3. 能解释表面活性剂的作用原理。

油脂和类脂化合物是广泛存在于生物体中的重要天然有机物，它们是维持生命活动不可缺少的物质。油脂是指动、植物油和脂肪，如牛油、猪油、菜油、花生油等。类脂化合物通常是指磷脂、蜡和甾体化合物等。虽然它们在化学组成上属于不同类的物质，但由于其在某些物理性质上类似于脂肪，且往往同油脂共存于生物体内，因此把它们统称为类脂化合物。

第一节　油脂

油脂是三大营养物质之一，广泛存在于动植物体内。植物油脂大部分存在于植物的果实、种子和胚中，而花、叶、根、茎部位含量较少。油料作物种子的含油量较多，有的高达 50% 以上。许多野生植物的种子也含有 15%～16% 的油脂。

某些植物组织中油脂含量见表 18-1。

表 18-1　某些植物组织中油脂含量

植物名称	组织	粗脂肪含量/%	植物名称	组织	粗脂肪含量/%
薄荷	叶	5.0	橄榄	果实	50
大豆	种子	12～25	棉籽	种子	14～25
甜菜	根	7.0	油茶	果实	30～35
花生	种子	40～61	柚桐	茎	40～69
椴树	茎	2.3	椰子	果实	65～70
油菜	种子	33～47	蓖麻	种子	60
芝麻	种子	50～61	向日葵	种子	50

一、油脂的组成

　　油脂是油和脂肪的总称。在常温下为液体的叫作油,如豆油、花生油。在常温下是固态或来源于动物的油脂叫作脂肪,如牛油、猪油。油脂不论来源和状态,它们的水解产物均有甘油和高级脂肪酸。因此,油脂是甘油和高级脂肪酸所形成的酯类化合物。其通式可表示为:

$$
\begin{array}{l}
\text{H}_2\text{C}-\text{O}-\overset{\displaystyle O}{\overset{\|}{\text{C}}}\text{R}^1 \\
\text{HC}-\text{O}-\overset{\displaystyle O}{\overset{\|}{\text{C}}}\text{R}^2 \\
\text{H}_2\text{C}-\text{O}-\overset{\displaystyle O}{\overset{\|}{\text{C}}}\text{R}^3
\end{array}
$$

　　R^1、R^2 和 R^3 代表高级脂肪酸的烃基,如果 $R^1=R^2=R^3$ 则高级脂肪酸形成的甘油酯叫作单纯甘油酯。三个 R 中有两个或三个不相同则叫作混合甘油酯。天然油脂大多数是混合甘油酯。组成油脂的高级脂肪酸种类很多,目前已经发现的有 50 多种,其中绝大多数是含有偶数碳原子的饱和或不饱和直链高级脂肪酸,带有支链、取代基和环状的脂肪酸及含有奇数碳原子的脂肪酸极少。在饱和脂肪酸中,最普遍的是硬脂酸和软脂酸;在不饱和脂肪酸中最普遍的是油酸。动物脂肪中,含有较多的饱和高级脂肪酸甘油酯,所以动物脂肪在常温下为固态。植物油中不饱和高级脂肪酸甘油酯含量较高,所以植物油在常温下为液态。油脂中常见的饱和脂肪酸和不饱和脂肪酸见表 18-2、表 18-3。

表 18-2　油脂中常见的饱和脂肪酸

俗名	系统命名	结构简式	熔点/℃	分布
羊蜡酸	癸酸	$CH_3(CH_2)_8COOH$	32	椰子油、奶油
月桂酸	十二烷酸	$CH_3(CH_2)_{10}COOH$	44	鲸蜡、椰子油
肉豆蔻酸	十四烷酸	$CH_3(CH_2)_{12}COOH$	58	肉豆蔻脂
软脂酸	十六烷酸	$CH_3(CH_2)_{14}COOH$	63	动、植物油脂
硬脂酸	十八烷酸	$CH_3(CH_2)_{16}COOH$	71.2	动、植物油脂
花生酸	二十烷酸	$CH_3(CH_2)_{18}COOH$	77	花生油

表 18-3　油脂中常见的不饱和脂肪酸

俗名	系统命名	结构简式	熔点/℃	分布
棕榈油酸	9-十六碳烯酸	$C_6H_{13}CH=CHC_7H_{14}COOH$	0.5	—
油酸	9-十八碳烯酸	$C_8H_{17}CH=CHC_7H_{14}COOH$	16.3	动、植物油
亚油酸	9，12-十八碳二烯酸	$C_5H_{11}(CH=CHCH_2)_2C_6H_{12}COOH$	-5	植物油
亚麻酸	9，12，15-十八碳三烯酸	$C_2H_5(CH=CHCH_2)_3C_6H_{12}COOH$	-11.3	亚麻籽油
桐油酸	9，11，13-十八碳三烯酸	$C_4H_9(CH=CH)_3C_7H_{14}COOH$	49	桐油
蓖麻醇酸	12-羟基-9-十八碳烯酸	$C_6H_{13}CH(OH)CH_2CH=CHC_7H_{14}COOH$	5.5	蓖麻油
晁模酸	13-(2-环戊烯)十三碳酸	⬠—$(CH_2)_{12}COOH$	68.5	—
花生四烯酸	5，8，11，14-二十碳四烯酸	$C_5H_{11}(CH=CHCH_2)_4C_2H_4COOH$	-49.5	卵磷脂
芥酸	13-二十二碳烯酸	$C_8H_{17}CH=CHC_{11}H_{22}COOH$	33.5	菜油

在上述脂肪酸中，亚油酸和亚麻酸哺乳动物自身不能合成必须从食物中摄取，所以称为必需脂肪酸。常见油脂的性能及其高级脂肪酸的含量见表 18-4。

表 18-4　一些常见油脂的性能及其高级脂肪酸的含量

油脂名称	碘值	皂化值	软脂酸/%	硬脂酸/%	油酸/%	亚油酸/%	其他/%
大豆油	124～136	185～194	6～10	2～4	21～29	50～59	
花生油	93～98	181～195	6～9	4～6	50～70	13～26	
棉籽油	103～115	191～196	19～24	1～2	23～33	40～48	
蓖麻油	81～90	176～187	0～2	—	0～9	3～7	蓖麻醇酸（80～92）
桐油	160～180	190～197	—	2～6	4～16	0～1	桐油酸（74～91）
亚麻籽油	170～204	189～196	4～7	2～5	9～38	3～43	亚麻酸（25～58）
猪油	46～66	193～200	28～30	12～18	41～48	6～7	

二、油脂的性质

1. 物理性质

纯净的油脂是无色、无味、无臭的物质，常因含有色素和杂质而显示不同的颜色，并具有不同的气味。油脂是弱极性的化合物，不溶于水而易溶于乙醚、石油醚、汽油、苯、丙酮、氯仿、四氯化碳和乙醇等有机溶剂。油脂的相对密度小于 1，一般在 0.86～0.95。由于油脂是混合物，所以没有明确的熔点和沸点，沸腾前即发生分解。但各种油脂都有一定的熔点范围，如花生油为 28～32℃、猪油为 36～46℃、牛油为 42～49℃。可以利用这些溶剂从动植物组织中提取油脂，以测定动植物组织中油脂的组成和含量。

2. 化学性质

油脂属于酯类化合物，因此能水解（官能团的反应），同时含有不饱和碳碳双键，所以还可以发生加成、氧化、聚合等反应（烃基上的反应）。

（1）水解反应　油脂在酸、碱或酶的作用下可以发生水解反应，在酸或酶的催化下，水解生成甘油和脂肪酸，其反应为可逆反应。若在碱性条件下（加 NaOH）水解，则生成甘油和脂肪酸盐，可完全水解。高级脂肪酸钠盐俗称肥皂，因此常把油脂在碱性条件下的水解反应叫作"皂化作用"。

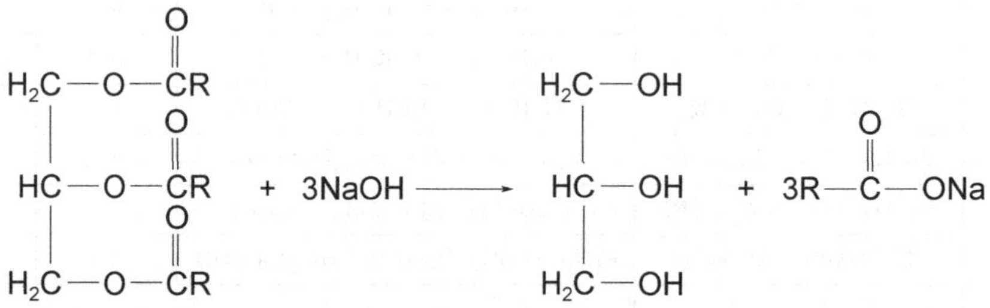

皂化 1g 油脂所需要氢氧化钾的质量称为皂化值（见表 18-4）。每种油脂都有一定的皂化值。根据皂化值的大小，可以计算油脂的平均分子量：

$$平均分子量 = （3 \times 56 \times 1000）\div 皂化值$$

由上式可知，皂化值越大，油脂平均分子量越小，油脂中含低级脂肪酸甘油酯越多。因为分子量越小则一定质量的油脂中分子数目就越多，水解生成的脂肪酸也就越多，因此皂化所需要的氢氧化钾量较高。皂化值是检验油脂质量的重要常数之一。不纯的油脂其皂化值较低，这是油脂中含有较多不能被皂化杂质的缘故。

（2）加成反应　油脂中的不饱和高级脂肪酸甘油酯，由于含有碳碳双键，因此与烯烃相似，可以与氢、卤素等发生加成反应。

① 加氢。不饱和脂肪酸甘油酯加氢后可以转化为饱和程度较高的油脂，这个过程称为油脂的氢化或硬化。这种加氢后的油脂称为氢化油或硬化油。

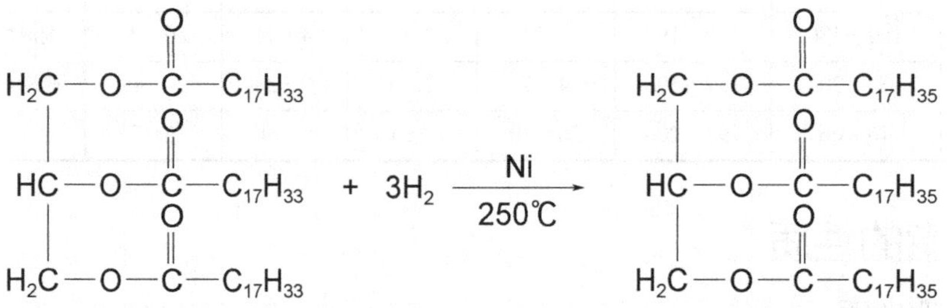

三油酸甘油酯　　　　　　　　　　　　三硬脂酸甘油酯

硬化油饱和程度大，且为固态，因而不易变质，便于贮存和运输。

② 加碘。油脂中的碳碳双键与碘的加成反应常用来测定油脂的不饱和程度。100g油脂与碘发生反应时所需碘的质量叫作碘值。油脂的碘值越大，其成分中脂肪酸的不饱和程度越高。由于碘的加成反应很慢，所以在实际测定中常用氯化碘或溴化碘的冰醋酸溶液作试剂。因为氯原子或溴原子能使碘活化，加快反应速度。反应完毕后，由被吸收的氯化碘量换算成碘，即为油脂的碘值。碘值是油脂性质的重要参数，也是油脂分析的重要指标。

（3）油的酸败　长期贮存的油脂在湿、热、光的条件下，受空气中氧、水分或霉菌等作用，逐渐产生一种难闻臭味的现象，称为油脂的酸败。油脂酸败发生的化学变化比较复杂，引起酸败的原因有：一是由于油脂中不饱和脂肪酸的双键被空气中的氧所氧化，生成低分子量醛和酸的复杂混合物，这些氧化物带有难闻的气味，氧化速度的快慢受到光、温度等因素的影响。一般来说，油脂的不饱和程度越大，酸败过程就越快。二是由于微生物作用的结果。微生物首先使甘油酯水解为甘油及游离脂肪酸，游离脂肪酸再受微生物的进一步作用，发生 β-氧化，生成 β-酮酸，再经脱羧形成低级酮或者分解成低级羧酸。

油脂酸败产生的低分子酮、醛、酸等化合物，不但气味使人厌恶，而且氧化过程中产生的过氧化物能使一些脂溶性维生素被破坏。种子如果贮藏不妥，其中的油脂酸败后，种子也会失去发芽能力。

油脂中游离脂肪酸含量常与油脂品质有关。油脂中游离脂肪酸含量常用酸值表示。中和 1g 油脂中的游离脂肪酸所需氢氧化钾的质量，叫作该油脂的酸值。各种油脂都含有少量游离脂肪酸，但油脂酸败后，游离脂肪酸就增多。所以，酸值低的油脂品质较好，酸值大于 6 的油脂不宜食用。为了防止酸败，油脂应置于密闭容器中，并保存在阴凉、干燥和避光的地方，还可加入一些抗氧化剂（极易被氧化的物质，如芝麻酚、卵磷脂、维生素 E 等）。

（4）干化作用　有些植物油（如桐油）在空气中可以生成一层坚韧且富有弹性的薄膜，这种现象叫油的干化作用。油的干化是一个很复杂的过程，其本质至今尚未完全了解，可认为与油脂分子中所含具有共轭双键的不饱和脂肪酸在氧的催化下发生聚合作用有关。如桐油组分中的桐酸含有较容易发生聚合作用的共轭双键，因此桐油干燥速度快。也可能是由于氧作用于不饱和脂肪酸的双键，而使油脂分子通过氧原子结合起来构成网状结构，最终形成薄膜。

具有干化作用的油叫干性油，没有干化作用的油叫非干性油，介于二者之间的叫半干性油。这三类油可以用碘值来区分：

干性油　　碘值在 130 以上，如桐油。

半干性油　碘值在 100～130，如棉籽油。

非干性油　碘值在 100 以下，如花生油。

三、肥皂与表面活性剂

1. 肥皂与乳化作用

常用的肥皂含有 70%高级脂肪酸钠、30%的水分和泡沫剂（如松香酸钠等）。高级脂肪酸的钾盐不能凝成硬块，叫作软皂。肥皂去油垢作用是由高级脂肪酸钠的分子结构决定的。高级脂肪酸钠分子可分成两部分，一部分是—COONa，它是易溶于水的亲水基，使肥皂具有水溶性；另一部分烃基则是不易溶于水而易溶于非极性物质的疏水基。

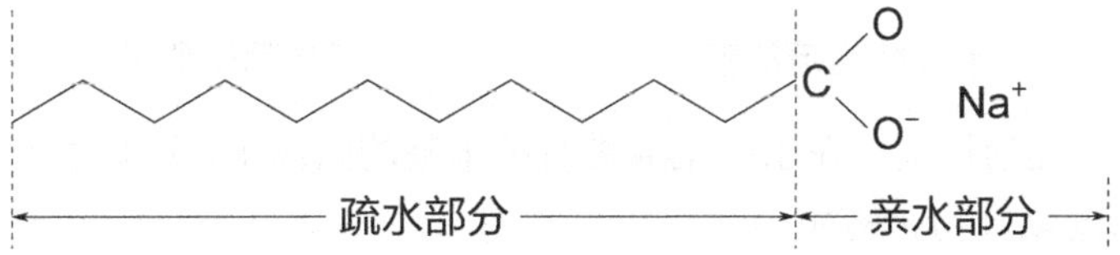

当肥皂分子进入水中时，因烃基与水相斥而彼此靠范德华引力聚集在一起，于是很多分子就聚成一个小的团粒，羧基负离子向外，烃基向内。其切面如图 18-1 所示。

当用肥皂洗涤衣裳遇到油垢时，经搅动或揉搓，肥皂分子中的烃基就溶于油中，而羧基部分则被留在油珠外面，这样每个油珠外面都被许多肥皂分子的亲水基包围，形成了一个硕大的离子团，彼此相斥而悬浮于水中，形成稳定的乳浊液，这种现象叫乳化，如图 18-2 所示。

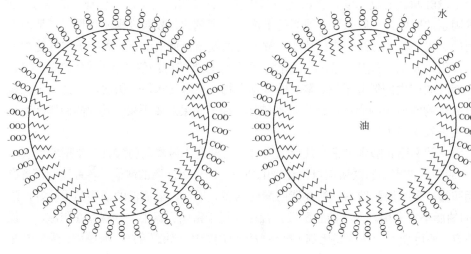

图 18-1　肥皂分子小的团粒　　　　　　图 18-2　肥皂的乳化作用

凡是具有乳化作用的物质都叫作乳化剂，是表面活性剂中的一类。

肥皂是弱酸盐，遇强酸后便游离出高级脂肪酸而失去乳化剂的效能，因而肥皂不能在酸性溶液中使用。肥皂还能将硬水中的 Ca^{2+}、Mg^{2+} 转化为不溶性高级脂肪酸的钙盐或镁盐，而失去乳化剂的作用。可见，肥皂的应用有一定的限制。同时，制造肥皂还需消耗天然油脂。所以近几年来，广泛采用表面活性剂。

2. 表面活性剂

表面活性剂是能降低液体表面张力的物质。从结构来说，表面活性剂分子中必须含有亲水基团和疏水基团。按用途可分为乳化剂、润湿剂、起泡剂、洗涤剂、分散剂等。表面活性剂可分为离子型和非离子型表面活性剂，离子型表面活性剂又分阳离子和阴离子表面活性剂。

（1）阴离子表面活性剂　在水中离解成离子，起表面活性作用的基团为阴离子。肥皂就属于这一类型，它的疏水基 R 包含于阴离子 R—COO⁻ 中。此外，还有日常使用的合成洗涤剂，如烷基苯磺酸钠、烷基硫酸酯的钠盐（俗称烷基硫酸钠）等。它们在水中都能生成 RSO_3^-、$ROSO_3^-$ 等带有疏水基的阴离子。

$$CH_3(CH_2)_{10}CH_2OSO_3^-Na^+ \qquad\qquad R-\!\!\!\bigcirc\!\!\!-SO_3^-Na^+$$

十二烷基硫酸钠　　　　　　　　　　烷基苯磺酸钠

（2）阳离子表面活性剂　在水中生成带有疏水基的阳离子，这类主要有季铵盐，也有某些含硫或含磷的化合物。例如：

溴化二甲基-苄基-十二烷基铵(新洁尔灭)　　　溴化二甲基-苯氧乙基-十二烷基铵(杜灭芬)

上述化合物除有乳化作用外，还有较强的杀菌力，因此也可作杀菌剂及消毒剂。如杜灭芬可用于预防和治疗口腔炎和咽炎等。

（3）非离子型表面活性剂　这些表面活性剂在水中不形成离子，其亲水部分含有多个羟基或醚键，可使分子具有足够的亲水性。如：

$$C_{12}H_{25}\!-\!O\!-\!(CH_2CH_2O)_n\!-\!H$$

$$C_{15}H_{31}COOCH_2\!-\!\underset{\underset{CH_2OH}{|}}{\overset{\overset{CH_2OH}{|}}{C}}\!-\!CH_2OH$$

聚氧乙烯十二烷基醚　　　　　　单软脂酸季戊四醇酯

非离子型表面活性剂的乳化性能和洗涤效果都较好，也不受酸性溶液和硬水中 Mg^{2+}、Ca^{2+} 的影响，是目前使用较多的洗涤剂。

表面活性剂也广泛应用于农业生产之中，在稀释农药、植物生长调节剂时常用表面活性剂起乳化作用。另外，在食品工业、医药等方面也有广泛的用途。

表面活性剂的起源与发展

表面活性剂的起源要追溯到公元前 2500 年至公元前 1850 年，人们用羊油和草木灰制造肥皂。羊油的主要成分为三羧酸酯简称三甘酯，经碱水解皂化，生成羧酸盐＋单甘酯＋二甘酯＋甘油，与肥皂的成分相似。19 世纪中叶，肥皂开始实现工业化大生产，同时也出现了化学合成的表面活性剂。

中国的表面活性剂和合成洗涤剂工业起始于 20 世纪 50 年代，尽管起步较晚，但发展较快。1995 年洗涤用品总量已达到 310 万吨，仅次于美国，排名世界第二位。其中，合成洗涤剂的生产量从 1980 年的 40 万吨上升到 1995 年的 230 万吨，净增 4.7 倍，并以年平均增长率大于 10%的速度增长。至 2012 年，合成洗涤剂产量基本趋于稳定。近年来，消费者对生活品质追求的日益增加，洗涤剂更新换代较快，一些配方陈旧、洗涤效果不佳、污染较严重的洗涤剂逐渐停产。因此，2016～2021 年，中国合成洗涤剂产量总体呈现下降趋势。据统计数据，2021 年，中国合成洗涤剂产量为 1037.7 万吨，同比下降 9.7%。

表面活性物质或表面活性剂的应用很广泛，除了洗涤和采油之外，它还用于矿物浮选，使矿物与岩石分离。用于除草剂、杀虫剂、杀菌剂等的喷雾操作，使农药药液的润湿性、渗透性更好。在食品工业中，用于防止香精油从饮料、冰淇淋中分离。用于电镀工业，使电镀液能更好地润湿镀件。在建筑工业中，往砂浆中加入少量表面活性剂，能使砂浆更好地与砖接触，更容易在砖面上展开。在油漆工业中，使高分子涂料与颜料能均匀混合。用于化妆品，能防止乳状液分为两层。在金属铸造中，使模具与铸件易于分离。用作防止腐蚀剂，在石油运输中，使输油管内壁形成保护膜。

目前，表面活性剂的发展趋势可以概括为以下几点：表面活性剂要高效、多功能，除清洁外，还要有抑菌、杀菌、滋润皮肤等作用，并应不断开发新产品。化妆用表面活性剂就是近年来新开发出的，它对产品的要求严格，如抗衰老、皮肤保湿、去皱、增白等。化妆品通过皮肤的吸收后会影响机体的新陈代谢，达到美容效果。耐硬水、低温洗涤效果好、浓缩的表面活性剂洗涤用品也是一个发展方向，这包括浓缩洗衣粉和浓缩液体洗涤剂。

在新世纪，人们将会进一步拓宽其应用领域。除在造纸、食品、建筑、交通、水处理和农业等方面开发应用之外，还会大力开发其在纺织和能源方面的应用。我国每加工 100kg 纤维耗助剂 4 千克，而国际先进水平为每加工 100kg 纤维耗助剂 7kg。

2018 年，我国化纤产量已跃升到 5011 万吨，占世界化纤总量的比重超过 70%，化纤工业强国的地位初步显现。所以，纺织助剂依然是表面活性剂工业应用的一个重点。能源工业将成为我国表面活性剂应用的另一热点，特别是在采油和重油远距离输送方面。另外，表面活性剂在材料科学、能源科学、环境科学、生命科学及信息科学方面也将得到应用。如表面活性剂在含酚、含锌、含铜、含汞、含铬废水处理中的应用，也可应用于纳米材料的制备和分子筛孔径的调节。总之，拓宽表面活性剂的应用领域，探索其在高新技术领域中的应用，将成为我国表面活性剂行业的热门课题。

但是，表面活性剂在给人们的生活和工农业生产带来极大便利的同时，也给我们的环境带来了污染。据有关方面报道，我国的江湖，如淮河、辽河、松花江、巢湖、太湖、滇池的水污染已直接影响到人们的生活。其中，滇池污染已经证明是居民大量使用含磷洗涤剂造成的，水质受到严重影响，清澈透明的湖水变得乌黑。由于人们环保意识的不断提高，与人们生活息息相关，渗透到国民经济各个部门的表面活性剂工业，无论是生产还是使用过程中都涉及环境友好问题。对人体刺激小、易生物降解的绿色表面活性剂也是未来亟待深入研究的方向。

第二节　类脂化合物

一、磷脂

磷脂广泛存在于植物种子和动物的脑、卵、肝及微生物体中。根据磷脂的组成和结构可把它分为磷酸甘油酯和神经鞘磷脂两大类。磷酸甘油酯种类很多，最重要的是卵磷脂和脑磷脂。

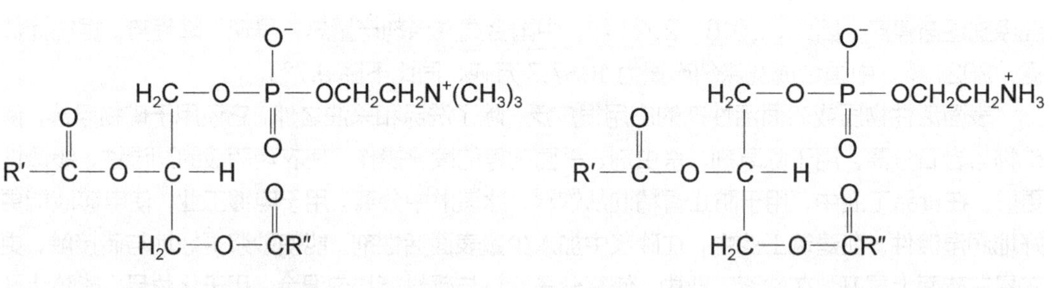

L-α-卵磷脂　　　　　　　　　　　　L-α-脑磷脂

卵磷脂水解得到甘油、脂肪酸、磷酸和胆碱。脑磷脂水解得到甘油、脂肪酸、磷酸和胆胺。在卵磷脂和脑磷脂分子中，磷酸还有一个可离解的氢，而胆碱和胆胺都为碱性基团，因此它们都以内盐形式存在。

磷酸与甘油 α-碳上的羟基生成的酯叫作 α-磷脂。磷酸与甘油 β-碳上的羟基生成的酯

叫作 β-磷脂。此外，在磷脂中，甘油部分的 β-碳原子是手性碳原子，手性碳上的酯基在左侧的是 L-构型，相反是 D-构型。天然磷脂主要是 L-构型。

另一类重要的磷脂是神经鞘磷脂，简称鞘磷脂。它是由磷酸、胆碱、脂肪酸和鞘氨醇组成的：

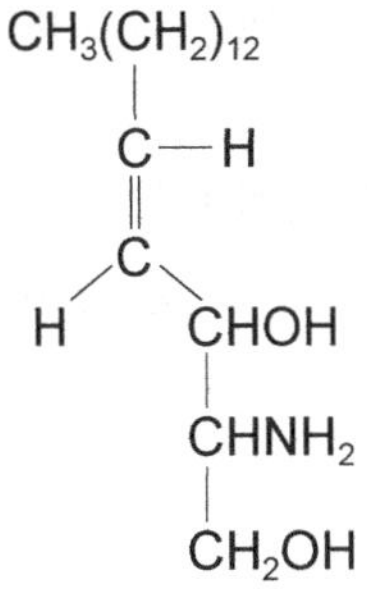

鞘氨醇 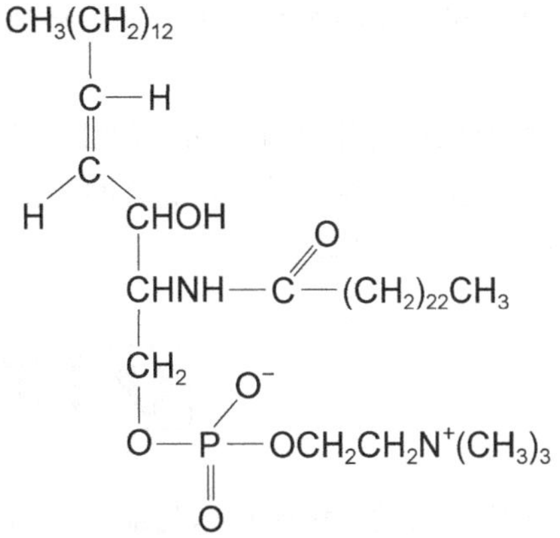　　　　　　　　　　神经鞘磷脂

鞘磷脂主要存在于动物脑和神经组织中，它与蛋白质、多糖构成神经纤维或轴索的保护层。

磷脂分子中同时存在着疏水基（脂肪烃基部分）和亲水基（兼性离子部分），因此它们是良好的乳化剂，在细胞中起着重要的生理作用。磷脂可溶于水及某些有机溶剂，但不溶于丙酮，利用此特征可将其和其他脂类分开。

磷脂分子中都含有酯键，因此它们都能水解。如果磷脂分子中含有不饱和脂肪酸时，也能发生加成和氧化反应等。

二、蜡

蜡广泛存在于动、植物界，它是高级脂肪酸与高级一元醇生成的酯。蜡按其来源分为植物蜡和动物蜡两类。植物蜡存在于植物的叶、茎和果实的表面，是防止细菌侵害和水分散失的保护层。动物蜡存在于动物的分泌腺、皮肤、毛皮、羽毛和昆虫外骨骼的表面，也起保护作用。几种常见的蜡见表 18-5。

表 18-5　几种常见的蜡

名称	熔点/℃	主要组分	来源
虫白蜡	81.3~84	$C_{25}H_{51}COOC_{26}H_{53}$	白蜡虫
蜂蜡	62~65	$C_{15}H_{31}COOC_{30}H_{61}$	蜜蜂腹部
鲸蜡	42~45	$C_{25}H_{51}COOC_{16}H_{33}$	鲸鱼头部
巴西棕榈蜡	83~86	$C_{25}H_{51}COOC_{30}H_{61}$	巴西棕榈叶

组成蜡的脂肪酸和醇都在十六个碳以上，且含偶数碳原子，最常见的是软脂酸、二十六酸，十六醇、二十六醇、三十醇等。

虫白蜡又叫虫蜡，是寄生在女贞树上白蜡虫的分泌物。虫白蜡是我国的特产，主要产地是四川。

　　羊毛脂是脂肪酸和羊毛甾醇形成的酯，它是羊毛上存在的油状物，由于它容易吸收水分，并有乳化作用，所以常用于化妆品工业。

　　在常温下蜡为固态，比脂肪硬而脆，不溶于水，可溶于非极性有机溶剂，化学性质稳定。蜡在工业上可用作纺织品的上光剂，是制造蜡纸、膏药基质、蜡烛、化妆品和药丸壳的原料。

　　由于植物及昆虫的体表有一蜡层，因此施用农药时应选用脂溶性药剂。强碱性的松脂合剂对多种介壳虫、橘蚜、苹果叶螨等的防治效果较好，其原因之一是它对蜡有溶解腐蚀作用，药液容易进入虫体。

▽【习题】

　　18-1　从化学角度来说明什么是酯、油脂、类脂化合物，说一说它们的区别和联系。

　　18-2　单纯甘油酯是纯净物还是混合物？混合甘油酯呢？为什么？

　　18-3　动物油与植物油哪一种更容易在储存时酸败？为什么？如何防止？

第十九章
氨基酸与蛋白质

知识目标

1. 了解氨基酸的结构与性质。
2. 了解蛋白质的结构与性质。
3. 掌握氨基酸和蛋白质的鉴别方法。
4. 掌握氨基酸和蛋白质性质的区别和联系。

技能目标

1. 能利用氨基酸的等电点性质来区分不同的氨基酸。
2. 能利用化学方法来鉴别蛋白质。
3. 能利用氨基酸、蛋白质性质来解释实际问题。

第一节　氨基酸

一、氨基酸的分类与命名

　　羧酸分子中羟基上的一个或几个氢原子被氨基取代的化合物叫作氨基酸。它们是构成蛋白质分子的基础。氨基酸目前已知的已超过 200 种，但在生物体内作为合成蛋白质原料的只有 20 种。

1. 分类

　　（1）按氨基与羧基的相对位置分类　　氨基酸可分为 α-氨基酸、β-氨基酸、γ-氨基酸。如：

$$NH_2CH_2COOH \quad \alpha\text{-氨基乙酸（甘氨酸）}$$
$$NH_2CH_2CH_2COOH \quad \beta\text{-氨基丙酸（丙氨酸）}$$

　　（2）按氨基与羧基的数目分类　　可分为中性氨基酸（氨基数目＝羧基数目）、酸性氨基酸（氨基数目<羧基数目）、碱性氨基酸（氨基数目>羧基数目）。

2. 命名

氨基酸可以按照系统命名法，以羧酸为母体，氨基为取代基来命名。但 α-氨基酸通常按其来源或性质所得的俗名来称呼。例如：

$$NH_2CH_2COOH \quad \alpha\text{-氨基乙酸（甘氨酸）}$$

$$NH_2CH_2CH_2COOH \quad \beta\text{-氨基丙酸（丙氨酸）}$$

$$HOOC\text{—}CH_2\text{—}CH_2\text{—}CH(NH_2)\text{—}COOH \quad \alpha\text{-氨基戊二酸（谷氨酸）}$$

$$NH_2CH_2CH_2CH_2CH_2CH(NH_2)COOH \quad \alpha,\varepsilon\text{-二氨基己酸（赖氨酸）}$$

二、氨基酸的性质

1. 物理性质

氨基酸为无色晶体，熔点较高，易溶于水，不溶于醚等非极性有机溶剂，加热至熔点则分解。这些性质与一般的有机物是有较大区别的。

2. 化学性质

（1）氨基酸的酸碱性和等电点

① 酸碱性。氨基酸分子中的氨基是呈碱性的，而羧基是呈酸性的，因而氨基酸既能与酸反应，也能与碱反应，是一个两性化合物。

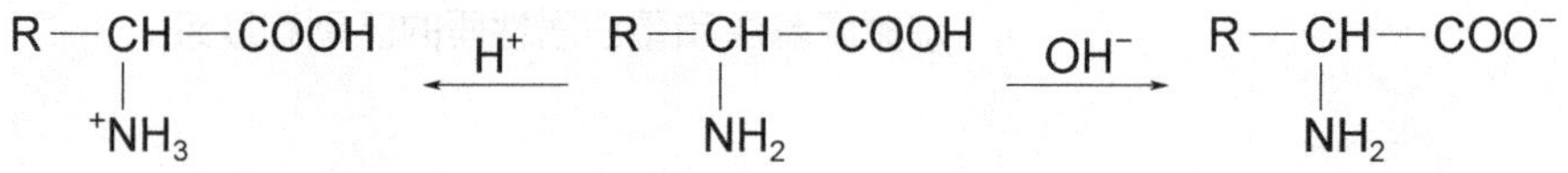

氨基酸在一般情况下不是以游离的羧基或氨基存在的，而是两性电离，在固态或水溶液中形成内盐。

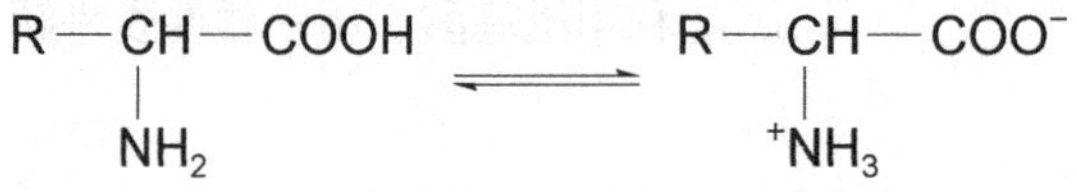

② 等电点。氨基酸在某一特定的 pH 值时完全以兼性离子形式存在，正、负离子的浓度完全相等，即净电荷等于零，在电场中不移向任何一极，这时溶液的 pH 值称为该氨基酸的等电点。

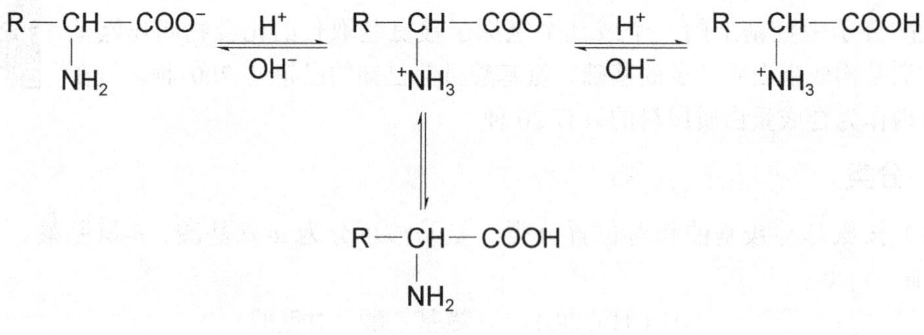

不同的氨基酸有不同的等电点，等电点时，以两性离子形式存在的氨基酸浓度最大（在水溶液中），氨基酸的溶解度最小，所以可以通过测定氨基酸的等电点来鉴别氨基酸。

中性氨基酸的等电点：$pH = 6.2 \sim 6.8$

酸性氨基酸的等电点：pH = 2.8～3.2

碱性氨基酸的等电点：pH = 7.6～10.8

（2）氨基酸与水合茚三酮反应　凡是有游离氨基的氨基酸都可以和茚三酮发生呈蓝紫色的反应。该反应十分灵敏，所以常用水合茚三酮显色剂定性鉴定 α-氨基酸。同时由于生成的蓝紫色溶液在 570nm 有强吸收峰，其强度与参加反应氨基酸的量成正比，因而也可以定量测定 α-氨基酸的含量。

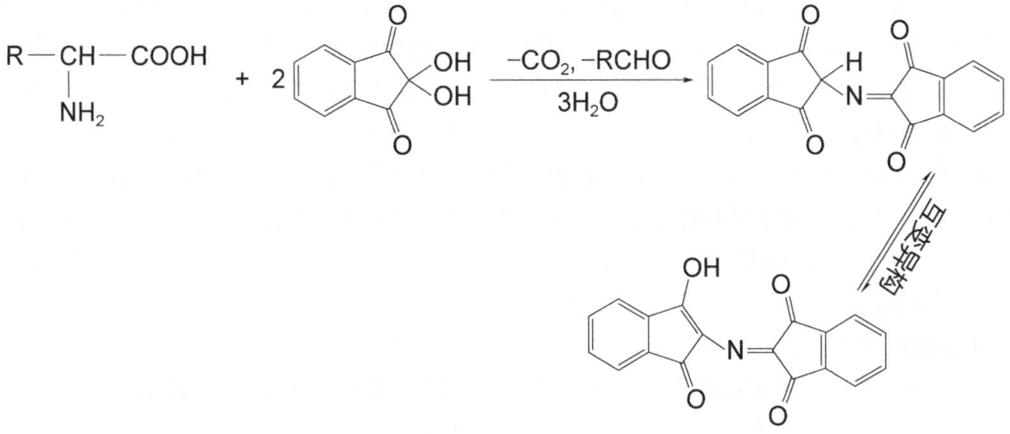

$$R-\overset{\underset{|}{NH_2}}{C}H-COOH + 2 \overset{\text{茚三酮}}{\underset{}{}} \xrightarrow[3H_2O]{-CO_2,-RCHO} \text{蓝紫色}$$

蓝紫色

（3）氨基酸与亚硝酸钠反应　α-氨基酸中的氨基与亚硝酸钠作用时可放出氮气：

$$R-\overset{\underset{|}{NH_2}}{C}H-COOH \xrightarrow{HNO_2} R-\overset{\underset{|}{OH}}{C}H-COOH + H_2O + N_2\uparrow$$

在标准状态下测定所生成的氮气体积，便可计算出分子中氨基的含量。这个方法叫作范斯莱克氨基氮测定法。

（4）氨基酸与甲醛反应　氨基酸分子在水溶液中是以兼性离子状态存在，故不能用酸碱滴定法测定其含量。如果向氨基酸水溶液中加入甲醛，则其氨基与甲醛的羰基发生加成反应，释放 H^+：

$$R-\overset{\underset{|}{^+NH_3}}{C}H-COO^- + 2HCHO \longrightarrow R-\overset{\underset{|}{N(CH_2OH)_2}}{C}H-COO^- + H^+$$

以酚酞作指示剂，用氢氧化钠滴定可间接测定氨基的含量。

 实验 19-1：氨基酸的分离鉴定——纸色谱法

【实验目的】

1. 学习运用纸色谱法分离混合物的基本原理。

2. 掌握纸色谱的操作方法。

3. 掌握氨基酸分离的基本原理及方法。

4. 能正确操作纸色谱法来分析待测样品的氨基酸成分。

5. 能根据 R_f 值来正确分辨氨基酸种类。

6. 能正确处理实验废液。

【仪器及试剂】

仪器和器皿：大烧杯（1 个）、毛细管（10 支）、喷雾器（公用）、培养皿（1 个）、色谱滤纸（2 张）、烘箱、镊子（1 把）、刻度尺、铅笔、针线、手套（1 副）。

试剂：扩展剂（是 4 份水饱和的正丁醇和 1 份醋酸的混合物；将 20mL 正丁醇和 5mL 冰醋酸放入分液漏斗中，与 15mL 水混合，充分振荡，静置后分层，放出下层水层）；氨基酸溶液：0.5% 缬氨酸、0.5% 组氨酸、0.5% 谷氨酸、0.5% 亮氨酸、0.5% 甘氨酸溶液（分别称取上述 5 种氨基酸各 0.5g，分别溶于 20mL 蒸馏水中，测其 pH 值并用 5%KOH 或 1mol/LHCl 调至中性，然后用 pH = 7.4 0.01mol/L 磷酸缓冲液稀释至 100mL；pH = 7.4 时 Na_2HPO_4 溶液与 NaH_2PO_4 溶液的体积比为 81 : 19）；样品 1（用等量的组氨酸、谷氨酸、亮氨酸溶液混合）；样品 2（用等量的缬氨酸、甘氨酸溶液混合）；显色剂（50~100mL），0.5% 水合茚三酮正丁醇溶液。

【实验原理】

纸色谱从色谱原理来讲属于分配色谱，它是以纸作固定相的载体，纸纤维上的羟基具有亲水性，因此滤纸吸附的水作为固定相，而通常把有机溶剂作为流动相。

将样品点在滤纸上（此点称为原点）进行展开，样品中的各种溶质（如氨基酸）即在两相溶剂中不断进行分配。由于它们的分配系数不同，因此不同的溶质随流动相移动的速率不等，于是就将这些溶质分离开来，形成距原点不等的色谱点。

溶质在滤纸上的移动速率用 R_f 值表示：

$$R_f = 原点到色谱点中心的距离/原点到溶剂前沿的距离$$

只要条件（如温度、展开溶剂的组成、滤纸的质量等）不变，R_f 值是常数，故可根据 R_f 值作定性分析。无色物质的纸色谱图谱可用显色法鉴定，氨基酸纸色谱图谱常用茚三酮作为显色剂。

【操作步骤】

1. 检查

检查培养皿是否干燥、洁净；若否，将其洗净并置于干燥箱内 100℃ 烘干。

2. 平衡

剪一大块塑料薄膜铺在桌面上，将大烧杯倒置于塑料薄膜上，再把盛有约 20mL 展层溶液的培养皿置于倒置的大烧杯中，用塑料薄膜密封起来，平衡 20min。

3. 规划

戴上手套，取长 20cm、宽 14cm 的色谱滤纸一张，在滤纸的一端距边缘 2~3cm 处用铅笔划一条直线，在此直线上每间隔 2cm 做一记号，等待点样。

4. 点样

用毛细管将各氨基酸样液分别点在 7 个位置上，注意一定要每个点用一个毛细管，避免混用污染。样点干燥后再点 2~3 次，每点在滤纸上的扩散直径范围以在 3mm 内为最佳。

5. 扩展

用针、线将滤纸缝成筒状，纸的两侧边缘不能接触且要保持平行。向培养皿中加入扩展剂，使其液面高度达到 1cm 左右，将点好样的滤纸筒直立于培养皿中（点样的一端在下，扩展剂的液面在 A 线下约 1cm），罩上大烧杯，仍用塑料薄膜密封。

6. 色谱

待溶剂上升至距离滤纸上端 2cm 左右时取出滤纸，用铅笔在溶剂前沿划一边界线，自然干燥溶剂。

7. 显色

用喷雾器均匀喷上 0.5%茚三酮正丁醇溶液，然后置 100℃烘箱烘烤 5min 即可显出各色谱点。

8. 计算

计算出缬氨酸、组氨酸、谷氨酸、亮氨酸、甘氨酸的 R 值，并分析样品 1 和样品 2 中各含有哪些氨基酸。

第二节　蛋白质

蛋白质是存在于一切细胞中的高分子化合物之一，它们在机体中承担着各种各样的生理与机械功能。如：

酶（球蛋白）——机体内起催化作用；

激素（蛋白质及其衍生物）——调节代谢；

血红蛋白——运输 O_2 和 CO_2；

抗原抗体——免疫作用。

蛋白质主要由 C、H、O、N、S 等元素组成，有些还含有 P、Fe、I 等元素。蛋白质基本上是由数百个甚至数千个氨基酸所构成。水解后只生成多种 α-氨基酸的，叫单纯蛋白质（如卵白蛋白、血清球蛋白、米精蛋白等）。

一、蛋白质的分类及功能

1. 蛋白质的分类

按溶解度分类：一类是不溶于水的纤维状蛋白质；另一类是能溶于水、酸、碱或盐溶液的球状蛋白质。

① 纤维状蛋白质的分子形状是一条条线状的，分子中的多肽链扭在一起或平行并列，且以氢键互相连接着。这类蛋白质在水中不能溶解。纤维状蛋白质是动物组织的主要结构材料，角蛋白、骨胶原蛋白和肌蛋白都是纤维状蛋白质。其主要对机体起支撑、连接、保护作用和负责机体的机械运动。

② 球状蛋白质的分子形状是一团团球状的，它们的多肽链自身扭曲折叠成特有的球形。在折叠时，分子内某些基团之间通过氢键、二硫键或范德华引力相互作用着。分子中的疏水基团（如烃基等）分布在球形内部，而亲水基团（如—OH、—NH$_2$、—SH、—COOH 等）分布在球形表面。因此，球状蛋白质的水溶性比较大。例如酶、血红蛋白、胰岛素、蛋清蛋白等都是球状蛋白质。

2. 蛋白质的功能

一方面是起组织结构的作用。例如，角蛋白组成皮肤、肌肉等。另一方面，蛋白质起调节作用。由肌球蛋白组成的各种酶对生物化学反应起催化作用；血红蛋白在血液中负责氧气的运输；胰岛素对葡萄糖的代谢起调节作用等。

二、蛋白质的结构

1. 蛋白质的一级结构

多肽链中氨基酸的组成和排列次序。

2. 蛋白质的二级结构

多肽链在空间中不是任意排布的，由于某些基团之间的氢键作用，多肽链具有一定的构象（图 19-1）。

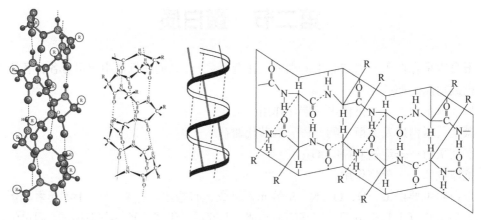

图 19-1 蛋白质的二级结构

蛋白质多肽链的二级结构主要有两种形式：一种是右螺旋型，又叫作 α-螺旋型；另一种是褶纸型，又叫作 β-褶纸型。

3. 蛋白质的三级结构

整个分子因链段的相互作用而扭曲，折叠成一定的形态。在扭折时，倾向于把亲水的极性基团露于表面，而疏水的非极性基团包在中间。肌红蛋白的空间结构如图 19-2 所示：

4. 蛋白质的四级结构

几个各具有特定 1、2、3 级结构的多肽链在一起，或者有时还和辅基在一起，再以一定的关系相结合构成蛋白质的四级结构。

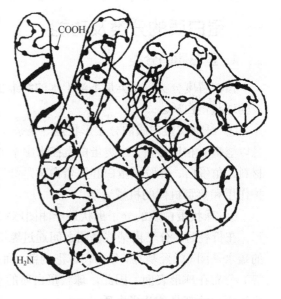

图 19-2 蛋白质的三级结构

三、蛋白质的性质

蛋白质的性质是由其组成和结构所决定的。蛋白质是由 α-氨基酸组成的，所以它具有与氨基酸某些类似的化学性质（如两性性质、等电点及某些类似的显色反应等）。但蛋白质不同于氨基酸，它是具有复杂空间结构的生物大分子，因此它又具有许多新的特性（如盐析、变性及水解等）。

1. 显色反应

（1）缩二脲反应 蛋白质分子中都有—CO—NH—CHR—CO—NH—基团，在蛋白质水溶液中加入碱和硫酸铜溶液，即产生浅红色或蓝紫色。

（2）黄色反应 分子中含有苯环的蛋白质，遇浓硝酸即显黄色，这是苯环发生硝化的缘故。黄色溶液再用碱处理，就会转为橙色。

（3）水合茚三酮反应 蛋白质溶液与水合茚三酮溶液作用，也有显色反应。详见本章第三节。

2. 蛋白质的胶体性质

溶液类型与微粒直径的关系见表 19-1。

表 19-1 溶液类型与微粒直径的关系

溶液类型	微粒直径
真溶液	<1nm
胶体溶液	1～100nm
悬浊液	>100nm

蛋白质分子的直径为 1～100nm（胶体溶液），故具有丁达尔效应，不能透过半透膜。

3. 蛋白质的水化与沉淀

（1）蛋白质的水化 维持蛋白质溶液稳定性的因素主要有：

① 蛋白质分子表面的水化膜。蛋白质分子将疏水基包在内部，亲水基在外部与水结合形成水化膜，使蛋白质分子稳定存在于溶液之中。

② 蛋白质分子所带的电荷。蛋白质分子在碱性条件下以负离子的形式存在，酸性条件下以正离子的形式存在。蛋白质分子带同种电荷相互排斥而稳定存在于溶液之中。

（2）蛋白质的沉淀 若使蛋白质分子发生沉淀，则需满足以下要求：破坏其水化膜或中和其所带电荷。

① 加脱水剂除去蛋白质表面的水化膜。

a. 盐析。向蛋白质溶液中加入高浓度的中性盐，如$(NH_4)_2SO_4$、Na_2SO_4、$NaCl$、$MgSO_4$ 等。盐析属于可逆沉淀，所以盐析出来的蛋白质还可以溶于水，不影响其性质。

b. 加入极性较强、与水亲和力较大的有机溶剂，如甲醇、乙醇、丙酮等破坏蛋白质表面的水化膜。

② 中和电荷。

a. 在碱性溶液中（pH>pI），加入重金属盐，如 Ag^+、Hg^{2+}、Cu^{2+}、Pb^{2+}（用 M^+ 表示）。

$$P\begin{array}{c}COO^- \\ NH_2\end{array} \xrightarrow{\ M^+\ } P\begin{array}{c}COO^- M^+ \\ NH_2\end{array} \downarrow$$

(pH>pI)

b．在酸性溶液中（pH<pI），加入某些生物碱试剂，如苦味酸、鞣酸、磷钨酸（用 X^- 表示）。

$$P\begin{array}{c}COOH \\ {}^+NH_3\end{array} \xrightarrow{\ X^-\ } P\begin{array}{c}COOH \\ {}^+NH_3\ X^-\end{array} \downarrow$$

(pH<pI)

4. 蛋白质的变性

在热、紫外线、超声波、酸、碱、重金属等物理因素和化学因素的作用下，蛋白质的溶解度降低，甚至凝固，使其性质发生变化，这种现象称为蛋白质的变性。例如，将溶于水中的鸡蛋白进行煮沸，则很快就出现蛋白质的凝固现象，且不再溶于水了。变性的蛋白质与天然蛋白质的性质有很大差异，主要表现为物理性质的改变、化学性质的改变以及生物活性的改变。

5. 蛋白质的水解

蛋白质容易水解，酸、碱、酶均能促进蛋白质的水解，可得到多种 α-氨基酸的混合物，如果部分水解则得到分子量较小的多肽。

蛋白质 → 多肽 → 二肽 → α-氨基酸

四、蛋白质的鉴定方法

因为蛋白质是由氨基酸所组成的，因此蛋白质分子中除了有肽键外，还有氨基酸残基的各种侧链基团，如氨基、苯基、酚基以及吲哚环等。蛋白质中肽键和侧链上这些基团能与各种不同试剂作用，生成有色产物。这些显色反应广泛应用于蛋白质的定性和定量测定。常见的蛋白质显色反应见表 19-2。

表 19-2　常见的蛋白质显色反应

反应名称	加入试剂	颜色反应	发生反应的蛋白质
水合茚三酮反应	水合茚三酮	蓝紫色	所有蛋白质
缩二脲反应	氢氧化钠、硫酸铜溶液	浅红色或蓝紫色	所有蛋白质
黄色反应	浓硝酸、再加氨水	黄色、橙色	含酪氨酸、苯丙氨酸或色氨酸蛋白质
米伦反应	硝酸、亚硝酸、硝酸汞、亚硝酸汞混合液	红色	含酪氨酸蛋白质

 实验 19-2：蛋白质的性质实验

【实验目的】

1. 了解蛋白质的两性离解性质，初步学会测定蛋白质等电点的方法。

2. 加深对蛋白质胶体分子稳定因素的认识，了解蛋白质沉淀、变性的作用原理及其相互关系。

3. 掌握蛋白质的鉴定方法。

4. 能正确判断实验现象并记录实验结果。

5. 能正确归类废液或处理废液。

【仪器及试剂】

仪器和器皿：小试管、大试管、滴管、1mL 移液管、10mL 移液管、天平、记号笔。

试剂：蒸馏水、10% 鸡蛋白溶液（体积分数）、0.1mol/L NaOH 溶液、0.01g/mLCuSO$_4$ 溶液、饱和(NH$_4$)$_2$SO$_4$ 溶液、10%三氯乙酸溶液、95%乙醇、0.01mol/L 醋酸、0.1mol/L 醋酸、1.0mol/L 醋酸、0.01%溴甲酚绿指示剂、0.5%酪蛋白醋酸钠溶液、0.1mol/L HCl 溶液。

具体配制方法：

饱和(NH$_4$)$_2$SO$_4$ 溶液：称取 377g 硫酸铵溶于 20℃ 500mL 的蒸馏水中。

0.5%酪蛋白醋酸钠溶液：称取纯酪蛋白 0.25g，置于 50mL 容量瓶中，准确加蒸馏水 20mL 及 0.1mol/L NaOH 5mL，摇匀，使酪蛋白溶解，然后准确加 1.0mol/L 醋酸 5mL，最后用蒸馏水稀释至刻度。

【实验原理】

1. 蛋白质的沉淀反应

（1）盐析：在蛋白质溶液中加入中性盐[(NH$_4$)$_2$SO$_4$、MgSO$_4$、NaCl 等]，蛋白质即沉淀析出，这种过程称为盐析。

（2）有机溶剂沉淀：极性较大的有机溶剂（如甲醇、乙醇、丙酮等）由于对水的亲和力较大，可破坏蛋白质的水化层使其沉淀。

（3）重金属沉淀：当溶液的 pH 值大于蛋白质的等电点时，蛋白质带有较多的负电荷，可与重金属离子结合生成不溶性的蛋白盐沉淀。

（4）生物碱试剂沉淀：当溶液的 pH 值小于蛋白质的等电点时，蛋白质带有较多的正电荷，可与酸（如苦味酸、钨酸、三氯乙酸、磺基水杨酸、偏磷酸等）根离子结合生成不溶性的蛋白盐沉淀。

2. 蛋白质两性性质及等电点的测定

当蛋白质离解成两性离子（其分子净电荷为零）时溶液的 pH 值称为该蛋白质的等电点。酪蛋白溶液在等电点时很不稳定，可以产生沉淀。所以，可以根据相对浊度来测定酪蛋白等电点的近似值。

【操作步骤】

1. 蛋白质的沉淀反应

（1）盐析：取 10%鸡蛋白溶液 1mL 于小试管中，加入 1mL 饱和(NH$_4$)$_2$SO$_4$溶液，混匀，静置 5min，观察现象。再在试管中加入一定量的蒸馏水，边加水边混匀，注意观察结果。

（2）乙醇沉淀：取 10%鸡蛋白溶液 1mL 于小试管中，加入 1mL95%乙醇，混匀，观察现象。

（3）重金属沉淀：取试管 1 支，加入 10%鸡蛋白溶液 1mL，再加入 0.01g/mLCuSO$_4$

若干滴，观察现象。再在试管中加入一定量的蒸馏水，边加水边混匀，注意观察结果。

（4）三氯乙酸沉淀：取试管 1 支，加入 10%鸡蛋白溶液 1mL，然后再加入 10%三氯乙酸溶液 3~5 滴，观察沉淀生成。再在试管中加入一定量的蒸馏水，边加水边混匀，注意观察结果。

2. 蛋白质两性性质及等电点的测定

（1）蛋白质两性反应

① 取 1 支试管，加入 1mL 0.5%酪蛋白醋酸钠溶液和 5~7 滴 0.01%溴甲酚绿指示剂（变色范围是 pH3.8~5.4，在酸性溶液中为黄色，在碱性溶液中为蓝色），混匀，观察溶液的颜色。

② 用滴管缓慢加入 0.1mol/L HCl 溶液，随加随摇，直到有大量沉淀产生。说明原因，并观察溶液颜色的变化。

③ 继续滴入 0.1mol/L HCl 溶液，观察沉淀和溶液颜色的变化，说明原因。

④ 再缓慢滴入 0.1mol/L NaOH 溶液，观察沉淀和溶液颜色的变化，说明原因。

（2）酪蛋白等电点的测定　取 5 支大试管，编号，按下表准确加入试剂，混匀。

试剂/mL	1	2	3	4	5
蒸馏水	8.4	8.7	8.0	8.2	7.4
0.01mol/L 醋酸	0.6	—	—	—	—
0.1mol/L 醋酸	—	0.3	1.0	—	—
1.0mol/L 醋酸	—	—	—	0.8	1.6
0.5%酪蛋白醋酸钠溶液①	1.0	1.0	1.0	1.0	1.0
溶液 pH 值	5.9	5.3	4.7	4.0	3.5
浊度比较					

①各试管加入 0.5%酪蛋白醋酸钠溶液时，应随加随摇（切勿在各管加完后才摇），观察各管的沉淀量。静置 10~30min 后，比较各管沉淀多少，以–、+、++、+++、++++符号表示沉淀的多少。沉淀最多而上清液最透明试管的 pH 值，即为酪蛋白的等电点。

【实验结果记录】

1. 蛋白质的沉淀反应

反应名称	现象
盐析	
有机溶剂沉淀	
重金属沉淀	
生物碱试剂沉淀	

2. 蛋白质两性性质及等电点的测定

反应名称	现象	原因
蛋白质的两性反应		
酪蛋白等电点的测定	酪蛋白等电点为	

【实验注意事项】

1. 本次实验内容繁多，请认真预习，做好预习报告，并严格按步骤操作。

2. 本次实验是定性实验，各种实验现象都可能发生，要细心观察。

3. 本次实验有的试剂具强腐蚀性和刺激性，操作时要多加小心。

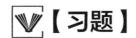 【习题】

19-1 名词解释：

（1）氨基酸的等电点；（2）蛋白质的盐析及变性；

（3）蛋白质的三级结构。

19-2 请写出两种氨基酸的定量检测方法。

第二十章

酶

1. 了解酶的本质。
2. 掌握酶的特性。
3. 掌握酶活力的定义和测定方法。
4. 了解影响酶促反应速率的因素。

1. 会计算酶活力。
2. 能根据酶的特性实验说明现象。

　　生物体在生命活动中无时无刻不在进行各种物质的分解与合成,而生物细胞内进行的这些化学反应都是在常温、常压、酸碱适中的温和条件下有条不紊地完成的。这些反应在生物体内都是在特殊的催化剂——酶的催化下完成的。酶作为生物催化剂,具有极高的催化效率、高度的专一性,易失活;其活性受调节、控制;结合蛋白酶的催化活性还与辅助因子有关。了解酶的本质和影响酶促反应速率的因素,意义重大。

　　根据酶蛋白分子结构不同,酶又分为单体酶、寡聚酶和多酶复合体。近年来还发现了以 RNA 为主要成分、具催化活性的核酶。酶分为六大类,有系统名和惯用名。酶与底物形成中间产物而使反应沿一个低活化能途径进行,酶活性中心中的底物结合部位决定酶的专一性,催化部位决定催化活性和效率。无催化活性的酶原经蛋白酶水解断裂几处肽键,并去除几个肽段后形成活性中心而具有了催化活性。酶促反应动力学是研究底物浓度、pH、温度、激活剂和抑制剂等对酶促反应的影响。米氏方程是反映底物浓度($[S]$)和反应速度(V)之间关系的动力学方程。米氏常数(K_m)是酶的特定常数,可用来表示酶与底物的亲和力。K_m 与 $[S]$ 和 $[E]$ 无关而受 T 和 pH 影响,竞争性抑制剂使表观 K_m 增大,非竞争性抑制剂 K_m 不变。酶量的多少及活性高低常以"酶活"表示,其单位为"U"。

第一节　酶的本质和特性

生命的主要特征是不断地进行新陈代谢，由为数众多各式各样的化学反应组成。在这些化学反应中，包含着复杂而有规律的物质变化和能量变化。比较生物体内与在实验室非生物条件下进行的同种反应，就会发现，在实验室中需要高温、高压、强酸、强碱等剧烈条件下才能进行的反应，在生物体内则是在一个极温和的条件下（温和的温度和接近中性 pH）就能顺利和迅速地进行。其中的奥妙就在于生物体内含有一类特殊的催化剂，这就是"酶"。

一、酶的本质

1. 酶的化学本质

自然界中大部分酶的本质是蛋白质，但是蛋白质不是生物催化领域中唯一的物质，有些 RNA 分子也具有催化能力，即以 RNA 为主要成分、具催化活性的核酶。而目前，通常意义上的酶主要指化学本质为蛋白质的酶，本章也主要介绍蛋白质酶。

知识链接

酶的化学本质

酶的化学本质问题在历史上曾引起长时间激烈的争论，自从 1926 年 Sumner 从刀豆中提取出脲酶制成结晶并证明它是蛋白质后，这一历时十年的争论才告结束。此后，又有科学家提取了胃蛋白酶、胰蛋白酶和糜蛋白酶结晶。目前很多分离技术的建立已使结晶酶变得容易，从而为研究酶的化学本质和分子结构，进而研究酶的作用机理提供了条件。蛋白质所具备的一系列特性，酶均具有；另外，酶可以被蛋白酶水解而丧失活性。1969 年人工合成了牛胰核糖核酸酶，这些都证明酶是蛋白质。

而近年来一些实验指出，某些 RNA 分子也具有催化活性，例如 1981 年 T. Cech 发现四膜虫的 26 SrRNA 具有自我拼接的催化活性。1983 年底，S. Altman 和 N. R. Pace 发现在将 RNase P（由 20% 蛋白质和 80% RNA 组成）的蛋白质组分除去后，其余下来的 RNA 部分具有与全酶相同的催化活性——对 *Escherichia coli* 的 tRNA 前体进行加工。R. Symons 发现具有锤头结构的 RNA 有催化活性，并人工合成了许多 RNA 催化剂。把上述这些有催化活性的 RNA 命名为 "ribozyme"。ribozyme 的发现突破了酶的化学本质都是蛋白质这一传统观念，迄今已发现几十种 ribozyme。

2. 酶的组成

酶是由生物细胞产生的，以蛋白质为主要成分的生物催化剂。按其组分可以分为单纯蛋白酶和结合蛋白酶两大类。

（1）单纯蛋白酶　单纯蛋白酶不包含非蛋白质组分，水解的最终产物只有氨基酸，又称单成分酶，如脲酶、淀粉酶、蛋白酶、脂肪酶、核糖核酸酶等。

（2）结合蛋白酶　由蛋白质和其他非蛋白质组分结合在一起才表现催化活性的酶叫作

结合蛋白酶。这类酶水解后除得到氨基酸外，还有非氨基酸类物质，又称为双成分酶，如转氨酶、过氧化氢酶、细胞色素氧化酶、乳酸脱氢酶等。结合蛋白酶的蛋白质组分称为酶蛋白，非蛋白质组分称为辅助因子。酶蛋白与辅助因子结合在一起称为全酶。

全酶＝酶蛋白＋辅助因子

结合蛋白酶的酶蛋白和辅助因子各自单独存在时都没有催化活性，只有二者结合为全酶后才具有催化活性。其中，酶蛋白决定酶对底物的专一性和催化的高效率，辅助因子则决定催化反应的类型及参与电子、原子或某些基团的传递过程。

结合蛋白酶的辅助因子，包括小分子有机化合物和金属离子。根据辅助因子与酶蛋白的结合程度可以分为两类，把与酶蛋白结合得紧密，不易用透析等方法除去的辅助因子叫作辅基；把与酶蛋白结合得疏松，易用透析等方法除去的辅助因子叫作辅酶，但辅酶和辅基并无严格区别。在生物体内酶蛋白的种类很多，而辅酶或辅基的种类并不多。一种酶蛋白通常只与一种辅酶或辅基结合，构成一种酶；而一种辅酶或辅基却往往能与多种不同的酶蛋白结合，构成多种专一性不同的酶。

二、酶的分类和命名

1. 分类

1961 年国际酶学委员会按照酶所催化的反应类型不同，把酶分为六大类。

（1）氧化还原酶类　催化氧化还原反应的酶叫作氧化还原酶。例如，乳酸脱氢酶、细胞色素氧化酶等。

（2）转移酶类　催化分子间基团转移的酶叫作转移酶，例如，谷丙转氨酶、烟酰胺转甲基酶等。

（3）水解酶类　催化水解反应的酶叫作水解酶。例如，蔗糖酶、淀粉酶、脂肪酶、蛋白酶等。

（4）裂合酶类　催化非水解除去底物分子中的基团及其逆反应的酶叫作裂合酶。例如，脱羧酶、醛缩酶等。

（5）异构酶类　催化同分异构体之间互相转变的酶叫作异构酶。例如，磷酸己糖异构酶、磷酸甘油酸变位酶等。

（6）合成酶类　催化与 ATP 的一个焦磷酸键断裂相偶联，使两个分子结合成一个分子的酶叫作合成酶。例如，谷氨酰胺合成酶、丙酮酸氧化酶等。

2. 命名

（1）习惯命名法　酶的名称常用习惯命名法。习惯命名有以下几种类型：根据被作用的底物命名，如淀粉酶、蛋白酶等；根据催化反应的性质命名，如脱氢酶、转移酶等；将酶的作用底物和催化反应的性质结合起来命名，如丙酮酸脱羧酶等；将酶的来源与作用底物结合起来命名；将酶作用的最适 pH 和作用底物结合起来命名。

（2）系统命名法　酶的系统命名由两部分组成：酶所作用的底物名称及酶所催化反应的类型。例如，L-乳酸：NAD^+氧化还原酶。每一种酶都有其 4 个数字的分类编号：

系统编号——EC·1·1·1·1

其中，EC 表示国际酶学委员会；第一个数字表示酶所属的大类（1～6 大类）；第二个数字表示酶在该大类中所属的亚类；第三个数字表示酶所属的次亚类；第四个数字表示酶在所属次亚类中的流水编号。

例如，EC•1•1•1•27 乳酸脱氢酶，表示该酶为氧化还原酶类，底物上发生氧化的供体基团是醇基（亚类），氢的受体是 NAD^+（次亚类），流水编号为 27。

三、酶的特性

和一般催化剂一样，酶只能催化热力学上允许进行的反应。在反应中其本身不被消耗，因此有极少量就可大大加速化学反应的进行。酶对化学反应正逆两个方向的催化作用是相同的，可以缩短反应平衡点到达的时间而不改变反应的平衡点，即催化剂的使用不影响反应的平衡常数。

1. 酶的催化特性

和一般催化剂比较，酶又有其不同之处：

（1）酶的催化反应条件温和　酶能在常温、常压和 pH 近中性的条件下起催化作用，这是酶作为生物催化剂所必备的条件。

（2）酶具有极高的催化效率　同一反应，酶催化反应的速度比非酶催化反应高 10^8～10^{20} 倍，例如在 20℃下，脲酶水解脲的速率比在微酸水溶液中的反应速率增大 10^{18} 倍。在相同条件下，Fe^{3+}、血红蛋白和过氧化氢酶催化过氧化氢的分解，反应速度分别为 6×10^{-4} mol/s、6×10^{-1} mol/s 和 6×10^6 mol/s。可见过氧化氢酶的催化效果比 Fe^{3+} 和血红蛋白分别高出 10 个和 7 个数量级。

（3）酶的催化作用具有高度专一性　酶只能作用于某一化合物（或结构相似的一类化合物）发生一定的反应，即酶对底物和所催化的反应都有严格的选择性。例如，酸可催化蛋白质、脂肪、纤维素的水解，而蛋白酶只能催化蛋白质的水解，脂肪酶只能催化脂肪的水解，纤维素酶只能催化纤维素的水解。

（4）酶易失活　酶是蛋白质，凡是能使蛋白质变性的因素，如高温、强酸、强碱、重金属等都能使酶丧失活性。同时酶也常因温度、pH 等轻微改变或抑制剂的存在使其活性发生变化。

（5）酶的催化活性受到调节、控制　酶作为细胞蛋白质组成成分，随生长发育，不断进行自我更新和组分变化，其催化活性又极易受环境条件的影响发生变化，因此生物体是通过多种机制和形式对酶活性进行调节和控制，使极其复杂的代谢活动不断有条不紊地进行。

（6）有些酶的催化活性与辅助因子有关　有些酶是复合蛋白质，由酶蛋白和非蛋白小分子物质组成，后者称为辅助因子，若将它们除去，酶则失去活性。

2. 酶的专一性

酶对底物及催化反应的选择性都是十分严格的，一种酶仅能作用于一种物质或一类结构相似的物质，促其发生一定的化学反应。这种两个方向的选择性称为酶的专一性。不同的酶所表现的专一性在程度上有很大差别，主要取决于酶活性中心的构象和性质。

（1）相对专一性　各种酶对于底物结构的专一性要求是不同的。有的作用对象不止一种底物，这种专一性称为"相对专一性"。其又分为"键专一性"和"基团专一性"。"键专一性"的酶，只要求作用于一定的键，而对键两端的基团并无严格的要求。例如酯酶催化酯键的水解，而对底物中的 R 及 R 基团没有严格要求，既能水解甘油酯类、简单脂类，也能催化丙酰胆碱、丁酰胆碱或乙酰胆碱等。又如二肽酶可水解二肽肽键，而不管二肽的氨基酸组成。

"基团专一性"又称为"族专一性"。酶对底物要求较高，不但要求一定的化学键，而且对键一端的基团也有一定的要求。如 α-葡萄糖苷酶能催化 α-葡萄糖苷的水解，而对糖苷键另一端的 R 基团无严格要求。

（2）绝对专一性　少数酶对底物的要求很严格，甚至只作用于一种底物。例如，脲酶只能作用于尿素，而对尿素衍生物（如尿素的甲基取代物或氯取代物）不起作用。

第二节　酶催化反应的活性

一、酶活力的定义

检测酶含量及存在，很难直接用酶的"量"（质量、体积、浓度）来表示，而常用酶催化某一特定反应的能力来表示酶量，即用酶活力表示。酶催化一定化学反应的能力称酶活力，酶活力通常以最适条件下酶所催化的化学反应速度来确定。

酶单位是指在一定条件下，一定时间内将一定量的底物转化为产物所需的酶量。国际单位（IU）：在最适反应条件（温度 25℃）下，每分钟内催化 1μmol 底物转化为产物所需的酶量定为一个酶活力单位。即 1IU = 1μmol/min。

$$习惯单位（U）= \frac{底物或产物变化量}{单位时间}$$

$$国际单位（IU）= \frac{1μmol变化量}{1min}$$

酶的比活力代表酶的纯度，根据国际酶学委员会的规定比活力用每毫克蛋白质所含的酶活力单位数表示。

$$比活力 = \frac{总活力单位}{总蛋白质质量} = U（或IU）/ mg蛋白质$$

二、酶促反应的影响因素

酶对环境条件非常敏感，只有在适宜的环境条件下才能发挥最大催化能力，环境条件不适合，酶的催化能力就大大受到限制，甚至连酶分子本身也会遭到破坏。影响酶促反应的因素很多，主要是底物浓度、酶浓度、温度、pH 值、激活剂和抑制剂等。了解这些因素的作用，维持这些因素的协调，对控制和调节生物体的正常生长发育有着重要意义。

1. 底物浓度

在酶浓度不变时，酶促反应速率随底物浓度的增加而增大，当底物浓度增大到一定值时，反应速率达到最大值，即使再增加底物浓度，反应速率也不再增大。此时的反应速率叫作最大反应速率。

2. 酶浓度

酶促反应中,当底物浓度足够过量,其他条件固定且反应体系中不含抑制酶的物质时,酶浓度增大,反应速率增大,并且成正比关系。这是因为底物浓度已大大超过酶浓度,此时增大酶浓度,可以生成更多的中间产物,从而使反应速率加快。在实际生产中更关注酶浓度和底物浓度的比值。

3. 温度

酶对温度的变化很敏感,多数酶在40℃以上开始出现变性,70℃以上绝大多数酶丧失活性,因此温度的变化对酶促反应速率影响很大。在低温时酶促反应进行很慢,随着温度升高,反应速率加快,一般在0～40℃范围内,每升高10℃,反应速率加快1～2倍。升高到一定温度时,温度再升高,反应速率反而会下降。使酶促反应达到最高速率时的温度称为最适温度。

温度升高使活化分子百分率增大,分子运动加快,碰撞机会增多,反应速率加快,另外随着温度的升高,部分酶蛋白逐渐变性失活,使反应速率减慢。酶作用的最适温度就是这两方面作用达到平衡时的结果。低于最适温度时,以前一种作用为主;高于最适温度时,以后一种作用为主。

在一定条件下,每种酶都有一定的最适温度。通常动物体内酶的最适温度为37～50℃,植物体内酶的最适温度为50～60℃。酶的最适温度并非固定不变,受底物种类、作用时间长短等因素的影响,例如反应时间短,最适温度就高一些;反应时间长,最适温度就低一些。

4. pH(酸碱度)

酶活性受酸碱度变化的影响很大,每种酶只能在一定限度的pH范围内表现其活性,超出这个范围就会失去活性。即使在这有限的pH范围内,酶的活性也会随着pH的变化而改变。把表现最大活性时的pH叫作酶的最适pH。高于或低于最适pH,酶的活性都会降低,偏离最适pH越远,酶的活性越低,甚至变性失活。

不同的酶有不同的最适pH,但一般在pH 5～8。植物和微生物体内酶的最适pH大多在4.5～6.5,动物体内酶的最适pH大多在6.5～8.0。但是也有例外,如胃蛋白酶最适pH为1.5,肝中的精氨酸酶最适pH为9.7。酶的最适pH也不是常数,它受酶的纯度、底物的种类和浓度、缓冲溶液的种类和浓度等多种因素的影响。

pH变化对酶活性的影响,一方面是溶液过酸或过碱会引起酶分子空间结构的变化,造成酶变性失活;另一方面是pH的变化会影响酶分子活性基团以及底物分子的离解状态,从而影响酶与底物的结合。只有在最适pH环境中,酶才能保持最大活性结构,酶活性基团和底物分子才能形成最有利于相互结合的离解状态,从而发挥最大的催化活性。

5. 激活剂和抑制剂

(1)激活剂 在酶促反应中,能提高酶活性的物质,叫作酶的激活剂。激活剂的种类很多,有无机离子激活剂,如K^+、Na^+、Mg^{2+}、Fe^{2+}、Cl^-、PO_4^{3-}等;有小分子有机化合物,如半胱氨酸、巯基乙醇、还原型谷胱甘肽、EDTA等;还有一些酶分子本身也是激活剂。

无机离子激活剂主要是稳定酶的空间结构,参与酶活性中心的组成,在酶与底物之间起桥梁作用，从而提高酶的活性。小分子有机化合物可以解除某些抑制酶活性因素的影响，如还原型谷胱甘肽可解除某些氧化剂对酶活性中心巯基（—SH)的抑制，EDTA 可解除某些重金属离子对酶活性的抑制等。有些酶在细胞中产生时并没有催化活性，这些尚未表现催化活性的酶前体称为酶原。它们必须在另一些酶（或激活剂）的作用下，才能转变为真正有催化活性的酶，这个过程叫作酶原的激活。例如，动物胰脏产生的胰蛋白酶原必须在小肠中被肠激酶切去一个六肽化合物，才能成为有催化活性的胰蛋白酶，肠激酶就是胰蛋白酶的激活剂。

和酶的辅助因子不同，激活剂不是酶的组成成分，它只能起提高酶活性的作用。

（2）抑制剂　在酶促反应中，凡能降低酶的活性或使酶完全失活的物质叫作酶的抑制剂。抑制剂的种类很多，例如有机磷及有机汞化合物、重金属离子、氰化物、磺胺类药物等。抑制剂降低酶的活性，但并不引起酶蛋白变性的作用称为抑制作用。根据抑制剂与酶的作用是否可逆，将抑制作用分为不可逆抑制和可逆抑制两大类。

① 不可逆抑制。抑制剂以共价键与酶的活性中心相结合，使酶的活性丧失，而且不能用透析等物理方法使酶恢复活性，这种抑制作用称为不可逆抑制。引起不可逆抑制的抑制剂称为不可逆抑制剂。例如，有机磷农药能与动物体内的胆碱酯酶结合，抑制胆碱酯酶的活性，使神经传导的物质乙酰胆碱不能分解而堆积，造成一系列神经中毒症状，甚至使动物死亡。有机磷农药中毒就是有机磷农药对胆碱酯酶发生不可逆抑制作用而造成的。此外，一些重金属离子、有机汞制剂、氰化物等抑制剂也都能造成不可逆抑制。

② 可逆抑制。抑制剂与酶结合是可逆的，可以用透析等物理方法将抑制剂除去，恢复酶的活性，这种抑制作用称为可逆抑制。根据抑制剂与底物的关系不同，可逆抑制又分为竞争性抑制和非竞争性抑制两种。

抑制剂和底物在酶活性中心的同一部位进行竞争性结合，由于抑制剂的存在减少了酶与底物结合的机会，从而造成酶的活性降低，这种抑制作用叫作竞争性抑制。引起竞争性抑制的物质就叫竞争性抑制剂。由于竞争性抑制剂的结构、形状及大小与底物很相似，二者都能与酶活性中心的部位结合，所以产生竞争。竞争性抑制作用的大小，取决于抑制剂浓度与底物浓度的相对大小。若底物浓度不变，增加抑制剂浓度，抑制作用加强；若抑制剂浓度不变，增加底物浓度，则抑制作用减弱。因此，对竞争性抑制作用，可以用增大底物浓度的方法解除抑制，使酶恢复活性。

抑制剂和底物可以同时在酶的不同部位与酶结合，二者没有竞争，抑制剂先与酶结合并不影响酶再与底物结合，底物与酶先结合也不影响抑制剂与酶的结合，最终都形成酶、底物、抑制剂三者的复合物（用 ESI 表示），但这种复合物不能进一步形成产物，从而使酶的活性降低，这种抑制作用叫作非竞争性抑制。非竞争性抑制，不能靠增大底物浓度的方法来恢复酶的活性。

 实验 20-1：酶的特性实验

【实验目的】

1. 学会唾液淀粉酶的制取。

2. 通过实验加深了解酶的专一性。

3. 通过实验加深了解酶催化的特异性，温度、pH、激活剂和抑制剂对酶活力的影响。

【仪器及试剂】

（1）材料 新鲜配制的唾液及其稀释液。

（2）仪器和器皿 恒温水浴、沸水浴、试管及试管架、吸管、滴管、冰水浴、pH 试纸。

（3）试剂 2%蔗糖溶液；溶于 0.3% NaCl 的 0.5%淀粉溶液；班氏试剂；KI-I$_2$ 溶液；pH 为 5.0、5.8、6.8、8.0 的缓冲溶液；1% NaCl 溶液；1% CuSO$_4$ 溶液；1%Na$_2$SO$_4$溶液。

【实验原理】

本实验以唾液淀粉酶对淀粉和蔗糖的作用为例，来说明酶的专一性。淀粉和蔗糖无还原性，唾液淀粉酶水解淀粉可生成有还原性的二糖麦芽糖，但不能催化蔗糖的水解。用班氏试剂检查糖的还原性。班氏试剂为碱性硫酸铜，能氧化具还原性的糖，生成砖红色沉淀——氧化亚铜。

淀粉和可溶性淀粉遇碘呈蓝色，淀粉水解为糊精按其分子的大小，遇碘可呈蓝色、紫色、暗褐色或红色，最简单的糊精遇碘不呈颜色，麦芽糖遇碘也不呈颜色。因此，通过加碘的显色情况，可以表明水解反应的速度，蓝色越不明显，则速度越快，酶的活性越强。

【操作步骤】

1. 唾液淀粉酶的提取与制备

（1）唾液的获取 用一次性杯取一定量的饮用水，漱口以清洁口腔，然后在嘴中含 10～20mL 饮用水，轻漱 2min 左右时间，即可获得唾液的原液，内含唾液淀粉酶。

（2）不同稀释度唾液的制备（用大试管） 本实验需制备 1∶1、1∶5、1∶20、1∶50、1∶200 5 个不同稀释度唾液。例如，1∶5 指的是稀释了 5 倍的唾液，制备方法为 1 份原液 + 4 份蒸馏水；1∶20 指的是稀释了 20 倍的唾液，制备方法为 1 份 1∶5 的稀释液 + 3 份蒸馏水。

（3）唾液淀粉酶最佳稀释度的确定（严格按表 20-1 添加顺序做实验，用小试管做实验）。

表 20-1 唾液淀粉酶最佳稀释度的确定

管号	1（1∶1）	2（1∶5）	3（1∶20）	4（1∶50）	5（1∶200）
溶于 0.3% NaCl 的 0.5% 淀粉溶液/滴	8	8	8	8	8
稀释唾液/mL	1	1	1	1	1
37℃恒温水浴中保温 5min					
班氏试剂/mL	1	1	1	1	1
沸水浴中 2～3min					
实验结果					

2. 淀粉酶的专一性实验

请严格按表 20-2 添加顺序做实验，用小试管做实验。

表 20-2 淀粉酶的专一性实验

管号	1	2	3	4	5	6
溶于 0.3% NaCl 的 0.5%淀粉溶液/滴	8	—	8	—	8	—
2%蔗糖溶液/滴	—	8	—	8	—	8
最佳稀释度唾液/mL	—	—	1	1	—	—
煮沸过的最佳稀释度唾液/mL	—	—	—	—	1	1
蒸馏水/mL	1	1	—	—	—	—

管号	1	2	3	4	5	6
37℃恒温水浴中保温 5min						
班氏试剂/mL	1	1	1	1	1	1
沸水浴中 2～3min						
实验结果						

3. 酶促反应的影响因素

（1）温度对酶活力的影响　酶的催化作用受温度的影响。在最适温度下，酶的反应速率最高。淀粉和可溶性淀粉遇碘呈蓝色，糊精按其分子的大小，遇碘可呈蓝色、紫色、暗褐色或红色。最简单的糊精遇碘不呈颜色，麦芽糖遇碘也不呈颜色。在不同温度下，淀粉被唾液淀粉酶水解的程度可由水解混合物遇碘呈现的颜色来判断。具体操作如下：

取 3 支干燥的试管，编号后按表 20-3 加入试剂：

表 20-3　温度对酶活力的影响实验

管号	1	2	3
溶于 0.3% NaCl 的 0.5%淀粉溶液/mL	1.5	1.5	1.5
最佳稀释度唾液/mL	1	1	
煮沸过的最佳稀释度唾液/mL			1
实验结果			

摇匀后，将 1、3 号试管放入 37℃恒温水浴中，2 号试管放入冰水浴中。10min 后将 1、2、3 号管均取出（将 2 号管内液体分两半），用 KI-I$_2$ 溶液来检验 1、2、3 号管内淀粉被唾液淀粉酶水解的程度，记录并解释结果。将 2 号管剩下的一半溶液放入 37℃恒温水浴中继续保温 10min，再用 KI-I$_2$ 溶液实验，记录实验结果。

（2）pH 对酶活力的影响　酶活力受环境 pH 值的影响极为显著，不同酶的最适 pH 不同。本实验观察 pH 对唾液淀粉酶活力的影响。唾液淀粉酶的最适 pH 约为 6.8。具体实验操作按照表 20-4 进行。

表 20-4　pH 对酶活力的影响实验

pH	5.0	5.8	6.8	8.0
缓冲溶液/mL	3	3	3	3
溶于 0.3% NaCl 的 0.5%淀粉溶液/mL	0.5	0.5	0.5	0.5
向第一支试管加入稀释唾液后，置于 37℃的恒温水浴；等待 1min 后，向第二支试管加入稀释唾液，置于 37℃的恒温水浴；依次类推				
最佳稀释度唾液/mL	0.5	0.5	0.5	0.5
检查淀粉水解程度	待向第 4 支试管加入稀释唾液 1min 后，每隔 1min 从第 3 管取出 1 滴反应液于白瓷滴板上，加 KI-I$_2$ 溶液检查反应进行情况，直至反应液变为淡棕黄色（颜色有点淡即可）。即可从第 1 支试管依次添加 KI-I$_2$ 溶液，时间间隔也为 1min			
KI-I$_2$ 溶液/滴	1～2	1～2	1～2	1～2
现象				

为了更好地理解表格内容，下面对实验过程进行说明：各取缓冲溶液 3mL，分别注入 4 支带有号码的试管，随后于各个试管中添加溶于 0.3% NaCl 的 0.5%淀粉溶液 0.5mL 和最佳稀释度唾液 0.5mL。向各试管中加入稀释唾液的时间间隔为 1min。将各试管中物质混匀，并依次置于 37℃恒温水浴中保温。

待向第 4 管加入稀释唾液 1min 后，每隔 1min 从第 3 管取出一滴反应液，置于白瓷滴板上，加 1 小滴 KI-I₂ 溶液，检验淀粉的水解程度，待反应液变为淡棕黄色（颜色有点淡即可）后，向所有试管依次添加 1~2 滴 KI-I₂ 溶液。添加 KI-I₂ 溶液的时间间隔，从第 1 管起，亦均为 1min。观察各试管中物质呈现的颜色，分析 pH 对唾液淀粉酶活力的影响。

（3）唾液淀粉酶的活化及抑制　酶的活性受活化剂或抑制剂的影响，氯离子为唾液淀粉酶的活化剂，铜离子为其抑制剂。本实验采用无 NaCl 的淀粉溶液。具体实验操作见表 20-5。

表 20-5　唾液淀粉酶的活化及抑制实验

管号	1	2	3	4
0.5%淀粉溶液/mL	1.5	1.5	1.5	1.5
最佳稀释度唾液/mL	0.5	0.5	0.5	0.5
1% NaCl 溶液/mL	0.5	—	—	—
1% CuSO₄ 溶液/mL	—	0.5	—	—
1% Na₂SO₄ 溶液/mL	—	—	0.5	—
蒸馏水/mL	—	—	—	0.5
37℃恒温水浴中保温 10min				
KI-I₂ 溶液/滴	2~3	2~3	2~3	2~3
现象				

【操作要点与注意事项】

各人唾液中唾液淀粉酶活力不同，故本实验需要先做一个唾液淀粉酶稀释度的确定实验，以确定最佳稀释度。

【实验思考题】

请根据实验结果分析影响酶促反应速率的因素。

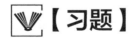 【习题】

20-1　简述酶作为生物催化剂与一般化学催化剂的相同点和不同点。

20-2　解释酶的活性部位、必需基团二者之间的关系。

20-3　有 1g 淀粉酶制剂，用水溶解成 100mL 溶液，从中取出 1mL 测定淀粉酶活力，测知每 5min 分解 0.25mol 淀粉。请计算每毫克酶制剂所含的淀粉酶活力单位数。

附录

实验操作基本知识

化学实验是化学学科赖以形成和发展的基础，是获取化学经验知识和化学检验知识的重要媒体和手段，也是提高自身化学学习兴趣，提升自身科学素质的重要内容和途径。化学实验在化学科学发展和化学教学中的极端重要性已被人们所共识。因此，在学习基础化学这门课程的时候，应该高度重视化学实验环节，积极参与化学实验教学，加强实际动手能力，培养理论联系实际的工作作风、实事求是的科学态度和良好的实验习惯。

一、实验室用水的规格及制备

水是实验室常用的良好溶剂，溶解能力强，可作各种溶剂和用于洗涤仪器等。水的质量对实验结果有着至关重要的影响，例如，食品中药物残留和有害元素的检测方面以及减低实验空白都与水的纯净度有直接密切关系。因此，掌握实验室用水的规格及制备方法，有利于确保实验数据的科学性。

从外观上看，实验室用水目视观察应为无色透明的液体；从级别上看，实验室用水的原水一般应为饮用水或适当纯度的水。国际标准化组织（ISO）于 1983 年制定了纯水的标准，将纯水分为三个级别。国内参照 ISO 纯水标准（1987）制定了我国的纯水标准，将适用于有严格要求的分析实验、适用于无机痕量分析实验以及适用于一般化学分析实验的水规定为一级水、二级水和三级水。

目前纯水制备的方法有蒸馏法、离子交换法和电渗析法等。对化学实验室而言，三级水可用蒸馏、离子交换法制取；二级水可用多次蒸馏或离子交换等方法制取；一级水可用二级水经过石英设备蒸馏或离子交换混合床处理后再经 0.2μm 微孔滤膜过滤来制取。

二、化学试剂的等级

我国的试剂规格基本上按纯度（杂质含量的多少）划分为 7 种：高纯、光谱级、基准、分光纯、优级纯、分析纯和化学纯。国家和主管部门颁布质量指标的主要有优级纯、分析纯和化学纯 3 种。分析化学实验中，化学试剂一般按杂质含量的多少而分成四个级别：

① 优级纯（GR），又称一级品或保证试剂，99.8%，这种试剂纯度最高，杂质含量最低，适合于重要精密的分析工作和科学研究工作，使用绿色瓶签。

② 分析纯（AR），又称二级试剂，纯度很高，**99.7%**，略次于优级纯，适合于一般科学研究和分析实验，使用红色瓶签。

③ 化学纯（CP），又称三级试剂，≥99.5%，纯度与分析纯相差较大，使用蓝色（深蓝色）瓶签。

④ 实验试剂（LR），又称四级试剂，使用黄色瓶签。

附表 1 所列为我国常见的各类化学试剂等级标志的符号。

附表 1　我国常见的各类化学试剂等级标志的符号

级别	一级试剂	二级试剂	三级试剂	四级试剂
中文名称	保证试剂 优级纯	分析试剂 分析纯	化学纯	实验试剂
英文名称	guarantee reagent	analytical reagent	chemical pure	laboratory reagent
代号	GR	AR	CP	LR
瓶签颜色	绿色	红色	蓝（深蓝）色	黄色
适用范围	用作基准物质，主要用于精密的科学研究和分析实验	用于一般科学研究和分析实验	用于要求较高的无机和有机化学实验或要求不高的分析实验	用于一般的实验和要求不高的科学实验

只要看到瓶签上有上述其一的标志，就可以知道该化学试剂的等级。化学试剂等级不一样，价格相差也很悬殊，应根据实际需要选择相应等级的试剂。

三、滴定分析常用量器的基本操作

食品基础化学实验中，使用最多的玻璃器皿是容量瓶、移液管与吸量管、滴定管。应该在实验过程中，不断提高操作的规范性和流畅性。

1. 容量瓶

容量瓶为量入式（in）容量仪器，细颈、平底、磨口带塞，瓶颈有标线。用于准确配制与稀释溶液。其常用规格有：50mL、100mL、250mL、500mL、1000mL。容量瓶操作的基本要求如下：

（1）容量瓶的洗涤要干净　洗净的容量瓶要求倒出水后，内壁不挂水珠，否则需重新洗涤。

（2）容量瓶试漏要到位　在瓶中加水到标线附近，塞紧瓶塞，使其倒立 2min，用干滤纸片沿瓶口缝检查，看有无水珠渗出。如果不漏，再把塞子旋转 180°，塞紧，倒置，试验这个方向有无渗漏。两次检查是必要的，因为有时瓶塞与瓶口，不是在任何位置都是密合的。密合用的瓶塞必须妥善保护，最好用绳把它系在瓶颈上，以防跌碎或与其他容量瓶搞混。

（3）定量转移溶液　定量转移溶液时，右手将玻璃棒悬空伸入瓶口 1～2cm，玻璃棒的下端应靠在瓶颈内壁上，但不能碰容器瓶的瓶口。左手拿烧杯，使烧杯嘴紧靠玻璃棒（烧杯离容器瓶口 1cm 左右），使溶液沿玻璃棒和内壁流入容量瓶中。烧杯中溶液流完后，将烧杯沿玻璃棒稍稍向上提起，同时使烧杯直立，待竖直后移开。将玻璃棒放回烧杯中，不可放入烧杯尖嘴处，也不能让玻璃棒在烧杯中滚动，可用食指将其按住。然后，用洗瓶或滴管吹洗玻璃棒和烧杯内壁，再将溶液定量转移至容量瓶中。如此吹洗、定量转移溶液的操作，一般应重复 5 次以上，以保证定量转移。

（4）定容　加水至容量瓶 2/3 或 3/4 容积处时，将容量瓶拿起，按同一方向摇动几周，使溶液初步混匀。继续加水至距离标线刻度约 1cm 处后，等 1～2min 使附在瓶颈内壁的溶液流下，再用洗瓶或滴管加水至弯月面下缘与标度刻线相切。无论溶液有无颜色，其加水位置均为使水至弯月面下缘与标度刻线相切为标准。当加水至容量瓶标度刻线时，盖上瓶塞，用左手食指按住塞子，其余手指按住瓶颈线以上部分，同时用右手三个指尖托住瓶底边缘，然后将容量瓶倒转，使气泡上升到顶，旋摇容量瓶均混溶液。再将容量瓶直立起来，又将容量瓶倒转，使气泡上升到顶，旋摇容量瓶均混溶液。如此反复 10～15 次，使瓶内溶液充分混匀。

2. 移液管与吸量管

移液管和吸量管为量出式（ex）容量仪器，都是用来准确移取一定体积溶液的量器。移液管是一根中部直径较粗、两端细长的玻璃管，上端有一环形标线；吸量管是刻有分度的玻璃管，也叫刻度吸管，管身直径均匀，刻有体积读数，可用于吸取不同体积的液体。

（1）移液管润洗　移液管洗涤干净后，首先用滤纸把管尖端内外的水吸尽，然后用待移取溶液润洗 3 次，以免转移的溶液被稀释。方法是：先从试剂瓶中倒出溶液至一干燥的小烧杯中，然后用左手持洗耳球，用右手的拇指和中指拿住移液管或吸量管标线以上的部分，无名指和小拇指辅助拿住移液管，将管尖深入小烧杯中移取溶液，待吸液至球部的1/4～1/3 处时，立即用右手食指按住并移出，注意该过程中勿使溶液回流，即溶液只能上升不能下降，以免稀释溶液。将移液管横过来，用两手的拇指及食指分别拿住移液管的两端，避开管尖，边转动边使移液管中的溶液浸润内壁，当溶液流至标度刻线以上且至上口2～3cm 时，将移液管直立，使溶液由尖嘴放出，弃去。如此反复润洗 3 次。

（2）吸溶液　移液管润洗后，移取溶液时，将移液管直接插入待吸液面下 1～2cm 处。管尖不应深入太浅，以免液面下降后造成吸空；也不应深入太深以免移液管外面附有过多的溶液。吸液时，应注意容器中液面和管尖的位置，应使管尖随液面下降而下降。当洗耳球慢慢放松时，管中的液面徐徐上升，当液面上升至标线以上，迅速移去洗耳球。

（3）调刻度　用右手堵住管口，并将移液管向上提，使之离开小烧杯，用滤纸擦拭管的下端伸入溶液的部分，以除去管壁上的溶液。左手改拿一干净的小烧杯，或用原容器离开液面的部分，然后使烧杯或原容器倾斜，其内壁与移液管尖紧贴，右手食指轻轻松动，使液面缓慢下降，直到液面平视时弯月面与标线相切，这时立即将食指按紧管口。

（4）放溶液　移开小烧杯，左手改拿接收溶液的容器，并将接收容器倾斜，使内壁紧贴移液管尖，管竖直。然后放松右手食指，使溶液自然顺壁流下。待液面下降到管尖后，等 15s 左右，然后移开移液管，这时，尚可见管尖部位仍留有少量的余液。对此，除特别注明"吹"字以外，一般不应该将这部分残液吹到容器中去，工厂在生产检定移液管时是没有将这部分体积算进去的。

3. 滴定管

滴定管是滴定时用来准确测量流出滴定溶液体积的量器，可分为酸式滴定管和碱式滴定管。常量分析的滴定管容积有 50mL 和 25mL，最小刻度为 0.1mL，读数可估计到 0.01mL。

（1）滴定管的洗涤　滴定管在使用前应洗涤干净。洗涤方法为滴定管的外侧可用洗洁精或肥皂水刷洗，管内无明显油污的可用自来水冲洗或用洗涤剂泡洗，但不可以刷洗，以免划伤内壁，影响体积的准确测量。若有少量的污垢，可装入 1/5 左右的洗液，先从下端放出少许，然后用双手托住滴定管的两端，不断转动滴定管，使洗液润洗滴定管的内壁，操作时管口对准洗液瓶口，以防洗液洒出。洗完后将洗液从上口倒入洗液回收瓶中。如果滴定管太脏，可将洗液装满整根滴定管浸泡一段时间。将洗液从滴定管彻底放净后，用自来水冲洗，再用蒸馏水洗净。洗净后的滴定管内壁应被水均匀润湿而不挂水珠，否则需重新洗涤。

（2）滴定管试漏　试漏的方法是将滴定管用水充满至"0"刻线附近，然后夹在滴定管夹上，用滤纸将滴定管外壁擦干，静置 1～2min，检查管尖及活塞周围是否有水渗出，然后将活塞转动 180°，重新检查。

（3）滴定管润洗　滴定管装入标准溶液前应先用待装标准溶液润洗 3 次。润洗的方法是：向滴定管中加入 10～15mL 待装标准溶液，先从滴定管下端放出少许，然后双手平托滴定管的两端，转动滴定管，用待装液润洗滴定管的内壁，最后将溶液全部放出。重复 3 次。

（4）排气泡　滴定前应检查管尖是否有气泡，如有气泡则需要先将气泡排出。

（5）滴定过程　酸式滴定管：用左手拇指（管前）、食指（管后）与中指（管后）三个手指控制旋塞，手心空握拳状，旋动时将活塞轻往里扣，防止顶出活塞导致漏液。无名指与小指自然靠住滴定管左侧。

碱式滴定管：左手拇指和食指指尖挤捏玻璃球右侧部分的橡胶管，使玻璃球与橡胶管之间形成空隙，溶液流出，无名指和小手指夹住出口管。

滴定时滴定管尖嘴大约位于略低于瓶口的位置，右手持锥形瓶颈摇动锥形瓶，使之沿一个方向旋转，边滴边摇。

加入半滴溶液的操作：使溶液在滴定管管尖悬而未滴，再用锥形瓶内壁碰靠该液滴，然后将瓶倾斜，用瓶中的溶液将附于壁上的液滴涮下，或用少量蒸馏水淋洗锥形瓶内壁或者直接用少量蒸馏水冲洗挂在管尖的半滴。

滴定时要注意，观察滴点周围颜色的变化，不要去观察滴定管刻度的变化（当然要留心滴定液不足的情况，低于滴定管量度下限时整个测定就会作废）。测定过程中应控制好滴定速度，一般开始时，滴定速度可稍快，每秒控制在 3～4 滴。接近终点时，应改为一滴一滴加入，直到溶液出现明显的颜色变化为止。

（6）调零和读数　每次滴定最好从 0.00 开始，这样可以减少滴定误差。

读数应正确，一般应遵循以下原则：

① 读数时应该将滴定管从滴定架上取下，用右手拿住滴定管上部无刻度处，使滴定管自然下垂，然后读数。

② 对于无色或浅色溶液，读数时，视线与弯月面下缘最低点相切，即视线应与弯月面下缘实线的最低点在同一水平面上。对于深色溶液，如 $KMnO_4$ 溶液，其弯月面是不清晰的，读数时，视线应与液面两侧的最高点相切。

③ 为便于读数准确，在滴定管装入或放出溶液后，必须等 1～2min，使粘在内壁的

溶液流下来，再进行读数。如果放出溶液的速度较慢（如接近化学计量点时），可等 0.5～1min 后，即可读数。

④ 根据操作方案，滴定终点应出现明显的颜色变化，即终点时颜色发生突变，既不要滴不到，也不应过量。

四、常见玻璃仪器的洗涤及干燥方法

1. 洗涤剂的选择

在化学实验中，盛放反应物质的玻璃仪器经过化学反应后，往往有残留物附着在仪器的内壁，一些经过高温加热或放置反应物质时间较长的玻璃仪器，还不易洗净。使用不干净的仪器，会影响实验效果，甚至让实验者观察到错误现象，归纳、推理出错误结论。因此，化学实验使用的玻璃仪器必须洗涤干净。

（1）自来水　用自来水冲洗可以除去可溶性物质，又可以使附在仪器上的尘土和其他不溶性的物质脱落下来。

（2）合成洗涤剂或洗衣粉　市售的洗衣粉是以十二烷基苯磺酸钠为主，另含有少量的十二烷基硫酸钠和十二烷基磺酸钠，属于阴离子表面活性剂。此物质适用于洗涤被油脂或某些有机物沾污的容器。

（3）$NaOH$-$KMnO_4$ 水溶液　称取 10g $KMnO_4$ 于 250mL 烧杯中，加入少量水使之溶解，向该溶液中慢慢加入 100mL10% $NaOH$ 溶液，混匀后储存在带有橡皮塞的玻璃瓶中备用。此洗涤液适用于洗涤被油污及有机物沾污的器皿。用此洗涤液洗后的器皿上如残留有 $MnO_2 \cdot nH_2O$ 沉淀物，可用 $HCl + NaNO_2$ 混合液洗涤。

（4）KOH-乙醇溶液　适用于洗涤被油脂或某些有机物沾污的器皿。

（5）HNO_3-乙醇溶液　适用于洗涤被油脂或有机物沾污的酸式滴定管。使用时先在滴定管中加入 3mL 乙醇，沿管壁加入 4mL 浓硝酸，用小表面皿或小滴帽盖住滴定管，让溶液在管中保留一段时间，即可除去污垢。

（6）HCl-乙醇（1＋2）洗涤液　适用于洗涤染有颜色有机物质的比色皿。

2. 洗涤注意事项

① 及时洗涤玻璃仪器。及时洗涤玻璃仪器有利于选择合适的洗涤剂，因为在当时容易判断残留物的性质。有些化学实验，及时倒去反应后的残液，仪器内壁不留有难去除的附着物，但搁置一段时间后，挥发性溶剂逸去，就有残留物附着到仪器内壁，使洗涤变得困难。还有一些物质，能与仪器的本身部分发生反应，若不及时洗涤将使仪器受损，甚至报废。

② 切不可盲目地将各种试剂混合作洗涤剂使用，也不可任意使用各种试剂来洗涤玻璃仪器。这样不仅浪费药品，而且容易出现危险。

3. 玻璃仪器的干燥

分析实验通常需要干燥的玻璃仪器。洗净的玻璃仪器，可采用晾干、烤干和吹干等方法，也可用有机溶剂干燥，即在容器内加入少量酒精，将容器倾斜转动，器壁上的水即与酒精混合，然后倾出酒精和水。留在容器内的酒精挥发，而使容器干燥。往仪器内吹入空气可以使酒精挥发快一些。

带有精密刻度的量器不能用加热方法进行干燥，加热不仅会影响这些容器的精密度，而且也可能造成破裂。

五、化学实验安全规则及要求

1. 实验室基本规则

实验室是化学实验开展的场所，熟悉实验室，了解实验室的规章制度，是化学实验顺利开展和进行的基础。

① 实验前认真预习实验内容，明确实验目的和要求，弄清楚实验操作步骤、方法和基本原理。

② 进入实验室后，熟悉水、电开关及灭火器材等放置地点和使用方法。

③ 进行实验时要穿实验服和戴防护眼镜，穿上鞋（不穿拖鞋）并把松散的头发系在后背，做实验时应戴橡胶实验手套；在使用液氮等低温物品时必须额外戴防护手套和防护面具。

④ 实验前请核查所在小组的实验仪器、药品，如果缺少或破损请及时报告指导老师。

⑤ 实验时应保持安静，集中精力，认真操作，积极思考，严格遵守操作规程。按规定的量取用试剂，取后要及时盖好原瓶塞。公共药品不得拿到自己的实验台上。

⑥ 爱护公共财产，节约用电。使用仪器时，必须严格按照操作规程进行，如果发现仪器有故障，应立即停止使用，报告指导老师。

⑦ 认真观察实验现象，如实记录实验数据，保持台面及实验室清洁。废纸、火柴梗及破碎玻璃应该倒入垃圾箱中；高浓度废液倒入废液缸中，切勿倒入水槽，以防腐蚀下水道；低浓度无害的废液倒入水槽中并用水冲洗。

⑧ 可能发生危险的实验应在防护屏后面完成或者使用防护面具。有毒气体产生的实验，应该在有通风橱的实验室中完成。

⑨ 实验过程中不能擅离岗位，应随时观察反应现象，如实详细地记录实验现象。

⑩ 严禁在实验室内吸烟、饮食、嬉戏和打闹。实验室所有的药品不得带出实验室外。损坏仪器要声明登记。

⑪ 实验完毕后，把仪器洗刷干净，整理好药品和实验台，及时洗手。学生轮流值日，负责打扫和整理实验台，关闭水、电开关。经指导老师检查允许后方可离开实验室。

⑫ 熟悉实验室所在楼层及整栋实验楼的逃生路线，这样在遇到严重事故或其他紧急情况时可以迅速撤离危险现场。

2. 实验室安全守则

化学药品有很多是易燃、易爆、有腐蚀性和有毒的，只有重视安全，严格遵守操作规程，才能避免事故的发生。实验室安全守则如下：

① 严禁随意混合化学药品，以免发生意外事故。

② 加热试管时，管口不要对着自己和别人，不要俯视正在加热的液体，以免液体溅出受到伤害。

③ 浓酸、浓碱具有强腐蚀性，使用时，切勿溅到皮肤和衣服上，尤其是眼睛上。稀释浓硫酸时，应该将浓硫酸倒入水中，绝不能将水倒入浓硫酸中。

④ 使用酒精灯时，随用随点，不用时要盖上灯罩。不能用已点燃的酒精灯去点燃其他酒精灯，以免酒精流出而失火。

⑤ 有毒药品（如重铬酸钾、钡盐、铅盐、砷、汞、氰化物等），不得入口内或接触伤口。剩余的废液也不能随便倒入下水道。

⑥ 操作易燃易爆液体（如乙醚、乙醇、丙酮、苯、汽油等）时应远离火源，禁止将上述溶剂放在敞口容器中。

⑦ 不能用湿手去使用电器或用湿物去安装插头。

⑧ 严禁在未断电的情况下移动或拆卸实验装置。

3. 实验室意外事故的处理

（1）着火　要保持冷静，不能惊慌失措。应将电源或火源切断，并迅速移去易燃物品，用沙或者适宜的灭火器将火扑灭。无论使用哪一种灭火器，都应该从火的四周向中心扑灭火焰。

（2）灼伤　浓酸、浓碱等灼伤时，应立即用大量的自来水冲洗，然后按以下操作处理：酸灼伤时，水冲洗后用 3%～5%碳酸氢钠（或肥皂水、稀氨水）溶液处理，涂上医用凡士林或其他药物；碱灼伤时，水冲洗后用 1%的醋酸或 5%硼酸溶液处理，涂上医用凡士林或其他药物。一旦酸、碱溅入眼内，应用大量的水冲洗，再用 1%的碳酸氢钠或 1%的硼酸溶液清洗，最后用水洗。

（3）烫伤　轻者可以用稀甘油、万花油、蓝油烃等涂抹患处。重者可用蘸有饱和苦味酸溶液（或饱和高锰酸钾溶液）的棉球或纱布涂抹患处，必要时送医院处理。切忌用水冲洗。

（4）创伤　玻璃、铁屑等刺伤时，先取出异物，再用 3%过氧化氢溶液或红汞、碘酒等涂抹、包扎。如遇出血过多或刺入的异物太深，应送医院处理。

（5）吸入有毒气体　若吸入有刺激性或有毒气体（如氯气、氯化氢等），可吸入少量乙醇和乙醚的混合蒸汽使之解毒；若吸入硫化氢等气体感到不适，应立即到室外，呼吸新鲜的空气。

（6）触电事故　应立即切断电源，必要时可进行人工呼吸。

参考文献

[1] 徐春霞. 无机与分析化学[M]. 西安：西安交通大学出版社，2014.

[2] 徐英岚. 无机与分析化学[M]. 北京：中国农业出版社，2006.

[3] 贾之慎. 无机及分析化学[M]. 北京：高等教育出版社，2008.

[4] 房存金，王继臣. 无机及分析化学[M]. 武汉：华中科技大学出版社，2011.

[5] 程建国. 无机及分析化学实验[M]. 杭州：浙江科学技术出版社，2011.

[6] 武汉大学. 分析化学：上册[M]. 北京：高等教育出版社，2016.

[7] 徐丽芳. 农业基础化学[M]. 北京：中国农业大学出版社，2011.

[8] 曾懋华，洪显兰，彭翠红，等. 对比中美实验安全规则反思我国高校化学实验室安全管理[J]. 实验室研究与探索，2009，28(06):310-313.

[9] 武志刚. 美国西北太平洋国家实验室科研人员实验安全管理及借鉴——反思我国化学类研究生实验安全管理[J]. 浙江化工，2020，51(09):31-35.

[10] JJG 196—2006 常用玻璃量器检定规程[S].

[11] 赵晓华. 无机及分析化学[M]. 北京：化学工业出版社，2018.

[12] 张凤. 无机与分析化学[M]. 北京：中国农业出版社，2010.

[13] 闫冬良. 无机与分析化学基础[M]. 北京：中国中医药出版社，2015.

[14] 高敏. 无机与分析化学实验[M]. 西安：西安交通大学出版社，2015.

[15] 戎红仁. 无机与分析化学实验[M]. 北京：化学工业出版社，2020.

[16] 王英健. 无机与分析化学[M]. 北京：化学工业出版社，2018.

[17] 程云燕. 食品化学[M]. 北京：化学工业出版社，2008.

[18] 许英一. 食品化学与分析[M]. 哈尔滨：哈尔滨工程大学出版社，2014.

[19] 邹建. 食品化学与应用[M]. 北京：中国农业大学出版社，2021.

[20] 郑雪凌，沈萍，孙义. 无机及分析化学[M]. 北京：化学工业出版社，2018.

[21] 南京大学无机及分析化学编写组. 无机及分析化学[M]. 北京：高等教育出版社，2015.

[22] 王继臣，房存金，汪洋. 无机及分析化学[M]. 北京：中国传媒大学出版社，2016.

[23] 袁加程，陈玉峰. 基础化学[M]. 北京：化学工业出版社，2021.

[24] 周朵，王敬平. 无机化学实验[M]. 北京：化学工业出版社，2010.

[25] 应敏. 分析化学实验[M]. 杭州：浙江大学出版社，2015.

[26] 李银环. 现代仪器分析[M]. 西安：西安交通大学出版社，2016.

[27] 刘飞，王丹. 仪器分析技术[M]. 合肥：安徽大学出版社，2021.

[28] 肖彦春，胡克伟. 分析仪器使用与维护[M]. 北京：化学工业出版社，2018.

[29] 张晓敏. 仪器分析[M]. 杭州：浙江大学出版社，2012.

[30] 栾崇林. 仪器分析[M]. 北京：化学工业出版社，2015.

[31] 张坐省. 有机化学[M]. 北京：中国农业出版社，2012.

[32] 李景宁. 有机化学[M]. 北京：高等教育出版社，2018.

[33] 徐寿昌. 有机化学[M]. 北京：高等教育出版社，2018.

[34] 广田襄. 现代化学史[M]. 北京：化学工业出版社，2015.

[35] 迟玉杰. 食品化学[M]. 北京：化学工业出版社，2012.

[36] 王璋. 食品化学[M]. 北京：中国轻工业出版社，1999.

[37] 汪东风. 食品化学[M]. 北京：化学工业出版社，2014.

[38] Fennema O R. 食品化学[M]. 北京：中国轻工业出版社，2003.

[39] Netwon D E. 食品化学[M]. 上海：上海科学技术文献出版社，2008.

[40] 邢其毅. 基础有机化学[M]. 北京：高等教育出版社，2005.

[41] 袁红兰，金万祥. 有机化学[M]. 北京：化学工业出版社，2015.

[42] 高职高专化学教材编写组. 有机化学实验[M]. 北京：高等教育出版社，2020.

[43] 张文勤. 有机化学[M]. 北京：高等教育出版社，2014.

[44] 郑艳. 有机化学学习指南[M]. 北京：高等教育出版社，2014.

[45] 周莹. 有机化学[M]. 北京：化学工业出版社，2011.

[46] 李淑琼. 食品生物化学[M]. 北京：中国商业出版社，2015.

[47] 龚汉坤. 食品生物化学[M]. 北京：科学出版社，2010.